普通高等学校"十四五"规划力学类专业精品教材

热弹塑性力学概论

熊启林　尉亚军　田晓耕　编著

华中科技大学出版社
中国·武汉

内 容 简 介

本书是根据作者所在团队近年来在热弹塑性力学领域的教学及科研成果撰写而成的。

全书分为7章。第1章主要介绍经典热弹耦合理论及其连续介质力学基础；第2章通过考虑塑性变形将热弹性力学拓展到热弹塑性力学；第3～5章主要关注热应力，介绍准静态热应力、动态热应力以及全耦合动态热应力；第6章讨论热塑性变形基本问题；第7章介绍分别考虑松弛时间和尺度效应的广义热弹耦合理论，为极端条件下的热力耦合分析提供更加可靠的理论支撑。

本书可作为工程力学、机械工程、材料学、航空航天工程等专业"热弹塑性力学"课程的教材，亦可供从事航空航天、动力机械、核能工程和军事工程等领域研究的工程技术人员参考。

图书在版编目(CIP)数据

热弹塑性力学概论/熊启林，尉亚军，田晓耕编著.—武汉：华中科技大学出版社，2024.2
ISBN 978-7-5772-0575-5

Ⅰ.①热… Ⅱ.①熊… ②尉… ③田… Ⅲ.①热力学-弹性力学-塑性力学-教材 Ⅳ.①O414

中国国家版本馆CIP数据核字(2024)第051249号

热弹塑性力学概论
Retansuxing Lixue Gailun

熊启林 尉亚军 田晓耕 编著

策划编辑：万亚军
责任编辑：姚同梅
封面设计：刘 婷 廖亚萍
责任监印：朱 玢
出版发行：华中科技大学出版社(中国·武汉) 电话：(027)81321913
武汉市东湖新技术开发区华工科技园 邮编：430223
录 排：武汉正风天下文化发展有限公司
印 刷：武汉市洪林印务有限公司
开 本：710mm×1000mm 1/16
印 张：11
字 数：226千字
版 次：2024年2月第1版第1次印刷
定 价：35.00元

前　言

作为固体力学的一个分支,热弹塑性力学已有很长的发展历史,具有基本理论成熟、工程应用广泛的特征。热应力的分析和计算是机、电、化等传统工业以及航空航天、微纳机电、生物医学等新型工程设计中必不可少的研究内容,与结构或器件的安全使用和疲劳寿命直接相关。

本书是根据作者所在团队近年来在热弹塑性力学领域的教学及科研成果撰写而成的。全书分为7章。第1章主要介绍经典热弹耦合理论及其连续介质力学基础;第2章通过考虑塑性变形将热弹性力学拓展到热弹塑性力学,介绍了热弹塑性力学本构方程;第3～5章介绍准静态热应力、动态热应力以及全耦合动态热应力;第6章讨论热塑性变形基本问题;第7章介绍分别考虑松弛时间和尺度效应的广义热弹耦合理论,为极端条件下的热力耦合分析提供更加可靠的理论支撑。

本书基于热弹性力学框架,具有"一重视"和"两拓展"特征。热弹性力学的理论基础是一组耦合的微分方程,简洁明了,应用方便。然而,高速、微型化等极端条件对热应力分析提出了更高的要求,需要建立更精确的模型,提出更合适的理论。本书重视经典热弹耦合理论的连续介质力学基础,目的很明确:基于连续介质力学并考虑极端条件特征,讨论构建极端条件下广义热弹耦合模型的理性力学方法。进而,本书在热弹性力学基础上进行了两方面拓展:一是通过连续介质力学方法将热弹性力学拓展到热弹塑性力学,考虑塑性变形中的热耗散以及热对材料塑性变形的影响,特别关注塑性变形过程中转化为热量的塑性功的比例,即功热转换系数;二是介绍了热冲击和微纳尺度等极端条件下的广义热弹耦合模型,主要考虑描述超快加热过程的松弛时间和由微纳尺度引起的尺度效应,并通过数值算例揭示了广义模型与经典模型结果的差异。

本书由华中科技大学熊启林、西北工业大学尉亚军、西安交通大学田晓耕共同撰写。

在本书编写过程中,参考了热弹塑性力学领域部分著作和文献资料,在此对相关作者和专家表示诚挚的谢意。同时,本书得以出版,还要感谢华中科技大学研究生教材出版基金的资助。

作者水平有限,不足之处在所难免,敬请读者批评指正。

编　者

2023年6月

目　录

第1章　热弹性力学理论基础 ……………………………… (1)
1.1　基本概念 ……………………………… (1)
1.1.1　变形 ……………………………… (1)
1.1.2　应力 ……………………………… (4)
1.1.3　热流密度 ……………………………… (6)
1.2　热力学原理 ……………………………… (7)
1.2.1　雷诺输运定理和动量定理 ……………………………… (7)
1.2.2　热力学第一定律 ……………………………… (9)
1.2.3　热力学第二定律 ……………………………… (10)
1.3　热弹耦合本构方程 ……………………………… (12)
1.3.1　热弹性问题自由能 ……………………………… (12)
1.3.2　热弹性本构关系模型 ……………………………… (14)
第2章　热弹塑性力学本构模型 ……………………………… (17)
2.1　黏弹塑性连续体的热力学框架 ……………………………… (17)
2.1.1　小微扰假设 ……………………………… (17)
2.1.2　连续介质热力学的一般原理 ……………………………… (18)
2.1.3　固体介质的特殊情况 ……………………………… (23)
2.1.4　黏性行为与塑性行为的区别 ……………………………… (25)
2.2　热塑性理论 ……………………………… (28)
2.2.1　具有内部变量的热力学 ……………………………… (28)
2.2.2　热力学框架下的本构方程 ……………………………… (32)
2.2.3　存储的能量和热耗散的能量 ……………………………… (37)
2.2.4　变温下的本构方程 ……………………………… (39)
第3章　准静态热应力 ……………………………… (46)
3.1　三维热弹性问题的位移势法 ……………………………… (46)
3.1.1　笛卡儿坐标系下的位移势法 ……………………………… (47)
3.1.2　柱坐标系下的位移势法 ……………………………… (48)
3.2　平面热弹性问题的热应力 ……………………………… (54)
3.2.1　笛卡儿坐标系下的解答 ……………………………… (54)
3.2.2　极坐标系下的解答 ……………………………… (57)

第 4 章 动态热应力 …… (66)
4.1 理论基础 …… (66)
4.2 热冲击下平面热弹性问题中的动态热应力 …… (67)
4.3 极坐标系下热弹性问题的动态热应力 …… (75)
第 5 章 全耦合动态热应力 …… (80)
5.1 热弹性力学中的耦合系数 …… (80)
5.1.1 热弹性材料的热传导方程 …… (80)
5.1.2 耦合系数 …… (83)
5.2 耦合系数对热弹性问题的影响 …… (85)
5.2.1 $\delta=1$ 的一维热弹性问题(狄龙问题) …… (85)
5.2.2 半空间耦合热弹性问题 …… (88)
5.3 耦合系数对热应力的影响 …… (94)
5.3.1 厚板与周围介质换热时耦合系数对热应力的影响 …… (94)
5.3.2 圆筒在不对称受热时的耦合热应力 …… (100)
第 6 章 热塑性变形基本问题 …… (107)
6.1 塑性变形中的热耗散 …… (107)
6.1.1 功与能量的平衡关系 …… (107)
6.1.2 热生成与热流动 …… (112)
6.2 热对塑性变形的影响 …… (118)
6.2.1 具有温度依赖性的塑性变形 …… (118)
6.2.2 热塑性的无穷小理论 …… (127)
6.3 功热转换系数 …… (133)
第 7 章 广义热弹耦合问题 …… (142)
7.1 考虑松弛时间的热弹耦合理论 …… (142)
7.1.1 热传导模型 …… (142)
7.1.2 热弹耦合模型 …… (146)
7.2 考虑尺度效应的热弹耦合理论 …… (151)
7.2.1 梯度型热弹性耦合理论 …… (152)
7.2.2 双层结构的瞬态热弹响应 …… (153)
附录 A …… (164)
参考文献 …… (167)

第 1 章　热弹性力学理论基础

1.1　基本概念

1.1.1　变形

为了描述连续体的运动和变形，选取两种坐标系。一种是固接在物体上的坐标系，随物体一起运动和变形，称为物质坐标系或拉格朗日(Lagrange)坐标系。该坐标系中不同的坐标 $\boldsymbol{X}$ 代表了不同的质点，$\boldsymbol{X}$ 的分量以 X_I($I=1,2,3$)表示。另一种坐标系是在空间中建立的固定参考坐标系，称为空间坐标系或欧拉(Euler)坐标系。此坐标系中不同的坐标 $\boldsymbol{x}$ 表示空间中不同的几何点，$\boldsymbol{x}$ 的分量以 x_i($i=1,2,3$)表示。

如图 1-1 所示，物质坐标系中坐标为 $\boldsymbol{X}$ 的质点和任意时刻该质点的空间位置 $\boldsymbol{x}$ 的对应关系可表示为

$$\boldsymbol{x}=\boldsymbol{\chi}(\boldsymbol{X},t) \tag{1.1}$$

式(1.1)以分量形式可表示为

$$\left.\begin{aligned} x_1&=\chi_1(X_1,X_2,X_3,t)\\ x_2&=\chi_2(X_1,X_2,X_3,t)\\ x_3&=\chi_3(X_1,X_2,X_3,t)\end{aligned}\right\} \tag{1.2}$$

式中：t 表示时间。

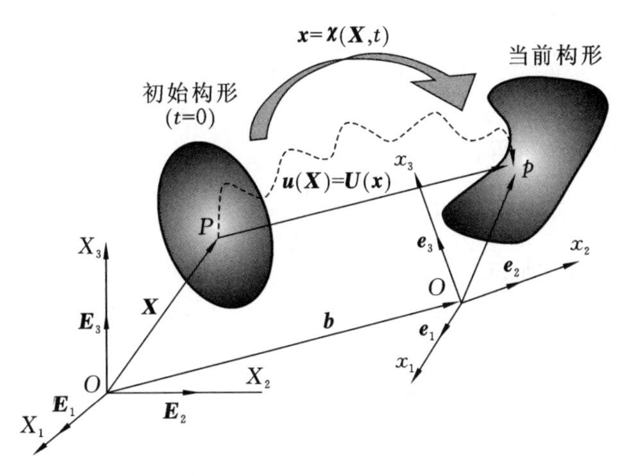

图 1-1　初始构形和当前构形

任意时刻($t\geqslant0$)物体上所有质点在空间占有的位置称为物体的构形。为了描述

物体的运动和变形，选取物体的一个已知构形作为基准，称为参考构形。一般选取初始时刻($t=0$)的构形作为参考构形。

为简单起见，取参考构形上的物质坐标系，也就是 $t=0$ 时的物质坐标系，与空间坐标系重合。于是，质点的位移可表示为

$$\boldsymbol{u}(\boldsymbol{X},t)=\boldsymbol{\chi}(\boldsymbol{X},t)-\boldsymbol{X} \tag{1.3}$$

式中：$\boldsymbol{u}(\boldsymbol{X},t)$为位移矢量。

式(1.3)也可改写为以下形式：

$$u_1=x_1-X_1,\quad u_2=x_2-X_2,\quad u_3=x_3-X_3 \tag{1.4}$$

则 $\boldsymbol{\chi}(\boldsymbol{X},t)$可表示为

$$\boldsymbol{\chi}(\boldsymbol{X},t)=\boldsymbol{u}(\boldsymbol{X},t)+\boldsymbol{X} \tag{1.5}$$

或者

$$x_1=u_1+X_1,\quad x_2=u_2+X_2,\quad x_3=u_3+X_3 \tag{1.6}$$

以 $\boldsymbol{F}(\boldsymbol{X},t)$表示变形梯度张量，其定义式为

$$\boldsymbol{F}(\boldsymbol{X},t)=F_{iJ}\boldsymbol{e}_i\otimes\boldsymbol{e}_J=\frac{\partial\boldsymbol{x}}{\partial\boldsymbol{X}} \tag{1.7}$$

因为 $\boldsymbol{x}$ 的分量为 $x_i(i=1,2,3)$，而 $\boldsymbol{X}$ 的分量为 $X_I(I=1,2,3)$，故 $\boldsymbol{F}$ 的分量为

$$F_{iJ}=\frac{\partial x_i}{\partial X_J}\qquad(i,J=1,2,3) \tag{1.8}$$

变形梯度张量 $\boldsymbol{F}$ 是二阶张量，其矩阵表达式为

$$\boldsymbol{F}=\frac{\partial(x_1,x_2,x_3)}{\partial(X_1,X_2,X_3)}=\begin{bmatrix}\frac{\partial x_1}{\partial X_1} & \frac{\partial x_1}{\partial X_2} & \frac{\partial x_1}{\partial X_3}\\ \frac{\partial x_2}{\partial X_1} & \frac{\partial x_2}{\partial X_2} & \frac{\partial x_2}{\partial X_3}\\ \frac{\partial x_3}{\partial X_1} & \frac{\partial x_3}{\partial X_2} & \frac{\partial x_3}{\partial X_3}\end{bmatrix} \tag{1.9}$$

将式(1.9)代入式(1.7)可得：

$$\boldsymbol{F}(\boldsymbol{X},t)=\frac{\partial\boldsymbol{x}}{\partial\boldsymbol{X}}=\frac{\partial\boldsymbol{u}}{\partial\boldsymbol{X}}+\boldsymbol{I} \tag{1.10}$$

将式(1.10)写成矩阵的形式，即

$$\boldsymbol{F}=\begin{bmatrix}\frac{\partial u_1}{\partial X_1}+1 & \frac{\partial u_1}{\partial X_2} & \frac{\partial u_1}{\partial X_3}\\ \frac{\partial u_2}{\partial X_1} & \frac{\partial u_2}{\partial X_2}+1 & \frac{\partial u_2}{\partial X_3}\\ \frac{\partial u_3}{\partial X_1} & \frac{\partial u_3}{\partial X_2} & \frac{\partial u_3}{\partial X_3}+1\end{bmatrix} \tag{1.11}$$

变形梯度张量 $\boldsymbol{F}$ 的转置可表示为$\boldsymbol{F}^{\mathrm{T}}=F_{iJ}\boldsymbol{e}_J\otimes\boldsymbol{e}_i$，写成矩阵形式为

$$\boldsymbol{F}^{\mathrm{T}}=\begin{bmatrix}\frac{\partial x_1}{\partial X_1} & \frac{\partial x_2}{\partial X_1} & \frac{\partial x_3}{\partial X_1}\\ \frac{\partial x_1}{\partial X_2} & \frac{\partial x_2}{\partial X_2} & \frac{\partial x_3}{\partial X_2}\\ \frac{\partial x_1}{\partial X_3} & \frac{\partial x_2}{\partial X_3} & \frac{\partial x_3}{\partial X_3}\end{bmatrix}=\begin{bmatrix}\frac{\partial u_1}{\partial X_1}+1 & \frac{\partial u_2}{\partial X_1} & \frac{\partial u_3}{\partial X_1}\\ \frac{\partial u_1}{\partial X_2} & \frac{\partial u_2}{\partial X_2}+1 & \frac{\partial u_3}{\partial X_2}\\ \frac{\partial u_1}{\partial X_3} & \frac{\partial u_2}{\partial X_3} & \frac{\partial u_3}{\partial X_3}+1\end{bmatrix} \tag{1.12}$$

定义右柯西-格林(Cauchy-Green)变形张量 $\boldsymbol{C}=\boldsymbol{F}^{\mathrm{T}}\boldsymbol{F}$，根据张量的点积运算公式，有：

$$\begin{aligned}\boldsymbol{C}&=\boldsymbol{F}^{\mathrm{T}}\boldsymbol{F}=\left(\frac{\partial x_i}{\partial X_K}\boldsymbol{e}_K\otimes\boldsymbol{e}_i\right)\cdot\left(\frac{\partial x_j}{\partial X_L}\boldsymbol{e}_j\otimes\boldsymbol{e}_L\right)\\&=\frac{\partial x_i}{\partial X_K}\frac{\partial x_j}{\partial X_L}\delta_{ij}\boldsymbol{e}_K\otimes\boldsymbol{e}_L=\frac{\partial x_i}{\partial X_K}\frac{\partial x_i}{\partial X_L}\boldsymbol{e}_K\otimes\boldsymbol{e}_L\end{aligned}$$

在 $\frac{\partial x_i}{\partial X_K}\frac{\partial x_i}{\partial X_L}\boldsymbol{e}_K\otimes\boldsymbol{e}_L$ 中 i 出现两次，表示 i 取 1～3 并求和，i 称为哑标；δ_{ij} 为克罗内克(Kronecker)δ 符号，有：

$$\delta_{ij}=\begin{cases}1 & (i=j)\\0 & (i\neq j)\end{cases}$$

张量 $\boldsymbol{C}$ 的矩阵形式的表达式(为清晰起见加上了求和符号)为

$$\boldsymbol{C}=\begin{bmatrix}\sum_{i=1}^{3}\frac{\partial x_i}{\partial X_1}\frac{\partial x_i}{\partial X_1} & \sum_{i=1}^{3}\frac{\partial x_i}{\partial X_1}\frac{\partial x_i}{\partial X_2} & \sum_{i=1}^{3}\frac{\partial x_i}{\partial X_1}\frac{\partial x_i}{\partial X_3}\\ \sum_{i=1}^{3}\frac{\partial x_i}{\partial X_2}\frac{\partial x_i}{\partial X_1} & \sum_{i=1}^{3}\frac{\partial x_i}{\partial X_2}\frac{\partial x_i}{\partial X_2} & \sum_{i=1}^{3}\frac{\partial x_i}{\partial X_2}\frac{\partial x_i}{\partial X_3}\\ \sum_{i=1}^{3}\frac{\partial x_i}{\partial X_3}\frac{\partial x_i}{\partial X_1} & \sum_{i=1}^{3}\frac{\partial x_i}{\partial X_3}\frac{\partial x_i}{\partial X_2} & \sum_{i=1}^{3}\frac{\partial x_i}{\partial X_3}\frac{\partial x_i}{\partial X_3}\end{bmatrix} \tag{1.13}$$

由于已给出矩阵表达式(1.11)和(1.12)，式(1.13)虽然也可通过矩阵乘法得到，但用张量方法明显更简洁高效。通过 $\boldsymbol{C}$ 的矩阵表达式可以清晰地看出，右柯西-格林变形张量具有对称性，简单证明如下：

$$\boldsymbol{C}^{\mathrm{T}}=(\boldsymbol{F}^{\mathrm{T}}\boldsymbol{F})^{\mathrm{T}}=\boldsymbol{F}^{\mathrm{T}}\boldsymbol{F}=\boldsymbol{C}$$

线段微元变形前为 $\mathrm{d}\boldsymbol{X}$，变形后 $\mathrm{d}\boldsymbol{x}$，则其平方差为

$$\begin{aligned}\mathrm{d}\boldsymbol{x}^2-\mathrm{d}\boldsymbol{X}^2&=\boldsymbol{F}\mathrm{d}\boldsymbol{X}\cdot\boldsymbol{F}\mathrm{d}\boldsymbol{X}-\mathrm{d}\boldsymbol{X}^2\\&=\mathrm{d}\boldsymbol{X}\boldsymbol{F}^{\mathrm{T}}\cdot\boldsymbol{F}\mathrm{d}\boldsymbol{X}-\mathrm{d}\boldsymbol{X}^2\\&=\mathrm{d}\boldsymbol{X}(\boldsymbol{F}^{\mathrm{T}}\cdot\boldsymbol{F}-\boldsymbol{I})\mathrm{d}\boldsymbol{X}\\&=\mathrm{d}\boldsymbol{X}\cdot 2\boldsymbol{E}\mathrm{d}\boldsymbol{X}\end{aligned} \tag{1.14}$$

因此，张量形式的格林应变(又称格林应变张量)定义为

$$\boldsymbol{E}=\frac{1}{2}(\boldsymbol{F}^{\mathrm{T}}\boldsymbol{F}-\boldsymbol{I})=\frac{1}{2}(\boldsymbol{C}-\boldsymbol{I}) \tag{1.15}$$

其分量形式为

$$E_{IJ}=\frac{1}{2}(F_{kI}F_{kJ}-\delta_{IJ}) \tag{1.16}$$

式中：F_{kI}、F_{kJ} 的下标中 k 为哑标。考虑到 $\boldsymbol{C}$ 的矩阵形式，格林应变张量的矩阵形式可写为

$$\boldsymbol{E}=\frac{1}{2}\begin{bmatrix} \sum_{i=1}^{3}\frac{\partial x_i}{\partial X_1}\frac{\partial x_i}{\partial X_1}-1 & \sum_{i=1}^{3}\frac{\partial x_i}{\partial X_1}\frac{\partial x_i}{\partial X_2} & \sum_{i=1}^{3}\frac{\partial x_i}{\partial X_1}\frac{\partial x_i}{\partial X_3} \\ \sum_{i=1}^{3}\frac{\partial x_i}{\partial X_2}\frac{\partial x_i}{\partial X_1} & \sum_{i=1}^{3}\frac{\partial x_i}{\partial X_2}\frac{\partial x_i}{\partial X_2}-1 & \sum_{i=1}^{3}\frac{\partial x_i}{\partial X_2}\frac{\partial x_i}{\partial X_3} \\ \sum_{i=1}^{3}\frac{\partial x_i}{\partial X_3}\frac{\partial x_i}{\partial X_1} & \sum_{i=1}^{3}\frac{\partial x_i}{\partial X_3}\frac{\partial x_i}{\partial X_2} & \sum_{i=1}^{3}\frac{\partial x_i}{\partial X_3}\frac{\partial x_i}{\partial X_3}-1 \end{bmatrix} \tag{1.17}$$

考虑到式(1.10)，格林应变也可用位移表示为

$$\begin{aligned}\boldsymbol{E}&=\frac{1}{2}(\boldsymbol{F}^{\mathrm{T}}\boldsymbol{F}-\boldsymbol{I})=\frac{1}{2}\left[\left(\frac{\partial \boldsymbol{u}}{\partial \boldsymbol{X}}+\boldsymbol{I}\right)^{\mathrm{T}}\left(\frac{\partial \boldsymbol{u}}{\partial \boldsymbol{X}}+\boldsymbol{I}\right)-\boldsymbol{I}\right]\\ &=\frac{1}{2}\left[\left(\frac{\partial \boldsymbol{u}}{\partial \boldsymbol{X}}\right)^{\mathrm{T}}+\frac{\partial \boldsymbol{u}}{\partial \boldsymbol{X}}+\left(\frac{\partial \boldsymbol{u}}{\partial \boldsymbol{X}}\right)^{\mathrm{T}}\frac{\partial \boldsymbol{u}}{\partial \boldsymbol{X}}\right]\end{aligned}$$

其分量形式为

$$E_{IJ}=\frac{1}{2}(u_{I,J}+u_{J,I}+u_{K,I}u_{K,J}) \tag{1.18}$$

显然，此式与弹性力学中应变的表达式一致。

1.1.2　应力

以 ΔA 表示任一时刻物体构形上的微小面积，$\Delta \boldsymbol{f}$ 表示 ΔA 上的接触力矢量，则应力 $\boldsymbol{\sigma}$ 可表示为

$$\boldsymbol{\sigma}=\lim_{\Delta A\to 0}\frac{\Delta \boldsymbol{f}}{\Delta \boldsymbol{A}}=\frac{\mathrm{d}\boldsymbol{f}}{\mathrm{d}\boldsymbol{A}} \tag{1.19}$$

即

$$\mathrm{d}\boldsymbol{f}=\boldsymbol{\sigma}\cdot\mathrm{d}\boldsymbol{A} \tag{1.20}$$

应力 $\boldsymbol{\sigma}$ 为对应当前构形的真应力，也称为柯西应力，其具有对称性，即 $\boldsymbol{\sigma}^{\mathrm{T}}=\boldsymbol{\sigma}$。

以 $\mathrm{d}A_0$ 表示参考构形上对应于 $\mathrm{d}A$ 的面积微元，则第一类皮奥拉-基尔霍夫应力 $\boldsymbol{P}$ 可表示为

$$\boldsymbol{P}=\frac{\mathrm{d}\boldsymbol{f}}{\mathrm{d}\boldsymbol{A}_0} \tag{1.21}$$

即

$$\mathrm{d}\boldsymbol{f}=\boldsymbol{P}\cdot\mathrm{d}\boldsymbol{A}_0 \tag{1.22}$$

应力 $\boldsymbol{P}$ 也称为工程应力（见图 1-2）。

显然，柯西应力 $\boldsymbol{\sigma}$ 和工程应力 $\boldsymbol{P}$ 之间具有如下关系：

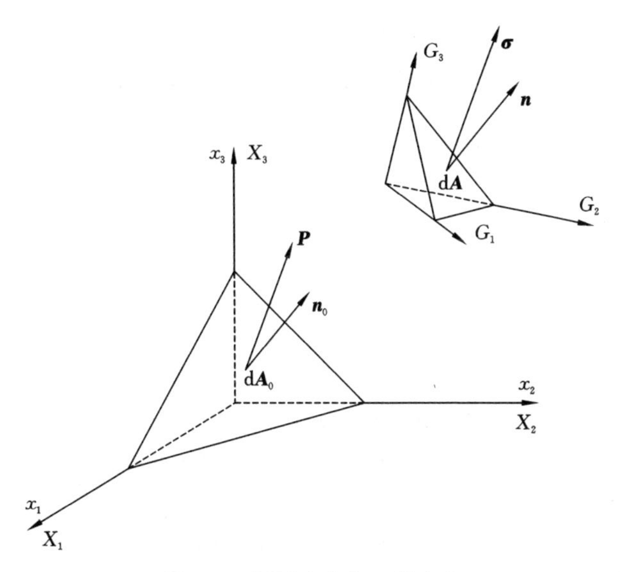

图1-2　柯西应力和工程应力

$$\boldsymbol{P}\cdot \mathrm{d}\boldsymbol{A}_0=\boldsymbol{\sigma}\cdot \mathrm{d}\boldsymbol{A} \tag{1.23}$$

描述两种构形中线元变化的是变形梯度张量 $\boldsymbol{F}$，而反映两种构形中体元变化的是

$$J=\det\boldsymbol{F}=\frac{\mathrm{d}V}{\mathrm{d}V_0} \tag{1.24}$$

又因为变形后的 $\mathrm{d}V$ 应该恒为正值，且不能趋于无限大，所以

$$0<J<\infty \tag{1.25}$$

而当前构形和参考构形中微元的体积可分别表示为

$$\mathrm{d}V=\mathrm{d}\boldsymbol{x}\cdot \mathrm{d}\boldsymbol{A}=\boldsymbol{F}\mathrm{d}\boldsymbol{X}\cdot \mathrm{d}\boldsymbol{A} \tag{1.26a}$$

$$\mathrm{d}V_0=\mathrm{d}\boldsymbol{X}\cdot \mathrm{d}\boldsymbol{A}_0 \tag{1.26b}$$

由式(1.24)和式(1.26)，有：

$$\mathrm{d}\boldsymbol{X}(\boldsymbol{F}^{\mathrm{T}}\cdot \mathrm{d}\boldsymbol{A}-J\,\mathrm{d}\boldsymbol{A}_0)=0 \tag{1.27}$$

进一步，可得当前构形和参考构形中面积元之间的关系：

$$\mathrm{d}\boldsymbol{A}=J\boldsymbol{F}^{-\mathrm{T}}\mathrm{d}\boldsymbol{A}_0 \tag{1.28}$$

将式(1.28)代入式(1.23)，可以得到：

$$\boldsymbol{P}=J\boldsymbol{\sigma}\boldsymbol{F}^{-\mathrm{T}} \tag{1.29}$$

显然，第一类皮奥拉-基尔霍夫应力 $\boldsymbol{P}$ 不具有对称性。现引入第二类皮奥拉-基尔霍夫应力 $\boldsymbol{T}$：

$$\boldsymbol{T}=\boldsymbol{F}^{-1}\boldsymbol{P}=J\boldsymbol{F}^{-1}\boldsymbol{\sigma}\boldsymbol{F}^{-\mathrm{T}} \tag{1.30}$$

其对称性证明如下：

$$\boldsymbol{T}^{\mathrm{T}}=J\ (\boldsymbol{F}^{-1}\boldsymbol{\sigma}\boldsymbol{F}^{-\mathrm{T}})^{\mathrm{T}}=J\boldsymbol{F}^{-1}\boldsymbol{\sigma}\boldsymbol{F}^{-\mathrm{T}}=\boldsymbol{T} \tag{1.31}$$

对于当前构形和参考构形，应变能的变化率为

$$\dot{W}=\int_V \dot{w}\,\mathrm{d}V=\int_V \boldsymbol{\sigma}:\boldsymbol{d}\,\mathrm{d}V=\int_{V_0} J\boldsymbol{\sigma}:\boldsymbol{d}\,\mathrm{d}V_0 \tag{1.32}$$

式中：$\boldsymbol{d}$ 为应变率张量，定义为

$$\boldsymbol{d}=\frac{1}{2}(\boldsymbol{l}+\boldsymbol{l}^{\mathrm{T}}) \tag{1.33}$$

其中

$$\boldsymbol{l}=\frac{\partial \boldsymbol{v}}{\partial \boldsymbol{x}}=\frac{\partial \boldsymbol{v}}{\partial \boldsymbol{X}}\frac{\partial \boldsymbol{X}}{\partial \boldsymbol{x}}=\frac{\partial \dot{\boldsymbol{x}}}{\partial \boldsymbol{X}}\frac{\partial \boldsymbol{X}}{\partial \boldsymbol{x}}=\dot{\boldsymbol{F}}\boldsymbol{F}^{-1} \tag{1.34}$$

则在参考构形中，应变能密度的变化率可表示为

$$\begin{aligned}\dot{w}&=J\boldsymbol{\sigma}:\boldsymbol{d}=J\boldsymbol{\sigma}:\boldsymbol{l}=J\boldsymbol{\sigma}:\dot{\boldsymbol{F}}\boldsymbol{F}^{-1}=J\boldsymbol{\sigma}\boldsymbol{F}^{-\mathrm{T}}:\dot{\boldsymbol{F}}=\boldsymbol{P}:\dot{\boldsymbol{F}}\\&=\boldsymbol{F}^{-1}\boldsymbol{F}\boldsymbol{P}:\dot{\boldsymbol{F}}=\boldsymbol{F}^{-1}\boldsymbol{P}:\boldsymbol{F}^{\mathrm{T}}\dot{\boldsymbol{F}}=\boldsymbol{T}:\boldsymbol{F}^{\mathrm{T}}\dot{\boldsymbol{F}}=\boldsymbol{T}:\dot{\boldsymbol{E}}\end{aligned} \tag{1.35}$$

1.1.3 热流密度

在固体内，热量传输的方式是热传导，即热量因固体内部存在温度梯度而从高温区域向低温区域传输。以 H 表示单位时间内传输的热量，称为热流量。通过单位面积的热流量，称为热流密度，因其是一个矢量，也称热流密度矢量，以 $\boldsymbol{q}$ 表示。若以 $T(\boldsymbol{x},t)$ 表示温度场，则傅里叶(Fourier)热传导定律(简称傅里叶定律)可表示为

$$\boldsymbol{q}(\boldsymbol{x},t)=-k\,\frac{\partial T}{\partial x_i}\boldsymbol{e}_i \tag{1.36}$$

式中：k 为材料的传热系数。传热系数是一个重要的物性参数，不同的材料具有不同的传热系数，且传热系数会随温度改变而改变。由于温度梯度是一个垂直于等温面的矢量，因此热流密度矢量 $\boldsymbol{q}$ 是单位时间内等温面的单位面积上向低温方向传输的热量。

对于各向异性体，传热系数是一个二阶张量，以 $\boldsymbol{k}$ 表示，其分量为 $k_{ij}(i,j=1,2,3)$，则傅里叶定律可表示为

$$\begin{aligned}\boldsymbol{q}(\boldsymbol{x},t)&=-k_{ij}\boldsymbol{e}_i\otimes\boldsymbol{e}_j\cdot\frac{\partial T}{\partial x_k}\boldsymbol{e}_k\\&=-k_{ij}\frac{\partial T}{\partial x_k}\delta_{jk}\boldsymbol{e}_i=-k_{ij}\frac{\partial T}{\partial x_j}\boldsymbol{e}_i\end{aligned} \tag{1.37}$$

注意到在取任意一个微元体进行分析时，微元体的表面一般不与等温面重合。以 $\boldsymbol{n}$ 表示微元体表面外法线方向的单位矢量，$\mathrm{d}A$ 表示微元体表面的面积，则通过物体的边界面 A 进入物体的热量 H 为

$$H=-\int_A \boldsymbol{q}\cdot\boldsymbol{n}\,\mathrm{d}A \tag{1.38}$$

此处，边界面 A 是物体在任一时刻构形的边界面。

以 A_0 表示参考构形的边界面，$\mathrm{d}A_0$ 表示参考构形中微元体表面积，$\boldsymbol{n}_0$ 表示该微

元体表面的单位法向矢量，$\boldsymbol{q}_0$ 为参考构形中的热流密度矢量，则有

$$H=-\int_{A_0}\boldsymbol{q}_0\cdot\boldsymbol{n}_0\mathrm{d}A_0 \tag{1.39}$$

由式(1.38)和式(1.39)可得

$$\int_A\boldsymbol{q}\cdot\boldsymbol{n}\mathrm{d}A=\int_{A_0}\boldsymbol{q}_0\cdot\boldsymbol{n}_0\mathrm{d}A_0 \tag{1.40}$$

式中：$\boldsymbol{n}\mathrm{d}A=\mathrm{d}\boldsymbol{A}$，$\boldsymbol{n}_0\mathrm{d}A_0=\mathrm{d}\boldsymbol{A}_0$。前面已得出 $\mathrm{d}\boldsymbol{A}=J\boldsymbol{F}^{-\mathrm{T}}\mathrm{d}\boldsymbol{A}_0$，则可得

$$\int_A\boldsymbol{q}\cdot J\boldsymbol{F}^{-\mathrm{T}}\boldsymbol{n}_0\mathrm{d}A_0=\int_{A_0}\boldsymbol{q}_0\cdot\boldsymbol{n}_0\mathrm{d}A_0 \tag{1.41}$$

亦即

$$\boldsymbol{q}_0=J\boldsymbol{q}\boldsymbol{F}^{-\mathrm{T}} \tag{1.42}$$

1.2　热力学原理

1.2.1　雷诺输运定理和动量定理

首先给出连续介质力学的一个基本关系式

$$\dot{J}=J\,\boldsymbol{\nabla}\cdot\boldsymbol{v} \tag{1.43}$$

式中：$\boldsymbol{v}$ 为速度，$\boldsymbol{\nabla}\cdot\boldsymbol{v}=v_{i,i}$，$i$ 是哑标。则

$$\begin{aligned}\frac{\mathrm{d}}{\mathrm{d}t}(\mathrm{d}V)&=\frac{\mathrm{d}}{\mathrm{d}t}(J\,\mathrm{d}V_0)=\dot{J}\,\mathrm{d}V_0\\&=(\boldsymbol{\nabla}\cdot\boldsymbol{v})J\,\mathrm{d}V_0=\boldsymbol{\nabla}\cdot\boldsymbol{v}\mathrm{d}V\end{aligned} \tag{1.44}$$

坐标为 $\boldsymbol{X}$ 的质点的速度 $\boldsymbol{v}$ 和加速度 $\boldsymbol{a}$ 分别是函数 $\boldsymbol{\chi}(\boldsymbol{X},t)$ 在 $\boldsymbol{X}$ 固定的情况下对时间 t 的一阶和二阶导数，即

$$\boldsymbol{v}=\dot{\boldsymbol{x}}=\frac{\mathrm{d}\boldsymbol{x}}{\mathrm{d}t}=\frac{\partial}{\partial t}\boldsymbol{\chi}(\boldsymbol{X},t)\big|_{\boldsymbol{X}} \tag{1.45}$$

$$\boldsymbol{a}=\ddot{\boldsymbol{x}}=\frac{\mathrm{d}^2\boldsymbol{x}}{\mathrm{d}t^2}=\frac{\partial^2}{\partial t^2}\boldsymbol{\chi}(\boldsymbol{X},t)\big|_{\boldsymbol{X}} \tag{1.46}$$

式中：$\mathrm{d}/\mathrm{d}t$ 称为物质导数。

以 φ 表示与坐标为 $\boldsymbol{X}$ 的质点相对应的一个物理量，例如内能、速度、应力等，φ 可以写成 $\varphi(\boldsymbol{X},t)$，如果将式(1.2)的反函数代入，则 φ 又可写成 $\varphi(\boldsymbol{x},t)$，$\varphi(\boldsymbol{X},t)$ 和 $\varphi(\boldsymbol{x},t)$ 分别称为物理量 φ 的物质描述和空间描述，且有

$$\varphi=\varphi(\boldsymbol{X},t)=\varphi(\boldsymbol{x},t) \tag{1.47}$$

对于 $\varphi=\varphi(\boldsymbol{X},t)$ 的情况，可按式(1.48)求物理量 φ 对时间 t 的导数 $\dot{\varphi}$：

$$\dot{\varphi}=\frac{\mathrm{d}\varphi(\boldsymbol{X},t)}{\mathrm{d}t}=\frac{\partial}{\partial t}\varphi(\boldsymbol{X},t)\big|_{\boldsymbol{X}} \tag{1.48}$$

对于 $\varphi=\varphi(\boldsymbol{x},t)$ 的情况，则有

$$\dot{\varphi}=\frac{\mathrm{d}\varphi(\boldsymbol{x},t)}{\mathrm{d}t}=\frac{\partial}{\partial t}\varphi(\boldsymbol{x},t)|_{x}+\frac{\partial\varphi(\boldsymbol{x},t)}{\partial\boldsymbol{x}}\cdot\frac{\mathrm{d}\boldsymbol{x}(\boldsymbol{X},t)}{\mathrm{d}t}$$
$$=\frac{\partial\varphi}{\partial t}+\boldsymbol{v}\cdot\frac{\partial\varphi}{\partial\boldsymbol{x}} \tag{1.49}$$

式中:$\partial/\partial t$ 表示空间几何点坐标 $\boldsymbol{x}$ 保持不变时对时间的导数,称为空间导数。

由此得

$$\frac{\mathrm{d}\varphi}{\mathrm{d}t}=\frac{\partial\varphi}{\partial t}+\boldsymbol{v}\cdot\frac{\partial\varphi}{\partial\boldsymbol{x}} \tag{1.50}$$

式(1.50)表示在两种坐标系中描述物理量 φ 时,物质导数与空间导数之间的关系。

以 Φ 表示物体的物理量,并假设它是 φ 的体积积分,即

$$\Phi=\int_{V_0}\varphi(\boldsymbol{X},t)\mathrm{d}V_0=\int_{V}\varphi(\boldsymbol{x},t)\mathrm{d}V \tag{1.51}$$

式中:积分限 V_0 表示物体在物质坐标系(或参考构形)中的体积;V 表示物体在空间坐标系中的体积,显然 V 是变化的。

Φ 对时间的导数可表示为

$$\dot{\Phi}=\frac{\mathrm{d}}{\mathrm{d}t}\int_{V_0}\varphi(\boldsymbol{X},t)\mathrm{d}V_0=\int_{V_0}\frac{\mathrm{d}\varphi}{\mathrm{d}t}\mathrm{d}V_0 \tag{1.52}$$

也可表示为

$$\dot{\Phi}=\frac{\mathrm{d}}{\mathrm{d}t}\int_{V}\varphi(\boldsymbol{x},t)\mathrm{d}V$$
$$=\int_{V}\frac{\mathrm{d}}{\mathrm{d}t}[\varphi(\boldsymbol{x},t)\mathrm{d}V] \tag{1.53}$$
$$=\int_{V}\left[\frac{\mathrm{d}\varphi(\boldsymbol{x},t)}{\mathrm{d}t}\mathrm{d}V+\varphi(\boldsymbol{x},t)\frac{\mathrm{d}}{\mathrm{d}t}\mathrm{d}V\right]$$

因 $\frac{\mathrm{d}}{\mathrm{d}t}\mathrm{d}V=\boldsymbol{\nabla}\cdot v\mathrm{d}V$,由式(1.53)进一步得

$$\dot{\Phi}=\int_{V}\left[\frac{\mathrm{d}\varphi(\boldsymbol{x},t)}{\mathrm{d}t}\mathrm{d}V+(\boldsymbol{\nabla}\cdot\boldsymbol{v})\varphi(\boldsymbol{x},t)\mathrm{d}V\right]$$
$$=\int_{V}\left[\frac{\partial\varphi(\boldsymbol{x},t)}{\partial t}+\frac{\partial\varphi(\boldsymbol{x},t)}{\partial\boldsymbol{x}}\cdot\boldsymbol{v}+(\boldsymbol{\nabla}\cdot\boldsymbol{v})\varphi(\boldsymbol{x},t)\right]\mathrm{d}V$$
$$=\int_{V}\left[\frac{\partial\varphi(\boldsymbol{x},t)}{\partial t}+\boldsymbol{\nabla}\cdot(\boldsymbol{v}\varphi(\boldsymbol{x},t))\right]\mathrm{d}V \tag{1.54}$$

此式为雷诺输运定理表达式。

动量定理表明:物体动量矢量的时间变化率等于作用于物体上的全部外力的主矢量。对于当前构形,将雷诺输运定理中的积分核换为 $\varphi=\rho\boldsymbol{v}$,则物体动量的变化率为

$$\frac{\mathrm{d}}{\mathrm{d}t}\int_{V}\rho\boldsymbol{v}\mathrm{d}V=\int_{V}\left[\frac{\partial(\rho\boldsymbol{v})}{\partial t}+\boldsymbol{\nabla}\cdot(\rho\boldsymbol{v}\otimes\boldsymbol{v})\right]\mathrm{d}V \tag{1.55}$$

对于固体,因为变形过程中微元体的质量 $\rho \mathrm{d}V$ 保持不变,故有

$$\frac{\mathrm{d}}{\mathrm{d}t}\int_V \rho \boldsymbol{v}\,\mathrm{d}V = \int_V \rho\,\frac{\mathrm{d}\boldsymbol{v}}{\mathrm{d}t}\,\mathrm{d}V = \int_V \rho \boldsymbol{a}\,\mathrm{d}V \tag{1.56}$$

应用动量定理,有

$$\begin{aligned}\frac{\mathrm{d}}{\mathrm{d}t}\int_V \rho \boldsymbol{v}\,\mathrm{d}V &= \int_V \rho \boldsymbol{a}\,\mathrm{d}V \\ &= \int_V \rho \boldsymbol{f}\,\mathrm{d}V + \int_A \boldsymbol{\sigma}\cdot\boldsymbol{n}\,\mathrm{d}A \\ &= \int_V \rho \boldsymbol{f}\,\mathrm{d}V + \int_V \nabla\cdot\boldsymbol{\sigma}\,\mathrm{d}V\end{aligned} \tag{1.57}$$

进而可以得到固体的运动微分方程

$$\nabla\cdot\boldsymbol{\sigma} + \rho\boldsymbol{f} = \rho\boldsymbol{a} \tag{1.58}$$

1.2.2　热力学第一定律

热力学第一定律也就是能量守恒定律。以 K 表示物体整体的动能,U 表示整体的内能,H 表示外界给物体提供的热量,P 表示外力对物体所做的总功率,则热力学第一定律可表示为

$$\frac{\mathrm{d}}{\mathrm{d}t}(K+U) = H + P \tag{1.59}$$

其中,动能 K 为

$$K = \frac{1}{2}\int_V \rho \boldsymbol{v}\cdot\boldsymbol{v}\,\mathrm{d}V \tag{1.60}$$

以 u 表示单位质量的内能(即内能密度),则内能 U 为

$$U = \int_V \rho u\,\mathrm{d}V \tag{1.61}$$

热量 H 由两部分组成,一部分是通过物体的表面输入的热量,另一部分是物体自身产生的热量。物体自身产生的热称为物体的内热源,内热源的强弱通常以单位质量的物体在单位时间内的发热量来描述,以 r 表示。因此

$$H = \int_V \rho r\,\mathrm{d}V - \int_A \boldsymbol{q}\cdot\boldsymbol{n}\,\mathrm{d}A \tag{1.62}$$

外力的总功率由体力和表面力的功率组成:

$$P = \int_V \rho\boldsymbol{f}\cdot\boldsymbol{v}\,\mathrm{d}V + \int_A \boldsymbol{t}\cdot\boldsymbol{v}\,\mathrm{d}A \tag{1.63}$$

其中 $\boldsymbol{t} = \boldsymbol{\sigma}\cdot\boldsymbol{n}$。

由式(1.59)至式(1.63),可得

$$\frac{\mathrm{d}}{\mathrm{d}t}\int_V \rho\left(\frac{1}{2}\boldsymbol{v}\cdot\boldsymbol{v} + u\right)\mathrm{d}V = \int_V \rho r\,\mathrm{d}V - \int_A \boldsymbol{q}\cdot\boldsymbol{n}\,\mathrm{d}A + \int_V \rho\boldsymbol{f}\cdot\boldsymbol{v}\,\mathrm{d}V + \int_A \boldsymbol{t}\cdot\boldsymbol{v}\,\mathrm{d}A \tag{1.64}$$

其中

$$\frac{\mathrm{d}}{\mathrm{d}t}\int_V \rho\left(\frac{1}{2}\boldsymbol{v}\cdot\boldsymbol{v}+u\right)\mathrm{d}V=\int_V \rho(\boldsymbol{v}\cdot\boldsymbol{a}+\dot{u})\mathrm{d}V \tag{1.65}$$

将运动微分方程代入式(1.65)得：

$$\begin{aligned}\frac{\mathrm{d}}{\mathrm{d}t}\int_V \rho\left(\frac{1}{2}\boldsymbol{v}\cdot\boldsymbol{v}+u\right)\mathrm{d}V&=\int_V(\boldsymbol{v}\cdot\rho\boldsymbol{a}+\rho\dot{u})\mathrm{d}V\\&=\int_V[\boldsymbol{v}\cdot(\boldsymbol{\nabla}\cdot\boldsymbol{\sigma}+\rho\boldsymbol{f})+\rho\dot{u}]\,\mathrm{d}V\\&=\int_V[\boldsymbol{\nabla}\cdot(\boldsymbol{v}\boldsymbol{\sigma})-\boldsymbol{\sigma}:\boldsymbol{\nabla}\,\boldsymbol{v}+\boldsymbol{v}\cdot\rho\boldsymbol{f}+\rho\dot{u}]\,\mathrm{d}V\\&=\int_A\boldsymbol{t}\cdot\boldsymbol{v}\mathrm{d}A+\int_V[-\boldsymbol{\sigma}:\boldsymbol{d}+\boldsymbol{v}\cdot\rho\boldsymbol{f}+\rho\dot{u}]\,\mathrm{d}V\end{aligned} \tag{1.66}$$

式中：

$$\boldsymbol{\nabla}=\frac{\partial}{\partial x}\boldsymbol{i}+\frac{\partial}{\partial y}\boldsymbol{j}+\frac{\partial}{\partial z}\boldsymbol{k}$$

结合式(1.64)和式(1.66)，可得：

$$\int_V(-\boldsymbol{\sigma}:\boldsymbol{d}+\rho\dot{u})\,\mathrm{d}V=\int_V\rho r\mathrm{d}V-\int_A\boldsymbol{q}\cdot\boldsymbol{n}\mathrm{d}A \tag{1.67}$$

则微分形式的热力学第一定律表达式为

$$\rho\dot{u}=-\boldsymbol{\nabla}_x\cdot\boldsymbol{q}+\rho r+\boldsymbol{\sigma}:\boldsymbol{d} \tag{1.68}$$

1.2.3　热力学第二定律

物体的熵和物体的内能一样，是一个状态函数。从分子运动的观点来看，热量是分子做无规则热运动的表现，熵是分子热运动混乱程度的量度，所以熵是物体的统计性质。

在热力学中，系统的平衡状态是热力学状态参数不随时间变化的状态。严格来说，系统内所有的分子仍在不停地运动，只是运动的统计平均量不随时间改变。热力学过程分为可逆过程和不可逆过程。可逆过程是理想的过程，由一系列平衡状态或接近平衡的状态组成。系统的初始状态 P_0 和终止状态 P 都是平衡状态，由 P_0 到 P 的过程中所经历的各个中间状态不是平衡状态，但如果变化过程非常缓慢，则可将这些中间状态视为无限接近于平衡状态，这种理想的过程就是可逆过程。

在可逆过程中，处于绝对温度 T 的系统得到的微热量以 $\mathrm{d}H$ 表示，则积分 $\int_{P_0}^{P}\frac{\mathrm{d}H}{T}$ 的值与变化路径无关，只由初始状态 P_0 和终止状态 P 决定。克劳修斯(Clausius)据此引入状态函数 S，定义

$$S-S_0=\int_{P_0}^{P}\frac{\mathrm{d}H}{T} \tag{1.69}$$

式中：S_0 是 S 在 P_0 时的值。状态函数 S 称为系统的熵。

对于不可逆过程,可以证明

$$S-S_0>\int_{P_0}^{P}\frac{\mathrm{d}H}{T} \tag{1.70}$$

以 $\mathrm{d}S$ 表示系统的熵增量,则热力学第二定律可表示为

$$\mathrm{d}S\geqslant\frac{\mathrm{d}H}{T} \tag{1.71}$$

以 $\mathrm{d}S^{(\mathrm{r})}$ 表示可逆的熵增量,$\mathrm{d}S^{(\mathrm{i})}$ 表示不可逆的熵增量,或称熵产生量,则热力学第二定律也可以表示为

$$\left.\begin{aligned}\mathrm{d}S&=\mathrm{d}S^{(\mathrm{r})}+\mathrm{d}S^{(\mathrm{i})}\\ \mathrm{d}S^{(\mathrm{r})}&=\frac{\mathrm{d}H}{T}\\ \mathrm{d}S^{(\mathrm{i})}&\geqslant 0\end{aligned}\right\} \tag{1.72}$$

热力学第二定律用于固体时,由于固体内温度分布不均匀,各点的熵也不相同,因此需要引入熵密度、熵源和熵流矢量等概念。熵密度就是单位质量的熵,以 s 表示,则固体的熵 S 可按式(1.73)求得:

$$S=\int_V\rho s\,\mathrm{d}V \tag{1.73}$$

熵源是单位质量的熵生成量,以 $s^{(\mathrm{i})}$ 表示。以 V 表示固体任意时刻的构形,单位时间内通过 V 的边界的单位面积进入 V 的熵是熵流矢量,以 $\boldsymbol{q}_{\mathrm{s}}$ 表示。则有:

$$\frac{\mathrm{d}}{\mathrm{d}t}\int_V\rho s\,\mathrm{d}V=-\int_A\boldsymbol{q}_{\mathrm{s}}\cdot\mathrm{d}\boldsymbol{A}+\int_V\rho s^{(\mathrm{i})}\,\mathrm{d}V \tag{1.74}$$

式中 $\mathrm{d}\boldsymbol{A}=\boldsymbol{n}\,\mathrm{d}A$。对于固体,微元体质量 $\rho\mathrm{d}V$ 不变,故有:

$$\int_V\rho\frac{\mathrm{d}s}{\mathrm{d}t}\mathrm{d}V=-\int_V\nabla\cdot\boldsymbol{q}_{\mathrm{s}}\mathrm{d}V+\int_V\rho s^{(\mathrm{i})}\,\mathrm{d}V \tag{1.75}$$

由式(1.75)可以得到微分形式的熵平衡方程:

$$\rho\dot{s}=-\nabla\cdot\boldsymbol{q}_{\mathrm{s}}+\rho s^{(\mathrm{i})} \tag{1.76}$$

以 T 表示构形 V 内任意点的绝对温度,将热流密度矢量 $\boldsymbol{q}$ 代入,则热力学第二定律应用到固体上时,有

$$\boldsymbol{q}_{\mathrm{s}}=\frac{\boldsymbol{q}}{T} \tag{1.77}$$

在有内热源的情况下,考虑热源引起的熵变化,有

$$\rho\dot{s}=-\nabla\cdot\boldsymbol{q}_{\mathrm{s}}+\frac{\rho r}{T}+\rho s^{(\mathrm{i})} \tag{1.78}$$

或者

$$\rho s^{(\mathrm{i})}=\rho\dot{s}+\nabla\cdot\boldsymbol{q}_{\mathrm{s}}-\frac{\rho r}{T}\geqslant 0 \tag{1.79}$$

式(1.79)是克劳修斯不等式,也称为熵不等式。将式(1.77)代入式(1.79),可以得到

$$\rho\dot{s} \geqslant \frac{\rho r}{T} - \frac{\boldsymbol{\nabla} \cdot \boldsymbol{q}}{T} + \frac{\boldsymbol{q} \cdot \boldsymbol{\nabla} T}{T^2} \tag{1.80}$$

式中:$\boldsymbol{\nabla} T$ 表示温度梯度。已经由热力学第一定律得到式(1.68),于是有

$$\boldsymbol{\nabla}_x \cdot \boldsymbol{q} = -\rho\dot{u} + \rho r + \boldsymbol{\sigma} : \boldsymbol{d} \tag{1.81}$$

将式(1.81)代入式(1.80),有

$$\rho\dot{s} + \frac{\boldsymbol{\sigma} : \boldsymbol{d}}{T} - \frac{\rho\dot{u}}{T} - \frac{\boldsymbol{q} \cdot \boldsymbol{\nabla} T}{T^2} \geqslant 0 \tag{1.82}$$

在建立本构方程时,通常以熵的共轭量温度 T 作为自变量,现在通过勒让德(Legendre)变换引入亥姆霍兹(Helmholtz)自由能密度 ψ:

$$\psi = u - Ts \tag{1.83}$$

对式(1.83)求导,得

$$\dot{\psi} = \dot{u} - \dot{T}s - T\dot{s} \tag{1.84}$$

将式(1.84)代入式(1.82),消去内能项,有

$$\boldsymbol{\sigma} : \boldsymbol{d} - \rho\dot{\psi} - \rho\dot{T}s - \frac{\boldsymbol{q} \cdot \boldsymbol{\nabla} T}{T} \geqslant 0 \tag{1.85}$$

式(1.85)为引入自由能密度后的熵不等式的表达形式。

以上对热弹塑性力学涉及的主要理论基础进行了简要的阐述,在此基础上可以建立热传导方程和本构方程。

1.3 热弹耦合本构方程

1.3.1 热弹性问题自由能

按照连续介质力学的本构理论,物体上坐标为 $\boldsymbol{X}$ 的质点在 t 时刻的状态函数,如自由能密度 ψ、内能密度 u、熵密度 s、热流密度矢量 $\boldsymbol{q}$ 等,应由物体中全部质点的运动历史和温度历史确定。如果物体上坐标为 $\boldsymbol{X}$ 的质点的状态函数仅取决于该质点附近很小邻域中质点的运动历史和温度历史,则称该物体的材料为简单材料。

建立热弹性材料的本构关系应遵循以下普遍原则,以保证理论的正确性:

(1) 本构关系不依赖于坐标系的选择,因此本构方程是标量、矢量和张量之间的关系;

(2) 本构关系对于相对做刚性运动的各个参考系应具有同样的形式,或者说,本构关系对于做不同运动的观察者都应相同;

(3) 本构方程必须与质量守恒定律、动量守恒定律、能量守恒定律、熵不等式等相容。

按照以上原则,以 $\gamma_{ij}(\boldsymbol{X},t)$ 表示坐标为 $\boldsymbol{X}$ 的质点在 t 时刻的应变张量分量,以 $\theta(\boldsymbol{X},t)$ 表示该质点在时刻 t 的温度变化,即 $\theta(\boldsymbol{X},t) = T(\boldsymbol{X},t) - T_0$。对于热弹耦合

问题,系统自由能密度 ψ 是应变 γ_{ij} 和温度 θ 的函数,即

$$\psi=\psi(\gamma_{ij},\theta) \tag{1.86}$$

由于

$$\dot{\psi}=\frac{\partial\psi}{\partial\gamma_{ij}}\dot{\gamma}_{ij}+\frac{\partial\psi}{\partial\theta}\dot{\theta} \tag{1.87}$$

将式(1.87)代入式(1.85),有

$$\left(\sigma_{ij}-\rho\frac{\partial\psi}{\partial\gamma_{ij}}\right)\dot{\gamma}_{ij}-\left(\rho\frac{\partial\psi}{\partial\theta}+\rho s\right)\dot{\theta}-\frac{1}{T}q_i\frac{\partial\theta}{\partial x_i}\geqslant 0 \tag{1.88}$$

上述熵不等式对不同的 $\dot{\gamma}_{ij}$、$\dot{\theta}$、q_i 和 $\partial\theta/\partial x_i$ 都必须成立,因此可以得到:

$$\sigma_{ij}=\rho\frac{\partial\psi}{\partial\gamma_{ij}} \tag{1.89a}$$

$$s=-\frac{\partial\psi}{\partial\theta} \tag{1.89b}$$

同时,得到傅里叶定律表达式:

$$q_i=-k\frac{\partial\theta}{\partial x_i} \tag{1.90}$$

可以看出,傅里叶定律可以通过热力学原理得到。式(1.89)就是熵不等式对热弹性材料本构关系的限制,式(1.89a)和式(1.89b)分别是应力本构方程和熵本构方程。在显式地给出自由能密度 ψ 的表达式后,便能得到应力与熵的本构关系式。

应变能密度 ψ 可以按如下方式展开:

$$\begin{aligned}\psi(\gamma_{ij},\theta)=\psi_0&+(A_1^{ij}\gamma_{ij}+A_2^{ijmn}\gamma_{ij}\gamma_{mn}+A_3^{ijmnkl}\gamma_{ij}\gamma_{mn}\gamma_{kl}+\cdots)\\&+(B_1\theta^*+B_1\theta^{*2}+B_1\theta^{*3}+\cdots)\\&+(C_2^{ij}\gamma_{ij}\theta^*+C_3^{ijmn}\gamma_{ij}\gamma_{mn}\theta^*+\cdots)\\&+(D_3^{ij}\gamma_{ij}\theta^{*2}+D_4^{ijmn}\gamma_{ij}\gamma_{mn}\theta^{*2}+\cdots)\end{aligned} \tag{1.91}$$

式中:以字母 A、B、C、D 加上、下标表示的各个系数为材料的各向异性参数,其中下标表示该项的阶数;ψ_0 是物体处于自然状态时(即 $\gamma_{ij}=0$ 和 $\theta^*=0$ 时)的自由能;$\theta^*=\theta/T_0$。这个幂级数收敛的必要条件是 $|\gamma_{ij}|<1$ 和 $|\theta^*|<1$。对于热弹性应变,前一个条件成立。为了满足后一条件,假定 $\theta<T_0$。

在线性热弹性理论中,$\psi(\gamma_{ij},\theta)$ 的幂级数可取到二阶,即

$$\psi(\gamma_{ij},\theta)=\psi_0+A_1^{ij}\gamma_{ij}+A_2^{ijmn}\gamma_{ij}\gamma_{mn}+B_1\theta^*+B_1\theta^{*2}+C_2^{ij}\gamma_{ij}\theta^* \tag{1.92}$$

对于各向同性体,自由能 $\psi(\gamma_{ij},\theta)$ 常展开为关于应变不变量 I_1、I_2、I_3 和 θ^* 的幂级数。应变张量的三个不变量为

$$\left.\begin{aligned}I_1&=\gamma_{ij}\\I_2&=\frac{1}{2}(\gamma_{ii}\gamma_{jj}-\gamma_{ij}\gamma_{ji})\\I_3&=\det\gamma_{ij}\end{aligned}\right\} \tag{1.93}$$

然后,应变能密度 ψ 展开为

$$\begin{aligned}\psi=&a_0+a_1I_1+a_2I_2+a_3I_3+a_4\theta^*+a_5I_1^2+a_6\theta^{*2}\\&+a_7I_1\theta^*+a_8I_1^3+a_9I_1I_2+a_{10}I_1\theta^{*2}+a_{11}I_2\theta^*\\&+a_{12}\theta^{*3}+a_{13}I_1^2\theta^*+a_{14}I_1^4+a_{15}I_2^2+a_{16}I_1I_3+\cdots\end{aligned}\tag{1.94}$$

式中:$a_1,a_2,\cdots$均为物性系数。为使计算简便,在计算中取常数 a_0(即 ψ_0)为零。

1.3.2 热弹性本构关系模型

由式(1.92)可得:

$$\sigma_{ij}=\frac{\partial\psi}{\partial\gamma_{ij}}=A_1^{ij}+2A_2^{ijmn}\gamma_{mn}+C_2^{ij}\theta^*\tag{1.95}$$

显然,若 $\gamma_{mn}=0$ 及 $\theta^*=0$,则 $\sigma_{ij}=A_1^{ij}$,所以 A_1^{ij} 代表参考构形上的初始应力。如果设参考构形处于无应力的自然状态,则可取 $A_1^{ij}=0$。于是

$$\sigma_{ij}=2A_2^{ijmn}\gamma_{mn}+C_2^{ij}\theta^*\tag{1.96}$$

以 E^{ijmn} 表示弹性系数,定义

$$E^{ijmn}=\frac{\partial\sigma_{ij}}{\partial\gamma_{mn}}\tag{1.97}$$

将式(1.96)代入后得

$$E^{ijmn}=2A_2^{ijmn}\tag{1.98}$$

由于 $\gamma_{ij}=\gamma_{ji}$、$\gamma_{mn}=\gamma_{nm}$,以及$\dfrac{\partial^2\psi}{\partial\gamma_{ij}\partial\gamma_{mn}}=\dfrac{\partial^2\psi}{\partial\gamma_{mn}\partial\gamma_{ij}}$,所以

$$E^{ijmn}=E^{jimn}=E^{mnij}=E^{nmij}\tag{1.99}$$

即各向异性体的弹性系数的个数由 $3^4=81$ 减少到 21 个。

以 β_{ij} 表示应力的热力耦合系数,定义

$$\beta_{ij}=-\frac{1}{T_0}\frac{\partial\sigma_{ij}}{\partial\theta^*}=-\frac{\partial\sigma_{ij}}{\partial\theta}\tag{1.100}$$

将式(1.96)代入后得

$$\beta_{ij}=-\frac{C_2^{ij}}{T_0}\tag{1.101}$$

假设有一根两端固定的杆,对其进行均匀加热。由于两端固定,应变不能产生(即 $\gamma=0$)。随着温度的增长,杆内将出现逐渐增大的压力。由式(1.100)可以看出,热力耦合系数 β_{ij} 表示增加单位温度时压应力的增大值。将 β_{ij} 和 E^{ijmn} 代入式(1.96),可以得到各向异性体的表示应力、应变和温度关系的热弹性本构方程

$$\sigma_{ik}=E^{ikmn}\gamma_{mn}-\beta_{ik}\theta\tag{1.102}$$

将自由能 $\psi(\gamma_{ij},\theta^*)$的展开式取到 γ_{ij} 和 θ^* 的二次幂项,以得到线性的热弹性本构方程:

$$\psi=a_1I_1+a_2I_2+a_4\theta^*+a_5I_1^2+a_6\theta^{*2}+a_7I_1\theta^*\tag{1.103}$$

由 $\sigma_{ij}=\dfrac{\partial\psi}{\partial\gamma_{ij}}$ 及复合函数的求导法则，得

$$\sigma_{ij}=\frac{\partial\psi}{\partial\gamma_{ij}}=\frac{\partial\psi}{\partial I_1}\frac{\partial I_1}{\partial\gamma_{ij}}+\frac{\partial\psi}{\partial I_2}\frac{\partial I_2}{\partial\gamma_{ij}}+\frac{\partial\psi}{\partial I_3}\frac{\partial I_3}{\partial\gamma_{ij}} \tag{1.104}$$

不变量 I_1、I_2、I_3 对应变分量 γ_{ij} 的导数是

$$\left.\begin{aligned}&\frac{\partial I_1}{\partial\gamma_{ij}}=\delta_{ij}\\&\frac{\partial I_2}{\partial\gamma_{ij}}=I_1\delta_{ij}-\gamma_{ij}\\&\frac{\partial I_3}{\partial\gamma_{ij}}=I_{ik}\gamma_{jk}-I_1\gamma_{ij}+I_2\delta_{ij}\end{aligned}\right\} \tag{1.105}$$

对于线性情况，则不包括 $\partial I_3/\partial\gamma_{ij}$ 项。

由式(1.103)和式(1.105)，得到本构方程：

$$\sigma_{ij}=a_1\delta_{ij}+(a_2+2a_5)\gamma_{kk}\delta_{ij}-a_2\gamma_{ij}+a_7\theta\delta_{ij} \tag{1.106}$$

引入拉梅(Lame)弹性常数 λ 和 μ，令常系数 $-a_2=2\mu$，$a_5=\dfrac{\lambda}{2}+\mu$。取初始应力 $a_1=0$。由式(1.100)可得

$$\beta_{ij}=-\frac{a_7}{T_0}\delta_{ij}=\beta\delta_{ij} \tag{1.107}$$

即 $\beta=-a_7/T_0$，则本构方程可以写成

$$\sigma_{ij}=\lambda\gamma_{kk}\delta_{ij}+2\mu\gamma_{ij}-\beta\theta\delta_{ij} \tag{1.108}$$

该方程表示了均质各向同性体的应力应变本构关系。

有时为了分析问题的方便，将本构方程写成 $\gamma_{ij}=\gamma_{ij}(\sigma_{ij},\theta)$ 的形式。以 σ_{kk} 表示 $\sigma_{11}+\sigma_{22}+\sigma_{33}$，那么由式(1.108)显然有

$$\gamma_{kk}=\frac{1}{3\lambda+2\mu}(\sigma_{kk}+3\beta\theta)$$

将它代回式(1.108)中，整理后得

$$\gamma_{ij}=-\frac{\lambda}{2\mu(3\lambda+2\mu)}\sigma_{kk}\delta_{ij}+\frac{1}{2\mu}\sigma_{ij}+\frac{\beta}{3\lambda+2\mu}\theta\delta_{ij} \tag{1.109}$$

定义线膨胀系数 α_{ij} 为

$$\alpha_{ij}=\frac{\partial\gamma_{ij}}{\partial\theta} \tag{1.110}$$

即 α_{ij} 表示升高单位温度时应变的增量。将式(1.109)代入式(1.110)，得

$$\alpha_{ij}=\frac{\beta}{3\lambda+2\mu}\delta_{ij}=\alpha\delta_{ij} \tag{1.111}$$

式中 $\alpha=\beta/(3\lambda+2\mu)$。于是式(1.109)又可写成

$$\gamma_{ij} = -\frac{\lambda}{2\mu(3\lambda+2\mu)}\sigma_{kk}\delta_{ij} + \frac{1}{2\mu}\sigma_{ij} + \alpha\theta\delta_{ij} \tag{1.112}$$

式(1.109)和式(1.112)就是以 $\gamma_{ij}=\gamma_{ij}(\sigma_{ij},\theta)$ 的形式表示的本构方程。

如果引入各向同性体在等温情况下单向拉伸(压缩)时的弹性模量 E 和泊松比 ν,则由式(1.108)和 $\gamma_{22}=\gamma_{33}=-\nu\gamma_{11}$ 可知

$$\sigma_{11} = [\lambda(1-2\nu)+2\mu]\gamma_{11} \tag{1.113}$$

另一方面,单向拉伸(压缩)时有 $\sigma_{11}=E\gamma_{11}$,所以

$$E=\lambda(1-2\nu)+2\mu \tag{1.114}$$

引入剪切模量 G,由 $\mu=G$ 及 $2G=\frac{E}{1+\nu}$,可得

$$2\mu=\frac{E}{1+\nu} \tag{1.115}$$

由式(1.115)得到

$$\lambda=\frac{\nu E}{(1+\nu)(1-2\nu)} \tag{1.116}$$

因此,本构方程又可写成

$$\sigma_{ij}=\frac{\nu E}{(1+\nu)(1-2\nu)}\gamma_{kk}\delta_{ij}+\frac{E}{1+\nu}\gamma_{ij}-\alpha\frac{E}{1-2\nu}\theta\delta_{ij} \tag{1.117}$$

以上应用式(1.103)导出了各向同性体的本构方程的各种形式。在不同的热弹性问题中,可以恰当地选用不同的表达式。

第 2 章　热弹塑性力学本构模型

2.1　黏弹塑性连续体的热力学框架

2.1.1　小微扰假设

本节将在小微扰假设(small-perturbation hypothesis)的框架内回顾连续介质热力学的基本要素,并将其拓展到黏弹塑性连续体的理论框架。

在运动和变形发生后,在 t 时刻,实际构形 K_t 相对参考构形 K_R 的一般运动和变形,由一个称为运动或变换的时空映射来描述:

$$\boldsymbol{x}=\boldsymbol{\chi}(\boldsymbol{X},t)\quad 或\quad x_i=\chi_i(X_j,t) \tag{2.1}$$

式中:t_0 和 t 时刻的 $\boldsymbol{X}$ 和 $\boldsymbol{x}$ 均位于同一笛卡儿坐标系。目前只关注位移的小变换:

$$u_i=x_i-X_i \tag{2.2}$$

“小变换”表示物体中各点的位移都很小。从某种意义上说,$\boldsymbol{u}$ 只是关于在其参考构形中构成连续体的点(坐标为 $\boldsymbol{X}$)的一个小变量 $\delta\boldsymbol{\chi}$(详见图 2-1(a),与图 2-1(b)中的“有限”变换形成对比;图中 V 表示物体的体积)。也就是说,也可以令

$$\boldsymbol{x}=\boldsymbol{X}+\delta\boldsymbol{\chi} \tag{2.3}$$

式中:$|\delta\boldsymbol{\chi}|$ 与所有 $\boldsymbol{x}$ 的宏观参考长度相比仍然很小,即 K_t 仍然在 K_R 的邻域中。

在参考构形中,连续体占据欧几里得(Euclidean)三维空间的一个单连通开集 A_0。令 ∂A_0 为 A_0 的规则边界,在运动和变形后,A_0 和 ∂A_0 分别变成 A 和 ∂A。

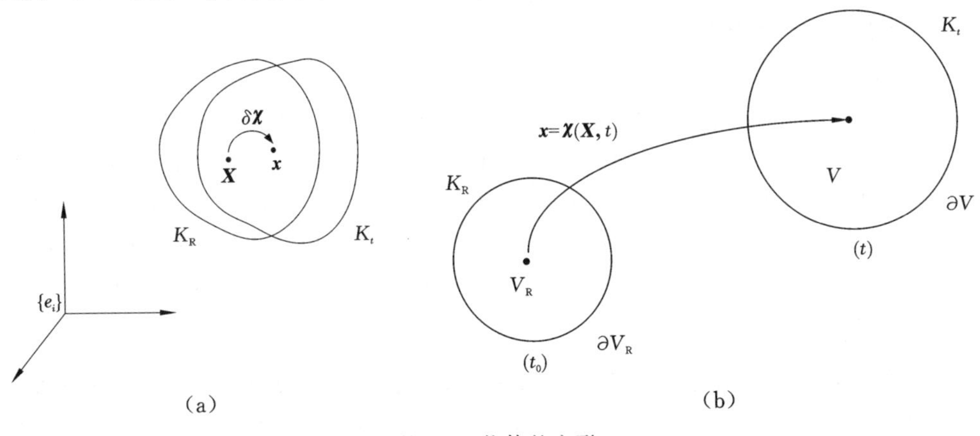

图 2-1　物体的变形

(a)小变形;(b)大变形

小微扰假设是：在普通的使用条件下，大多数固体仅经历小的位移变换（见式(2.3)），并且位移梯度

$$\nabla \boldsymbol{u}: u_{i,j}(\boldsymbol{X},t)=\frac{\partial u_i}{\partial X_j} \tag{2.4}$$

也很小。在连续介质力学和弹性力学中，小微扰假设表明：在给定的 t 时刻，物体所占据物理空间的域 A 和参考构形所占据的域 A_0 等同。因此，在小微扰假设下，边界条件总是适用于未受干扰的边界 ∂A_0。

应变张量 $\boldsymbol{\varepsilon}=\{\varepsilon_{ij}\}$ 和位移梯度之间的关系可简化为线性关系：

$$\boldsymbol{\varepsilon}=\boldsymbol{\varepsilon}(\boldsymbol{u})=(\nabla \boldsymbol{u})_s \quad \text{i.e.} \quad \varepsilon_{ij}=u_{(i,j)}\approx\frac{1}{2}(u_{i,j}+u_{j,i}) \tag{2.5}$$

式中：下标 s 表示分量方程中定义的对称性。

根据连续性方程，密度 $\rho(\boldsymbol{X},t)$ 被认为是一个常数，这是因为 K_t 中的 $\rho(\boldsymbol{X},t)$ 和 K_R 中的 ρ_0 通常通过以下方程相关联：

$$\rho_0=\rho J$$

式中：J 表示 $\boldsymbol{\chi}(\boldsymbol{X},t)$ 的行列式，且有

$$J=1+O(|\nabla \boldsymbol{u}|)$$

因此 $\rho(\boldsymbol{X},t)$ 可用 ρ_0 替换；物质导数可用关于时间的偏导数 $\partial/\partial t$ 替换；应变率张量 $\boldsymbol{D}=\{D_{ij}=D_{ji}\}$ 可简化为应变关于时间的偏导数 $\dot{\boldsymbol{\varepsilon}}$，即

$$D_{ij}=\frac{\partial}{\partial t}\varepsilon_{ij}=\dot{\varepsilon}_{ij}=\frac{1}{2}(\dot{u}_{i,j}+\dot{u}_{j,i}) \tag{2.6}$$

为了使应变可积，必须有：

$$\varepsilon_{ij,kl}+\varepsilon_{kl,ij}=\varepsilon_{ik,jl}+\varepsilon_{jl,ik} \tag{2.7}$$

该式表示相容条件，该式成立则不确定性被消除。

2.1.2 连续介质热力学的一般原理

连续介质热力学的一般原理由虚功率原理(principle of virtual power，PVP)、热力学第一和第二定律组成。令 $\boldsymbol{\sigma}=\{\sigma_{ij}=\sigma_{ji}\}$ 为柯西应力张量，$v_i=\partial x_i/\partial t=\dot{u}_i$ 为速度，ρ 为质量密度（认为是常数），T_i 为作用在物质体 ∂A 表面上的牵引力，n_i 为在 ∂A 表面处的外单位法线，f_i 为单位质量的外力分量，e 为单位质量内能，q_i 为热通量矢量分量，h 为单位质量的热源，θ 为热力学温度，s 为单位质量的熵，$\boldsymbol{\Psi}$ 为单位质量的亥姆霍兹自由能。以下将基于上述定义介绍连续介质热力学的一般原理。

1. 虚功率原理

在伽利略坐标系和牛顿经典定律框架下，对于任何虚拟速度场，力系中的惯性力虚功率均等于施加在系统上的其他所有力（包括内部力和外部力）的虚功率。此即虚功率原理。在数学上，虚功率原理可用如下公式表示：

$$p_{(a)}^{*}=p_{(i)}^{*}+p_{(v)}^{*}+p_{(c)}^{*} \tag{2.8}$$

式中：$p_{(a)}^*$、$p_{(i)}^*$、$p_{(v)}^*$、$p_{(c)}^*$分别是惯性力$\rho\dot{\boldsymbol{v}}$、内力$\boldsymbol{\sigma}$、体积力$\rho\boldsymbol{f}$和接触力$\boldsymbol{T}$的虚功率，且有

$$p_{(a)}^* = \int_A \rho\, \dot{v}_i v_i^*\, \mathrm{d}v \tag{2.9}$$

$$p_{(i)}^* = -\int_A \sigma_{ij} v_{j,i}^*\, \mathrm{d}v \tag{2.10}$$

$$p_{(v)}^* = \int_A \rho f_i v_i^*\, \mathrm{d}v \tag{2.11}$$

$$p_{(c)}^* = \int_{\partial A} T_i v_i^*\, \mathrm{d}A \tag{2.12}$$

其中，式(2.10)可以写成

$$p_{(i)}^* = -\int_A \sigma_{ij} D_{ij}^*\, \mathrm{d}v = -\int_A \boldsymbol{\sigma} : \boldsymbol{D}^*\, \mathrm{d}v \tag{2.13}$$

以微分形式

$$\boldsymbol{D}(\boldsymbol{x},t)=0,\ \forall t \tag{2.14}$$

定义物体的刚体运动，虚速度场$\boldsymbol{v}^*$表示一个刚体运动的场，因此式(2.10)可写成

$$p_{(i)}^* \equiv 0 \tag{2.15}$$

式(2.15)说明：在任何时候，系统的所有刚性虚拟运动的内力虚功率都为零。此即内力虚功率原理。

以达朗贝尔(D'Alembert)方式表示的式(2.8)完全等同于牛顿力学平衡方程，即线性动量守恒定律

$$\frac{\mathrm{d}}{\mathrm{d}t}\int_A \rho\boldsymbol{v}\,\mathrm{d}v = \int_A \rho\boldsymbol{f}\,\mathrm{d}v + \int_{\partial A} \boldsymbol{T}\,\mathrm{d}A \tag{2.16}$$

和角动量守恒定律

$$\frac{\mathrm{d}}{\mathrm{d}t}\int_A \rho\boldsymbol{v}\times\boldsymbol{x}\,\mathrm{d}v = \int_A \rho\boldsymbol{f}\times\boldsymbol{x}\,\mathrm{d}v + \int_{\partial A} \boldsymbol{T}\times\boldsymbol{x}\,\mathrm{d}A \tag{2.17}$$

式中“×”表示向量积，$\dfrac{\mathrm{d}}{\mathrm{d}t}$表示物质时间导数。根据连续性方程，有一般性公式

$$\int_A \rho\, \frac{\mathrm{d}P}{\mathrm{d}t}\mathrm{d}v = \frac{\mathrm{d}}{\mathrm{d}t}\int_A \rho P\,\mathrm{d}v \tag{2.18}$$

因此，连续介质中的欧拉-柯西运动方程为

$$\rho\dot{v}_i = \sigma_{ij,j} + \rho f_i \quad 或 \quad \rho\dot{\boldsymbol{v}} = \nabla\cdot\boldsymbol{\sigma} + \rho\boldsymbol{f} \tag{2.19}$$

其中

$$\sigma_{ij} = \sigma_{ji} \quad 或 \quad \boldsymbol{\sigma} = \boldsymbol{\sigma}^{\mathrm{T}} \tag{2.20}$$

应力的自然边界条件为

$$\sigma_{ij} n_j = T_i \quad 或 \quad \boldsymbol{\sigma}\cdot\boldsymbol{n} = \boldsymbol{T} \tag{2.21}$$

如果以式(2.16)和式(2.17)来表示，首先应该假设$\boldsymbol{T}$取决于∂A的法线，而不是更高

阶的 ∂A 几何结构(柯西原理);由柯西著名的四面体论证将得出线性关系式(2.21)。最后,基于此对式(2.16)和式(2.17)进行局部化,将分别得到式(2.19)和式(2.20)。

对于真实速度场,由式(2.8)可得到全局方程

$$\dot{K}=p_{(\mathrm{i})}+p_{(\mathrm{ext})} \tag{2.22}$$

式中:K 和 $p_{(\mathrm{ext})}$ 分别是外力(体力和面力)产生的总动能和功率,且有

$$K=\int_A \frac{1}{2}\rho\,\boldsymbol{v}^2\,\mathrm{d}v \tag{2.23}$$

$$p_{(\mathrm{ext})}=\int_A \rho\boldsymbol{f}\cdot\boldsymbol{v}\,\mathrm{d}v+\int_{\partial A}\boldsymbol{T}\cdot\boldsymbol{v}\,\mathrm{d}A \tag{2.24}$$

在忽略惯性力的准静态问题中,虚功率原理采用简化形式可表示为

$$\int_A \boldsymbol{\sigma}:\dot{\boldsymbol{\varepsilon}}^*\,\mathrm{d}v=\int_A \rho\boldsymbol{f}\cdot\dot{\boldsymbol{u}}^*\,\mathrm{d}v+\int_{\partial A}\boldsymbol{T}\cdot\dot{\boldsymbol{u}}^*\,\mathrm{d}A \tag{2.25}$$

也可以用无穷小的变量(虚功)表示成以下形式:

$$\int_{A_0}\boldsymbol{\sigma}:\delta\boldsymbol{\varepsilon}\,\mathrm{d}v=\int_{A_0}\rho\boldsymbol{f}\cdot\delta\boldsymbol{u}\,\mathrm{d}v+\int_{\partial A_0}\boldsymbol{T}\cdot\delta\boldsymbol{u}\,\mathrm{d}A \tag{2.26}$$

2. 连续介质热力学第一定律

能量(动能和内能)的时间变化率与通过物体吸收的热量和外力对物体所做的功所提供能量的总时间变化率相等,此即连续介质热力学第一定律。其在数学上可表示为

$$\dot{K}+\dot{E}=p_{(\mathrm{ext})}+\dot{Q} \tag{2.27}$$

式中:E 和 $\dot{Q}$ 分别是供热的总内能和总能量率,且有

$$E=\int_A \rho e\,\mathrm{d}v \tag{2.28}$$

$$\dot{Q}=\int_A \rho h\,\mathrm{d}v-\int_{\partial A} q_i n_i\,\mathrm{d}A \tag{2.29}$$

这里 e 是单位质量的内能;h 是单位质量的热源;$\boldsymbol{q}=\{q_i\}$ 是热通量矢量。功率 $p_{(\mathrm{ext})}$ 已由式(2.24)定义。事实上,联立式(2.27)和式(2.22),可得到能量定理的表达式:

$$\dot{E}+p_{(\mathrm{i})}=\dot{Q} \tag{2.30}$$

该式对于 A 内的每个正则点的局部形式是

$$\rho\dot{e}=\sigma_{ij}D_{ij}-\boldsymbol{\nabla}\cdot\boldsymbol{q}+\rho h \tag{2.31}$$

3. 连续介质热力学第二定律

熵的总时间变化率永远不会低于通过热量提供的熵时间变化率,此即连续介质热力学第二定律。其在数学上可表示为

$$\dot{N}\geqslant\int_A \frac{1}{T}\rho h\,\mathrm{d}v-\int_{\partial A}\frac{1}{T}q_i n_i\,\mathrm{d}A \tag{2.32}$$

式中：T 是热力学温度。总熵可按式(2.33)求得：

$$N=\int_A \rho s\,\mathrm{d}v \tag{2.33}$$

式中：η 是单位质量的熵。

不等式(2.32)对于 A 内的每个点的局部形式是

$$\rho\dot{s}-\frac{1}{T}\rho h+\boldsymbol{\nabla}\cdot\frac{\boldsymbol{q}}{T}\geqslant 0 \tag{2.34}$$

或

$$\rho T\dot{s}-\rho h+\boldsymbol{\nabla}\cdot\boldsymbol{q}-\frac{1}{T}\boldsymbol{q}\cdot\boldsymbol{\nabla}T\geqslant 0 \tag{2.35}$$

引入由式(2.36)定义的单位质量的亥姆霍兹自由能：

$$\Psi=e-sT \tag{2.36}$$

得到

$$\rho T\dot{s}=\rho\dot{e}-\rho(\dot{\Psi}+s\dot{T}) \tag{2.37}$$

通过式(2.31)将式(2.37)中的 $\dot{e}$ 消除，并代入式(2.35)，从而得到克劳修斯-杜安(Clausius-Duhem)不等式：

$$-\rho(\dot{\Psi}+s\dot{T})+\sigma_{ij}D_{ij}-\frac{1}{T}\boldsymbol{q}\cdot\boldsymbol{\nabla}T\geqslant 0 \tag{2.38}$$

因为 ρ 在虚功率原理表达式中是常数，同时定义单位体积的自由能和熵分别为

$$W=\rho\Psi,\quad S=\rho s \tag{2.39}$$

则有

$$-(\dot{W}+S\dot{T})+\sigma_{ij}\dot{\varepsilon}_{ij}+T\boldsymbol{q}\cdot\boldsymbol{\nabla}\frac{1}{T}\geqslant 0 \tag{2.40}$$

任何伴随应变和温度空间变化的热力学过程均须满足不等式(2.40)表示的热力学约束，此即热力学容许性要求。

假设无穷小应变是弹性应变 $\boldsymbol{\varepsilon}^{\mathrm{e}}$ 和塑性应变 $\boldsymbol{\varepsilon}^{\mathrm{p}}$ 的总和：

$$\boldsymbol{\varepsilon}=\boldsymbol{\varepsilon}^{\mathrm{e}}+\boldsymbol{\varepsilon}^{\mathrm{p}} \tag{2.41}$$

令 $\boldsymbol{\alpha}$ 是一个 n 阶向量，由 $\alpha_k(k=1,2,\cdots,n)$ 组成，作为内部变量，以说明发生在微观层面的未知复杂现象。在某些不可逆性过程中，这些未知的复杂现象在宏观层面上却是显而易见的。变量 $\boldsymbol{\varepsilon}$ 和 T 是可观察变量。

假设

$$W=W(\boldsymbol{\varepsilon}^{\mathrm{e}},\boldsymbol{\alpha},T),\quad E(\boldsymbol{\varepsilon}^{\mathrm{e}},\boldsymbol{\alpha},S)=W+ST \tag{2.42}$$

熵和温度则分别定义为

$$S=-\frac{\partial W}{\partial T},\quad T=\frac{\partial E(\boldsymbol{\varepsilon}^{\mathrm{e}},\boldsymbol{\alpha},S)}{\partial S} \tag{2.43}$$

式中：$E=\rho e$，其在变量 $\boldsymbol{\varepsilon}^{\mathrm{e}}$、$\boldsymbol{\alpha}$ 和 S 中是凸性的；而 W 在变量 T 中是凹性的，在变量 $\boldsymbol{\varepsilon}^{\mathrm{e}}$

和 $\boldsymbol{\alpha}$ 中则是凸性的。定义

$$\boldsymbol{\sigma}^{\mathrm{e}}=\frac{\partial W}{\partial \boldsymbol{\varepsilon}^{\mathrm{e}}},\quad \boldsymbol{A}=-\frac{\partial W}{\partial \boldsymbol{\alpha}} \tag{2.44}$$

和

$$\boldsymbol{\sigma}^{\mathrm{v}}=\boldsymbol{\sigma}-\boldsymbol{\sigma}^{\mathrm{e}} \tag{2.45}$$

如果考虑式(2.43)、式(2.44)和式(2.45),则不等式(2.40)可写成

$$\phi=\boldsymbol{\sigma}^{\mathrm{v}}:\dot{\boldsymbol{\varepsilon}}^{\mathrm{e}}+\boldsymbol{\sigma}:\dot{\boldsymbol{\varepsilon}}^{\mathrm{p}}+\boldsymbol{A}\cdot\dot{\boldsymbol{\alpha}}+T\boldsymbol{q}\cdot\boldsymbol{\nabla}\frac{1}{T}\geqslant 0 \tag{2.46}$$

式(2.46)称为耗散不等式,式中 $\boldsymbol{\sigma}^{\mathrm{v}}$ 是 $\dot{\boldsymbol{\varepsilon}}^{\mathrm{e}}$ 的热力学对偶量,称为黏性应力。令

$$\left.\begin{aligned}\phi_{\mathrm{v}}&=\boldsymbol{\sigma}^{\mathrm{v}}:\dot{\boldsymbol{\varepsilon}}^{\mathrm{e}}\\ \phi_{\mathrm{p}}&=\boldsymbol{\sigma}:\dot{\boldsymbol{\varepsilon}}^{\mathrm{p}}+\boldsymbol{A}\cdot\dot{\boldsymbol{\alpha}}\\ \phi_{\mathrm{q}}&=T\boldsymbol{q}\cdot\boldsymbol{\nabla}\frac{1}{T}\end{aligned}\right\} \tag{2.47}$$

式中:ϕ_{q} 为热耗散量;此外,有

$$\phi_{\mathrm{intr}}:=\phi_{\mathrm{v}}+\phi_{\mathrm{p}} \tag{2.48}$$

ϕ_{intr} 为内在的耗散量,则

$$\phi_{\mathrm{intr}}=T\dot{S}+\boldsymbol{\nabla}\cdot\boldsymbol{q} \tag{2.49}$$

耗散 ϕ_{q} 和 ϕ_{intr} 均为非负数($\phi_{\mathrm{intr}}\geqslant 0,\phi_{\mathrm{q}}\geqslant 0$),是一种比式(2.46)更严格的条件。$\phi_{\mathrm{q}}\geqslant 0$ 对应于从热点到冷点的热传播的直观过程,而如果 $\phi_{\mathrm{intr}}=0$,则耗散是纯热耗散。

任意体积 V 中耗散的总内功率 Φ_{intr} 为

$$\Phi_{\mathrm{intr}}=\int_V \phi_{\mathrm{intr}}\,\mathrm{d}v \tag{2.50}$$

进一步,可以得到以下结果:

$$\forall V,\Phi_{\mathrm{intr}}=p_{(\mathrm{ext})}-\frac{\mathrm{d}}{\mathrm{d}t}\int_V\left(\frac{1}{2}\rho\,\boldsymbol{v}^2+W\right)\mathrm{d}v-\int_V S\dot{T}\,\mathrm{d}v\geqslant 0 \tag{2.51}$$

如果转换是等温的,那么有

$$\forall V,\Phi_{\mathrm{intr}}=p_{(\mathrm{ext})}-\frac{\mathrm{d}}{\mathrm{d}t}\int_V\left[\frac{1}{2}\rho\,\boldsymbol{v}^2+W(\cdot,S_0)\right]\mathrm{d}v\geqslant 0 \tag{2.52}$$

而如果转换是等熵的,那么

$$\forall V,\Phi_{\mathrm{intr}}=p_{(\mathrm{ext})}-\frac{\mathrm{d}}{\mathrm{d}t}\int_V\left[\frac{1}{2}\rho\,\boldsymbol{v}^2+E(\cdot,S_0)\right]\mathrm{d}v\geqslant 0 \tag{2.53}$$

需要注意的是,除非函数 $T\dot{S}$ 和 $\boldsymbol{q}\cdot\boldsymbol{\nabla}(1/T)$ 被明确定义,否则将耗散分成各个部分没有意义。在冲击波传播的情况下,T 和 S 在整个波中是不连续的,必须重新运用耗散量的完整表达式。

由式(2.49)的定义可得到

$$\boldsymbol{\nabla}\cdot\boldsymbol{q}+T\dot{S}-\phi_{\mathrm{intr}}=0 \tag{2.54}$$

式中：S 由式(2.43)给出。当傅里叶定律满足 $\phi_q \geqslant 0$ 时，

$$\boldsymbol{q} = -k\,\nabla T \tag{2.55}$$

然后由式(2.54)可得

$$T\dot{S} - \phi_{\text{intr}} = k\,\nabla^2 T \tag{2.56}$$

则有

$$\begin{aligned}\dot{S} &= \frac{\partial}{\partial t}\left(-\frac{\partial W}{\partial T}\right) = -\frac{\partial^2 W}{\partial T^2}\dot{T} - \frac{\partial^2 W}{\partial T \partial \boldsymbol{\varepsilon}^{e}} : \dot{\boldsymbol{\varepsilon}}^{e} - \frac{\partial^2 W}{\partial T \partial \boldsymbol{\alpha}} \cdot \dot{\boldsymbol{\alpha}} \\ &= \frac{C}{T_0}\dot{T} - \frac{\partial \boldsymbol{\sigma}^{e}}{\partial T} : \dot{\boldsymbol{\varepsilon}}^{e} + \frac{\partial \boldsymbol{A}}{\partial T} \cdot \dot{\boldsymbol{\alpha}}\end{aligned} \tag{2.57}$$

$$C = -T_0 \frac{\partial^2 W}{\partial T^2} \geqslant 0 \tag{2.58}$$

式(2.56)则采取如下形式：

$$C\dot{T} - \left(\phi_{\text{intr}} + T_0 \frac{\partial \boldsymbol{\sigma}^{e}}{\partial T} : \dot{\boldsymbol{\varepsilon}}^{e} - T_0 \frac{\partial \boldsymbol{A}}{\partial T} \cdot \dot{\boldsymbol{\alpha}}\right) = k\,\nabla^2 T \tag{2.59}$$

式中：括号内的贡献表示热力耦合项。倘若没有这种热力耦合，方程(2.59)将简化为经典的抛物线型热传导方程。

2.1.3　固体介质的特殊情况

通过假设 $\boldsymbol{\varepsilon}^{p}$ 的存在或不存在来选择向量 $\boldsymbol{\alpha}$，可以再现固体介质的一些本构模型。

令

$$\boldsymbol{\varepsilon}^{p} = \boldsymbol{0}, \quad \boldsymbol{\alpha} = \boldsymbol{0} \tag{2.60}$$

那么，有

$$\boldsymbol{\varepsilon}^{e} = \boldsymbol{\varepsilon}, \quad \boldsymbol{\sigma}^{e} = \frac{\partial W}{\partial \boldsymbol{\varepsilon}}, \quad \boldsymbol{\sigma}^{v} = \boldsymbol{\sigma} - \boldsymbol{\sigma}^{e} \tag{2.61}$$

然后耗散不等式可简化为

$$\phi = \boldsymbol{\sigma}^{v} : \dot{\boldsymbol{\varepsilon}} + T\boldsymbol{q} \cdot \nabla \frac{1}{T} \geqslant 0 \tag{2.62}$$

在 $\boldsymbol{\sigma}^{v}$ 是线性的并且热传导规律用傅里叶定律描述的特定情况下，可以得到开尔文-沃伊特(Kelvin-Voigt，KV)热黏弹性模型。在一维情况下忽略温度效应，因此有 $\boldsymbol{\sigma}^{v} = \eta^{v}\,\dot{\boldsymbol{\varepsilon}}$（$\eta^{v}$ 为黏性系数，$\eta^{v} = E/\tau_{\varepsilon}$），而 $\boldsymbol{\sigma}^{e} = E\boldsymbol{\varepsilon}$。由 $\boldsymbol{\sigma}^{v} = \boldsymbol{\sigma} - \boldsymbol{\sigma}^{e}$，可得到如下模型：

$$\boldsymbol{\sigma} = \boldsymbol{\sigma}^{e} + \boldsymbol{\sigma}^{v} = E\boldsymbol{\varepsilon} + \eta^{v}\,\dot{\boldsymbol{\varepsilon}} = E\left(\boldsymbol{\varepsilon} + \frac{1}{\boldsymbol{\tau}_{\varepsilon}}\dot{\boldsymbol{\varepsilon}}\right) \tag{2.63}$$

该模型可以用图2-2所示的KV流变模型(KV=H‖N)来表示，其中包含一个弹簧胡克(Hookean)元件H和一个缓冲器(牛顿黏性体元件)N且二者并联。

令

$$\boldsymbol{\varepsilon}^{p} = \boldsymbol{0}, \quad \alpha_{ij} \neq 0 \tag{2.64}$$

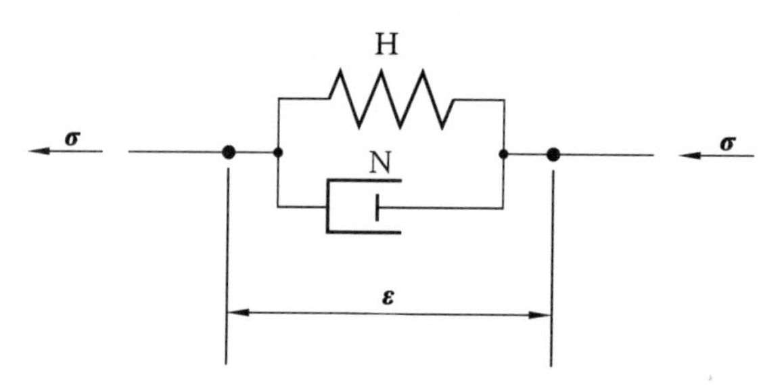

图 2-2　KV 流变模型

并且忽略热传导，则耗散不等式可写成

$$\phi = \boldsymbol{\sigma}^{\mathrm{v}} : \dot{\boldsymbol{\varepsilon}} + \boldsymbol{A} : \dot{\boldsymbol{\alpha}} \geqslant 0 \tag{2.65}$$

假设 $\boldsymbol{\sigma}^{\mathrm{v}} = \mathbf{0}$，同时 $\alpha_{ij} = \varepsilon_{ij}^{\mathrm{v}}$，发生的是黏弹性变形，并且 W 取决于 $\boldsymbol{\varepsilon}$（仅以 $\boldsymbol{\varepsilon} - \boldsymbol{\varepsilon}^{\mathrm{v}}$ 作为中介），那么可以得到

$$W = \frac{1}{2} E_{ijkl} (\varepsilon_{ij} - \varepsilon_{ij}^{\mathrm{v}})(\varepsilon_{kl} - \varepsilon_{kl}^{\mathrm{v}}) \tag{2.66}$$

这就是麦克斯韦（Maxwell）黏弹性模型。实际上，对于一维模型，有 $\boldsymbol{\sigma} = E(\boldsymbol{\varepsilon} - \boldsymbol{\varepsilon}^{\mathrm{v}})$，也可以写成 $\dot{\boldsymbol{\sigma}} = E(\dot{\boldsymbol{\varepsilon}} - \dot{\boldsymbol{\varepsilon}}^{\mathrm{v}})$。取 $\dot{\boldsymbol{\varepsilon}}^{\mathrm{v}} = (E\tau)^{-1} \boldsymbol{\sigma}$（其中 τ 是弛豫时间，$\tau > 0$），从而获得麦克斯韦流变模型

$$\dot{\boldsymbol{\sigma}} + \frac{1}{\tau} \boldsymbol{\sigma} = E \dot{\boldsymbol{\varepsilon}} \tag{2.67}$$

如图 2-3 所示，麦克斯韦流变模型中，胡克元件 H 和牛顿黏性体元件 N 串联，当相同的 $\boldsymbol{\sigma}$ 传送到这两个元件时，$\boldsymbol{\varepsilon}$ 的伸长量可叠加。当 KV 流变模型出现滞后效应时，麦克斯韦模型（M＝H－N）就会表现出弛豫行为。

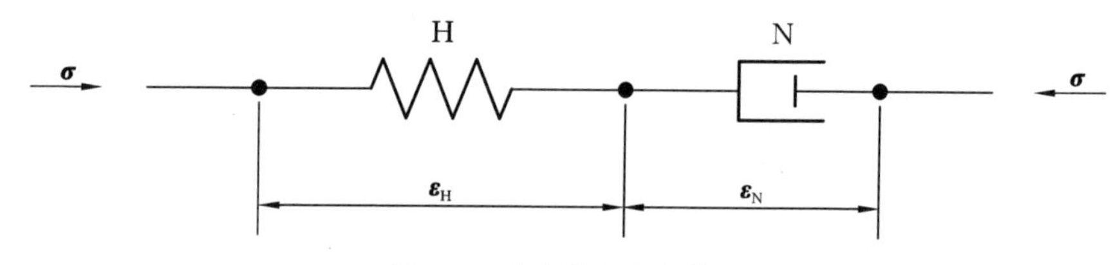

图 2-3　麦克斯韦流变模型

建立考虑更多特征时间的简单模型（见式(2.63)、式(2.67)）的一般化模型并不困难，例如，流变学中十分常见的所谓标准模型（通过 $\mathrm{S} = \mathrm{KV} - \mathrm{H}_0 = (\mathrm{H}_1 \parallel \mathrm{N}) - \mathrm{H}_0$ 获得），如图 2-4 所示，其控制方程为

$$\boldsymbol{\sigma} + \frac{1}{\tau_\sigma} \dot{\boldsymbol{\sigma}} = E\left(\boldsymbol{\varepsilon} + \frac{1}{\tau_\varepsilon} \dot{\boldsymbol{\varepsilon}}\right) \tag{2.68}$$

另外还有其他一些模型：

(1) 坡印亭-汤姆森（Poynting-Thomson，PT）模型（$\mathrm{PT} = \mathrm{H} \parallel \mathrm{M}$）；

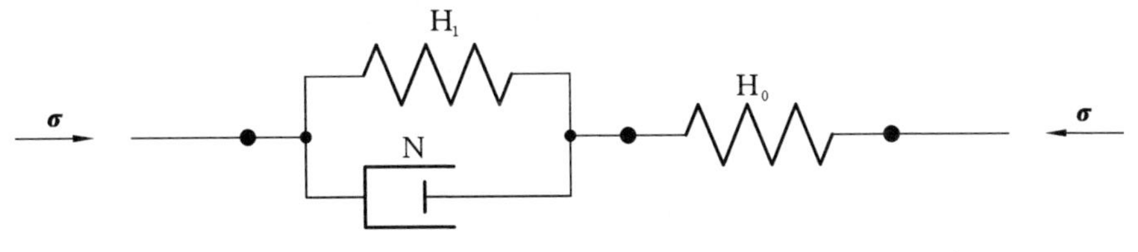

图 2-4　流变标准模型

(2) 莱瑟西奇(Lethersich)模型(L＝N－KV)；

(3) 杰弗里斯(Jeffreys)模型(J＝N ‖ M)；

(4) 伯格斯(Burgers)模型(B_u＝M－KV)。

例如，描述地壳的杰弗里斯模型公式如下：

$$\boldsymbol{\sigma}+\frac{1}{\tau_\sigma}\dot{\boldsymbol{\sigma}}=\eta^{\mathrm{v}}\left(\dot{\boldsymbol{\varepsilon}}+\frac{1}{\tau_{\mathrm{J}}}\ddot{\boldsymbol{\varepsilon}}\right) \tag{2.69}$$

一般来说，由元件 H 和元件 N 建立的多元件模型满足一般的应力-应变关系式：

$$\alpha_0\sigma+\alpha_1\dot{\sigma}+\alpha_2\ddot{\sigma}+\cdots+\alpha_n\sigma^{(n)}=\beta_0\varepsilon+\beta_1\dot{\varepsilon}+\beta_2\ddot{\varepsilon}+\cdots+\beta_m\varepsilon^{(m)} \tag{2.70}$$

其中(n)表示 n 阶时间导数。需要注意的是 m 不一定等于 n。

以上所有这些模型都是黏弹性模型。

令

$$\boldsymbol{\varepsilon}^{\mathrm{p}}=\mathbf{0},\quad \boldsymbol{\alpha}=\mathbf{0} \tag{2.71}$$

则有

$$\boldsymbol{\sigma}=\boldsymbol{\sigma}^{\mathrm{e}}=\frac{\partial W}{\partial \boldsymbol{\varepsilon}}(\boldsymbol{\varepsilon},T),\quad \phi=\phi_{\mathrm{q}}\geqslant 0 \tag{2.72}$$

并且有，$\widetilde{T}=T-T_0$，$|\widetilde{T}|\ll T_0$ 和

$$\left.\begin{aligned} W&=\frac{1}{2}E_{ijkl}\varepsilon_{ij}\varepsilon_{kl}-\widetilde{T}v_{ij}\varepsilon_{ij}-\frac{1}{2T_0}C\,\widetilde{T}^2 \\ q_i&=-k_{ij}T_{,j} \end{aligned}\right\} \tag{2.73}$$

这就是各向异性线性介质的热弹性模型，其中 v_{ij} 是热弹耦合系数。

2.1.4　黏性行为与塑性行为的区别

考虑 $\phi_{\mathrm{intr}}\geqslant 0$，$\phi_{\mathrm{q}}\geqslant 0$，并且

$$\phi_{\mathrm{intr}}=\phi_{\mathrm{v}}+\phi_{\mathrm{p}}\geqslant 0 \tag{2.74}$$

式中：

$$\phi_{\mathrm{v}}=\boldsymbol{\sigma}^{\mathrm{v}}:\dot{\boldsymbol{\varepsilon}}^{\mathrm{e}},\quad \phi_{\mathrm{p}}=\boldsymbol{\sigma}:\dot{\boldsymbol{\varepsilon}}^{\mathrm{p}}+\boldsymbol{A}\cdot\dot{\boldsymbol{\alpha}} \tag{2.75}$$

其中变量 $\boldsymbol{\alpha}$ 与式(2.64)、式(2.65)的情况相反，用于描述塑性行为。

在黏弹性情况下，黏性现象意味着与应变率关联的特征时间的影响。在室温下

金属的弹塑性情况中则没有这种影响,认为 $\boldsymbol{\sigma}^{v}=\mathbf{0}$,因此 ϕ_{intr} 被简化为

$$\phi_{intr}=\boldsymbol{\sigma}:\dot{\boldsymbol{\varepsilon}}^{p}+\boldsymbol{A}\cdot\dot{\boldsymbol{\alpha}}\geqslant\mathbf{0} \tag{2.76}$$

可以以标量积的形式将该式改写为

$$\phi(\dot{\boldsymbol{X}}):=\boldsymbol{Y}\cdot\dot{\boldsymbol{X}}\geqslant 0 \tag{2.77}$$

式中

$$\boldsymbol{Y}=(\boldsymbol{\sigma},\boldsymbol{A}),\quad \boldsymbol{X}=(\boldsymbol{\varepsilon},\boldsymbol{\alpha}) \tag{2.78}$$

由于存在阈值,广义力 $\boldsymbol{Y}$ 不是无界的,被限制在一个凸域 C 内,该域被称为弹性域,包含原点 O。在数学上,耗散用 $\dot{\boldsymbol{X}}$ 的形式可表示为

$$\phi(\dot{\boldsymbol{X}})=\underset{\boldsymbol{Y}^{*}\in C}{\mathrm{Sup}}\quad \boldsymbol{Y}^{*}\cdot\dot{\boldsymbol{X}}\geqslant 0 \tag{2.79}$$

ϕ 是速度 $\dot{\boldsymbol{X}}$ 的一次正齐次函数,也就是说,如果 $k\geqslant 0$,那么有 $\phi(k\dot{\boldsymbol{X}})=k\phi(\dot{\boldsymbol{X}})$。

耗散的定义式(2.79)等价于不等式

$$(\boldsymbol{Y}-\boldsymbol{Y}^{*})\cdot\dot{\boldsymbol{X}}\geqslant 0,\quad \forall\boldsymbol{Y}^{*}\in C \tag{2.80}$$

式(2.80)为希尔-曼德尔(Hill-Mandel)最大耗散原理表达式。该式显示:速度 $\dot{\boldsymbol{X}}$ 是属于 $\boldsymbol{Y}$ 方向外法线圆锥体的向量,位于弹性域 C,亦即

$$\dot{\boldsymbol{X}}\in N_{C}(\boldsymbol{Y}) \tag{2.81}$$

式(2.81)表示变量 $\dot{\boldsymbol{X}}$ 的演化规律,如图 2-5 所示,其中图 2-5(a)所示为一般情况(平滑屈服面);图 2-5(b)所示为无硬化塑性(屈服面的切面非连续)时的情况。

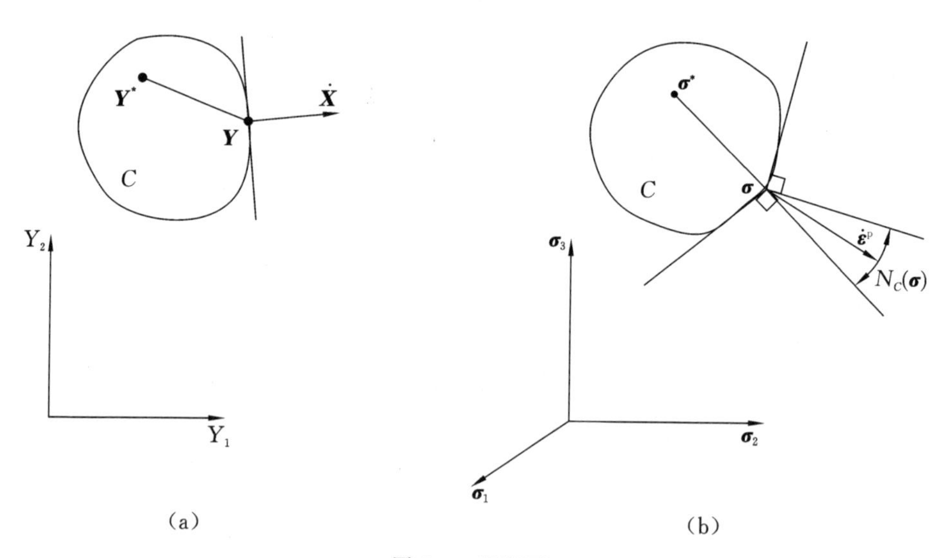

图 2-5　屈服面

(a)一般情形;(b)无硬化塑性的情形

如果 $\boldsymbol{Y}$ 在 C 的内部,$\dot{\boldsymbol{X}}=\mathbf{0}$ 且 $\phi_{intr}=0$,那么响应是纯可逆的,即纯弹性的。除非

广义力 $\boldsymbol{Y}$ 的状态达到与凸域 C 的边界相对应的阈值，否则参数 $\dot{\boldsymbol{X}}$ 无法演化。式(2.80)对应于 $\boldsymbol{Y}\boldsymbol{Y}^*$ 和 $\dot{\boldsymbol{X}}$ 之间的角度是钝角。注意到当 $\dot{\boldsymbol{X}}\neq\boldsymbol{0}$ 时，$\dot{\boldsymbol{X}}$ 的函数 $D(\dot{\boldsymbol{X}})$是可微的，并且不难得到(欧拉恒等式)

$$\boldsymbol{Y}=\frac{\partial D}{\partial \dot{\boldsymbol{X}}} \tag{2.82}$$

耗散势 D 如果与弹塑性模型相关联，则是一次正齐次凸函数。凸函数次梯度的概念可以由下式引入：

$$\partial D(\dot{\boldsymbol{X}})=\{\boldsymbol{Y}\mid D(\dot{\boldsymbol{X}}^*)\geqslant D(\dot{\boldsymbol{X}})+\boldsymbol{Y}\cdot(\dot{\boldsymbol{X}}^*-\dot{\boldsymbol{X}}),\forall\dot{\boldsymbol{X}}^*\} \tag{2.83}$$

以这样一种方式，即使对于 $\dot{\boldsymbol{X}}=\boldsymbol{0}$ 的情况，式(2.82)也可以写成

$$\boldsymbol{Y}\in\partial D(\dot{\boldsymbol{X}}) \tag{2.84}$$

这样就将梯度的概念扩展到了不可微的凸函数。

圣维南(Saint-Venant，SV)元件用于表示弹性极限或塑性阈值的概念，即

$$\begin{cases}\varepsilon_{(\mathrm{sv})}=0 & (\sigma<\sigma_0)\\ \varepsilon_{(\mathrm{sv})}\neq 0 & (\sigma=\sigma_0)\end{cases} \tag{2.85}$$

图 2-6 所示的一维完美弹塑性模型则是所谓的普朗特(Prandtl)模型。

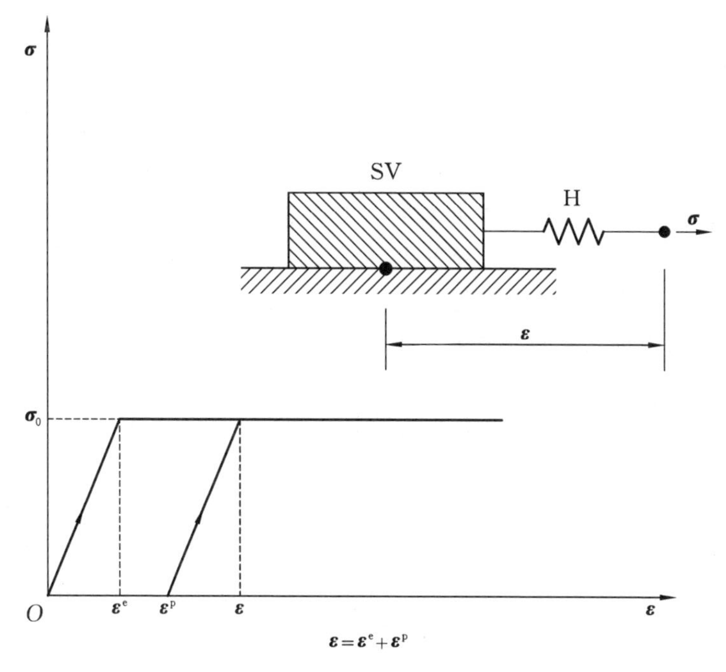

图 2-6　完美弹塑性模型

由于不存在元件 N，因此普朗特模型无任何特征时间。宾厄姆-施韦道夫(Bingham-Schwedoff,Bi-SW)模型可通过式(2.86)来实现：

$$\mathrm{Bi}=(\mathrm{N}\parallel \mathrm{SV})-\mathrm{H},\quad \mathrm{SW}=(\mathrm{M}\parallel \mathrm{SV})-\mathrm{H} \tag{2.86}$$

如图 2-7 所示，Bi-SW 模型同时包括 N 元件和 SV 元件，因此是黏塑性流变模型。

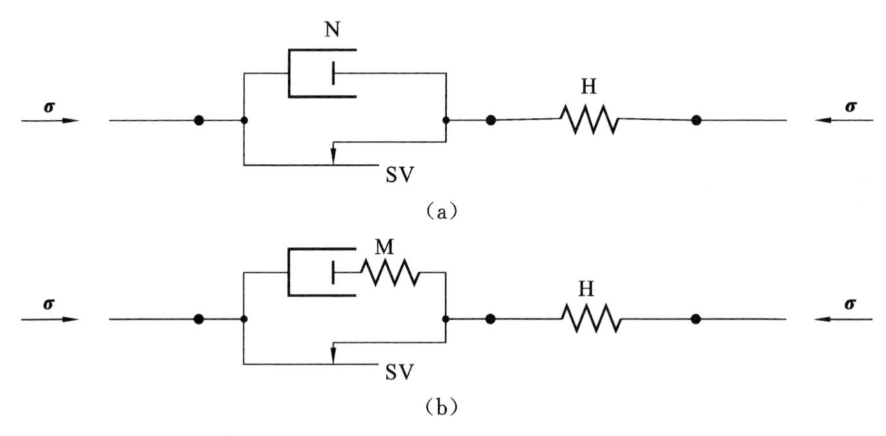

图 2-7　黏塑性流变模型

(a)宾厄姆模型；(b)施韦道夫模型

2.2　热塑性理论

在实际应用中多数结构会承受复杂的热力载荷，因此弹黏塑性本构方程必须能在不同的温度条件下使用。在金属制造和金属成形领域，还必须考虑到热力耦合效应。本节将首先介绍经典热力学框架的一般概念，并讨论本构模型的结果，研究这些本构模型满足热力学要求的各种方式，然后讨论本构模型在不同温度条件下的使用以及与温度历史效应相关的问题。

2.2.1　具有内部变量的热力学

通常，本构方程基于以下两种假设：

(1) 材料的当前状态仅取决于可观测变量的当前值和过去历史(总应变、温度历史)。

(2) 材料的当前状态取决于可观察变量和一组内部状态变量的当前值。

遵循假设(2)，引入状态定律来控制可逆过程和不可逆过程的耗散势。所有的理论都是根据局部状态方程发展而来的，假设物质点的状态独立于相邻点的状态。

1. 状态定律

材料的当前状态由可观察变量、热弹性应变 $\boldsymbol{\varepsilon}^{e}$、温度 T、温度梯度 ∇T 和内部状态变量 a_k 进行表征。选择亥姆霍兹自由能作为热力势：

$$\psi=u-ST \tag{2.87}$$

式中：u 是内能；S 是熵。假设 ψ 依赖于所有独立的状态变量，即

$$\psi=\psi(\boldsymbol{\varepsilon}^{\mathrm{e}},a_k,T,\nabla T) \tag{2.88}$$

考虑到能量守恒，热力学第二定律表达式可简化为克劳修斯-杜安不等式：

$$\boldsymbol{\sigma}:\dot{\boldsymbol{\varepsilon}}-\dot{\psi}-\dot{S}T-\frac{1}{T}\boldsymbol{q}\cdot\nabla T\geqslant 0 \tag{2.89}$$

因此，根据式(2.88)和 $\boldsymbol{\varepsilon}=\boldsymbol{\varepsilon}^{\mathrm{e}}+\boldsymbol{\varepsilon}^{\mathrm{p}}$，式(2.89)可变形为

$$\left(\boldsymbol{\sigma}-\frac{\partial\psi}{\partial\varepsilon^{\mathrm{e}}}\right):\dot{\boldsymbol{\varepsilon}}^{\mathrm{e}}-\left(S+\frac{\partial\psi}{\partial T}\right)\dot{T}-\frac{\partial\psi}{\partial\nabla T}\cdot\frac{\partial\nabla T}{\partial t}+\boldsymbol{\sigma}:\dot{\boldsymbol{\varepsilon}}^{\mathrm{p}}-\frac{\partial\psi}{\partial a_k}\dot{a}_k-\frac{1}{T}\boldsymbol{q}\cdot\nabla T\geqslant 0 \tag{2.90}$$

假设塑性应变和内部变量的演化方程为

$$\left.\begin{aligned}\dot{\boldsymbol{\varepsilon}}^{\mathrm{p}}&=\bar{\boldsymbol{\varepsilon}}^{\mathrm{p}}(\boldsymbol{\varepsilon}^{\mathrm{e}},a_j,T,\nabla T)\\ \dot{a}_k&=\bar{a}_k(\boldsymbol{\varepsilon}^{\mathrm{e}},a_j,T,\nabla T)\end{aligned}\right\} \tag{2.91}$$

式(2.90)必须对可观察变量 $\dot{\boldsymbol{\varepsilon}}^{\mathrm{e}}$、$\dot{T}$、$\partial\nabla T/\partial t$ 的任意可逆变化成立，因此：

$$\boldsymbol{\sigma}=\frac{\partial\psi}{\partial\boldsymbol{\varepsilon}^{\mathrm{e}}} \tag{2.92a}$$

$$S=\frac{\partial\psi}{\partial T} \tag{2.92b}$$

$$\frac{\partial\psi}{\partial\nabla T}=0 \tag{2.92c}$$

可见，亥姆霍兹自由能不依赖于热梯度。方程(2.92a)是热弹性定律的表达式，等温条件下可简化为胡克定律。以此类推，则有

$$A_k=\frac{\partial\psi}{\partial a_k} \tag{2.93}$$

A_k 作为与热力学位移 a_k 共轭的热力学力。式(2.90)中的其余项对应于耗散不等式：

$$\boldsymbol{\sigma}:\dot{\boldsymbol{\varepsilon}}^{\mathrm{p}}-A_k\dot{a}_k-\dot{S}T-\frac{1}{T}\boldsymbol{q}\cdot\nabla T\geqslant 0 \tag{2.94}$$

一般来说，该不等式可分为固有耗散不等式和热耗散不等式两部分：

$$\boldsymbol{\sigma}:\dot{\boldsymbol{\varepsilon}}^{\mathrm{p}}-A_k\dot{a}_k\geqslant 0 \tag{2.95a}$$

$$-\frac{1}{T}\boldsymbol{q}\cdot\nabla T\geqslant 0 \tag{2.95b}$$

通常，热流量的演化可由傅里叶方程表示：

$$\boldsymbol{q}=-\boldsymbol{k}\cdot\nabla T \tag{2.96}$$

式中：热导率 $\boldsymbol{k}$ 的对称张量必须是正定的，以满足热耗散不等式。

2. 标准广义材料的耗散势

由 Hill 的最大耗散假设可引出屈服面的准凸性，并将塑性应变率的方向定义为

当前应力状态下屈服面的外法线方向。这一方法同样适用于黏塑性情形，从而引出等势面的法线。对于热黏塑性，可以拓展最大耗散假设以满足热力学第二定律。在耗散不等式(2.94)中，可观察到耗散变量率项 $\dot{\boldsymbol{\varepsilon}}^{\mathrm{p}}$、$-\dot{a}_k$、$-\boldsymbol{q}/T$ 分别与相应的热力学力 $\boldsymbol{\sigma}$、A_k、∇T 之间的对偶性。假设耗散变量率空间中存在耗散势

$$\phi=\phi(\dot{\boldsymbol{\varepsilon}}^{\mathrm{p}},\dot{a}_k) \tag{2.97}$$

假设 ϕ 为正且是凸性的，并假设 $\phi(0,0)=0$。热力学力可通过式(2.98)获得：

$$\sigma=\frac{\partial\phi}{\partial\dot{\boldsymbol{\varepsilon}}^{\mathrm{p}}},\quad A_k=\frac{\partial\phi}{\partial(-\dot{a}_k)} \tag{2.98}$$

应用勒让德-芬切尔(Legendre-Fenchel)变换，得到广义热力学力空间($\boldsymbol{\sigma}$,A_k)中的互补耗散势 ϕ^*：

$$\phi^*=\min_{\dot{\boldsymbol{\varepsilon}}^{\mathrm{p}},-a_k}[\boldsymbol{\sigma}:\dot{\boldsymbol{\varepsilon}}^{\mathrm{p}}-A_k\dot{a}_k-\phi(\dot{\boldsymbol{\varepsilon}}^{\mathrm{p}},-\dot{a}_k)]=\phi^*(\boldsymbol{\sigma},A_k) \tag{2.99}$$

式(2.98)随后被替换为

$$\dot{\boldsymbol{\varepsilon}}^{\mathrm{p}}=\frac{\partial\varphi^*}{\partial\boldsymbol{\sigma}},\quad \dot{a}_k=-\frac{\partial\varphi^*}{\partial A_k} \tag{2.100}$$

假设 $\phi^*(0,0)=0$，则本征耗散(见式 2.95(a))为

$$\boldsymbol{\sigma}:\dot{\boldsymbol{\varepsilon}}^{\mathrm{p}}-A_k\dot{a}_k=\boldsymbol{\sigma}:\frac{\partial\phi^*}{\partial\boldsymbol{\sigma}}+A_k\frac{\partial\phi^*}{\partial A_k}\geqslant\phi^*\geqslant 0 \tag{2.101}$$

事实上，ϕ^* 的凸性是非必要的。

状态定律是利用亥姆霍兹自由能得出的。另外，可通过使用其他热力学势能获得完全相同的结果，例如吉布斯(Gibbs)自由能(通过勒让德-芬切尔变换获得)：

$$\psi^*(\boldsymbol{\sigma},a_k,T,\nabla T)=\inf_{\boldsymbol{\varepsilon}^{\mathrm{e}}}[\psi(\boldsymbol{\varepsilon}^{\mathrm{e}},a_k,T,\nabla T)-\boldsymbol{\sigma}:\boldsymbol{\varepsilon}^{\mathrm{e}}]=u-ST-\boldsymbol{\sigma}:\boldsymbol{\varepsilon}^{\mathrm{e}} \tag{2.102}$$

黏塑性模型内部变量的演化方程已经扩展到包括可观察变量率项(应变或应力、温度)以改进预测。需要在由克劳修斯-杜安不等式推导本构限制条件时进行适当的考虑，以包含线性速率的演化方程。

假设关于内部变量的演化方程包含可观察变量率项 $\dot{\boldsymbol{\varepsilon}}^{\mathrm{e}}$ 和线性项 $\dot{T}$(为简单起见，这里省略了热梯度)：

$$\dot{a}_k=\bar{a}_k(\boldsymbol{\varepsilon}^{\mathrm{e}},a_j,T)+\boldsymbol{H}_k(\boldsymbol{\varepsilon}^{\mathrm{e}},a_j,T):\dot{\boldsymbol{\varepsilon}}^{\mathrm{e}}+M_k(\boldsymbol{\varepsilon}^{\mathrm{e}},a_j,T)\dot{T} \tag{2.103}$$

则状态定律可以如下形式表示：

$$\boldsymbol{\sigma}=\frac{\partial\psi}{\partial\boldsymbol{\varepsilon}^{\mathrm{e}}}+\sum_k\frac{\partial\psi}{\partial a_k}\boldsymbol{H}_k \tag{2.104a}$$

$$S=-\frac{\partial\psi}{\partial T}-\sum_k\frac{\partial\psi}{\partial a_k}M_k \tag{2.104b}$$

式(2.104)表征可逆部分。式(2.104b)中等号右边第一项分别是经典热弹性对应力和熵的贡献。第二项是非经典项，其存在是因为通过方程(2.103)中引入了 $\dot{T}$ 和 $\boldsymbol{\varepsilon}^{\mathrm{e}}$ 的贡献。

如果考虑胡克材料的热弹性响应,则热状态方程为

$$\boldsymbol{\varepsilon}^{\mathrm{e}}=\boldsymbol{S}:\boldsymbol{\sigma}+\boldsymbol{\alpha}\theta \tag{2.105a}$$

$$\boldsymbol{\sigma}=\boldsymbol{\Lambda}:(\boldsymbol{\varepsilon}^{\mathrm{e}}-\boldsymbol{\alpha}\theta) \tag{2.105b}$$

式中:$\theta=T-T_0$,T_0 为初始温度;$\boldsymbol{\alpha}$ 为热膨胀张量;$\boldsymbol{S}$ 和 $\boldsymbol{\Lambda}$ 分别为柔度和刚度四阶张量。

考虑单轴等温情况,只选取一个变量和 $\boldsymbol{H}_k$ 作为恒等张量,变量 $\boldsymbol{A}=\partial\psi/\partial\boldsymbol{a}$ 代表平衡或背应力,式(2.104(a))可简化为 $\boldsymbol{\sigma}=E\boldsymbol{\varepsilon}^{\mathrm{e}}+\boldsymbol{A}$,弹性应变相应的非常规定义(弹性应变的非常规定义对应于在内部变量的演化方程中引入应力率项)则如图 2-8 所示。

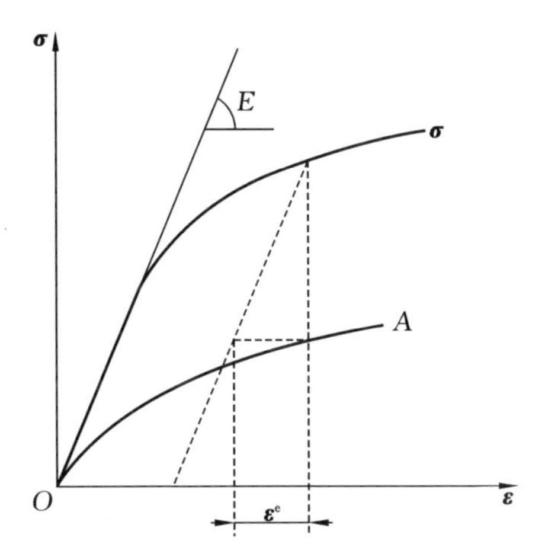

图 2-8　弹性应变的非常规定义

有学者通过变量更改或其他途径,进行了一些尝试性的工作。在这些情况下提出的在内部变量的演化方程中包含弹性应变速率(或应力速率)的模型,要么不遵从热力学限制,要么能够简化到不考虑这种速率项的形式(力响应和耗散响应相同)。这就是需要从独立内部变量的速率方程中排除温度速率和弹性应变速率(或应力速率)的原因。

在经典黏塑性框架下,标准广义材料的概念说明了关于内部状态变量性质的一些有趣的结果。假设最简单的幂次黏塑性势和完全没有恢复的硬化变量,同时还假设耗散势可用以下形式表示:

$$\phi^{*}=\frac{D}{n+1}\left\langle\frac{J(\boldsymbol{\sigma}-\boldsymbol{X})-R-k}{D}\right\rangle^{n+1}=\frac{D}{n+1}\left\langle\frac{\sigma^{\mathrm{v}}}{D}\right\rangle^{n+1} \tag{2.106}$$

式中:背应力 $\boldsymbol{X}$、屈服应力的增加 R 和拉应力 D 是与一些内部变量(分别表示为 $\boldsymbol{\alpha}$、r、δ)相关的热力学力。广义正态性表明,当 $\dot{p}=\left\langle\frac{\sigma^{\mathrm{v}}}{D}\right\rangle^{n}$ 时,

$$\dot{\boldsymbol{\varepsilon}}^{\mathrm{p}}=\frac{\partial\phi^{*}}{\partial\boldsymbol{\sigma}}=\frac{3}{2}\dot{p}\,\frac{\boldsymbol{\sigma}'-\boldsymbol{X}}{J(\boldsymbol{\sigma}-\boldsymbol{X})} \tag{2.107}$$

且另有

$$\dot{\boldsymbol{\alpha}}=-\frac{\partial\phi^*}{\partial\boldsymbol{X}}=\dot{\boldsymbol{\varepsilon}}^{\mathrm{p}},\quad \dot{r}=-\frac{\partial\phi^*}{\partial R}=\dot{p} \tag{2.108}$$

$$\dot{\delta}=\frac{n}{n+1}\frac{\sigma^{\mathrm{v}}\dot{p}}{D} \tag{2.109}$$

因此,从式(2.108)中不难看出,与运动硬化相关的内部变量是塑性应变,对应于由屈服应力演化描述的各向同性硬化的内部变量是累积塑性应变。对于拉应力造成的各向同性硬化,假设自由能在 δ 中是二次形式,由式(2.109)可得出 δ^2 与累积黏塑性功 $\int\sigma^{\mathrm{v}}\dot{p}\,\mathrm{d}t$ 成正比的结论。值得注意的是,一些不考虑屈服应力的理论是以描述各向同性硬化的塑性功为基础的。

2.2.2 热力学框架下的本构方程

在一般热力学框架下,已经使用了几种方法来建立黏塑性本构方程。在某种程度上,它们可以被认为是等价的,但有趣的是,关于耗散势概念的使用存在观点差异。为方便起见,只考虑有一个背应力的情况来建立本构方程(但方法也适用于有几个背应力的情形)。

1. 不使用耗散势能来建立本构方程

在热力学框架中引入非线性运动硬化法则(这里介绍的是更一般的各向异性情况),状态变量是 $\boldsymbol{\varepsilon}^{\mathrm{e}}$、$\boldsymbol{\alpha}$、$r$、$\delta$。假定黏塑性势的表达式为

$$\Omega=DG\left(\frac{\sigma^{\mathrm{v}}}{D}\right)=DG\left(\left\langle\frac{J(\boldsymbol{\sigma}-\boldsymbol{X})-\boldsymbol{Y}}{D}\right\rangle\right)$$

$$J(\boldsymbol{\sigma}-\boldsymbol{X})=[(\boldsymbol{\sigma}-\boldsymbol{X}):\boldsymbol{M}:(\boldsymbol{\sigma}-\boldsymbol{X})]^{1/2}$$

式中 $\boldsymbol{M}$ 为四阶张量。注意到黏性应力 $f=\sigma^{\mathrm{v}}=J(\boldsymbol{\sigma}-\boldsymbol{X})-R-k$,由正态性法则给出

$$\dot{\boldsymbol{\varepsilon}}^{\mathrm{p}}=\frac{\partial\Omega}{\partial\boldsymbol{\sigma}}=\dot{p}\boldsymbol{n} \tag{2.110}$$

并且有 $\boldsymbol{n}=\boldsymbol{M}:(\boldsymbol{\sigma}-\boldsymbol{X})/J(\boldsymbol{\sigma}-\boldsymbol{X})$ 和 $\dot{p}=G'(f/D)$。

唯一要检查的是热力学要求——热力学第二定律是否得到满足,即 $\phi=\boldsymbol{\sigma}:\dot{\boldsymbol{\varepsilon}}^{\mathrm{p}}-\boldsymbol{X}:\dot{\boldsymbol{\alpha}}-R\dot{r}-D\dot{\delta}\geqslant 0$ 是否成立。为了满足这个不等式,并恢复 $\boldsymbol{X}$、R 和 D(在等温条件下)的演化方程:

$$\begin{cases}\boldsymbol{X}=\sum\limits_i\boldsymbol{X}_i\\ \dot{\boldsymbol{X}}_i=\boldsymbol{N}_i:\dot{\boldsymbol{\varepsilon}}^{\mathrm{p}}-\phi_i(\boldsymbol{X}_i,R)\boldsymbol{Q}_i:\boldsymbol{X}_i\dot{p}-S_i(\boldsymbol{X}_i,R)\boldsymbol{Q}_i:\boldsymbol{X}_i\\ \dot{R}=h_{\mathrm{y}}\dot{p}-r_{\mathrm{y}}(R)R\dot{p}-S_{\mathrm{y}}(R)R\\ \dot{D}=h_{\mathrm{d}}\dot{p}-r_{\mathrm{d}}(D)D\dot{p}-S_{\mathrm{d}}(D)D\end{cases} \tag{2.111}$$

式中:h_{y}、r_{y}、h_{d}、r_{d}、S_{y}、S_{d} 均为系数。

假设硬化变量的速率方程如下：

$$\begin{aligned}\dot{\boldsymbol{\alpha}}&=\dot{\boldsymbol{\varepsilon}}^{\mathrm{p}}-\boldsymbol{\Gamma}:\boldsymbol{\alpha}\dot{p}-\boldsymbol{\Gamma}_{\mathrm{S}}:\boldsymbol{\alpha}\\ \dot{r}&=\dot{p}-B(r)r\dot{p}-B_{\mathrm{S}}(r)r\\ \dot{\delta}&=c\dot{p}-cB'(\delta)\delta\dot{p}-cB'_{\mathrm{S}}(\delta)\delta\end{aligned}\tag{2.112}$$

在每个方程中，很容易识别线性硬化项、动态恢复项(与状态变量和塑性应变速率的模量成正比)，以及静态恢复项(与状态变量成比例)。$\boldsymbol{\Gamma}$ 和 $\boldsymbol{\Gamma}_{\mathrm{S}}$ 显式地依赖于 R 和 $\boldsymbol{\alpha}$(或 $\boldsymbol{X}$)。

在这里，控制热力学力($\boldsymbol{X}$,R,D)和状态变量(α,r,δ)之间关系的热力学势选取为解耦的二次形式：

$$\psi=\frac{1}{2}\boldsymbol{\varepsilon}^{\mathrm{e}}:\boldsymbol{\Lambda}:\boldsymbol{\varepsilon}^{\mathrm{e}}+\frac{1}{2}\boldsymbol{\alpha}:\boldsymbol{N}:\boldsymbol{\alpha}+\frac{1}{2}h_{\mathrm{y}}r^{2}+\frac{1}{2c}h_{\mathrm{d}}\delta^{2}\tag{2.113}$$

由经典状态定律可以得到

$$\boldsymbol{\sigma}=\boldsymbol{\Lambda}:\boldsymbol{\varepsilon}^{\mathrm{e}},\quad \boldsymbol{X}=\boldsymbol{N}:\boldsymbol{\alpha}\tag{2.114}$$

$$R=h_{\mathrm{y}}r,\quad D=\frac{1}{c}h_{\mathrm{d}}\delta\tag{2.115}$$

将式(2.114)和式(2.115)代入式(2.112)中，则热力学力的速率方程可表示为

$$\dot{\boldsymbol{X}}=\boldsymbol{N}:\dot{\boldsymbol{\varepsilon}}^{\mathrm{p}}-\boldsymbol{N}:\Gamma:\boldsymbol{N}^{-1}:\boldsymbol{X}\dot{p}-\boldsymbol{N}:\boldsymbol{\Gamma}_{\mathrm{S}}:\boldsymbol{N}^{-1}:\boldsymbol{X}\tag{2.116a}$$

$$\dot{R}=h_{\mathrm{y}}\dot{p}-B\left(\frac{R}{h_{\mathrm{y}}}\right)R\dot{p}-B_{\mathrm{S}}\left(\frac{R}{h_{\mathrm{y}}}\right)R\tag{2.116b}$$

$$\dot{D}=h_{\mathrm{d}}\dot{p}-cB'\left(\frac{cD}{h_{\mathrm{d}}}\right)D\dot{p}-cB'_{\mathrm{S}}\left(\frac{cD}{h_{\mathrm{d}}}\right)D\tag{2.116c}$$

则有

$$\Gamma=\phi(\boldsymbol{X},R)\boldsymbol{N}^{-1}:\boldsymbol{Q}:\boldsymbol{N},\quad \boldsymbol{\Gamma}_{\mathrm{S}}=S(\boldsymbol{X},R)\boldsymbol{N}^{-1}:\boldsymbol{Q}:\boldsymbol{N}\tag{2.117a}$$

$$B\left(\frac{R}{h_{\mathrm{y}}}\right)=r_{\mathrm{y}}(R),\quad B_{\mathrm{S}}\left(\frac{R}{h_{\mathrm{y}}}\right)=S_{\mathrm{y}}(R)\tag{2.117b}$$

$$B'\left(\frac{cD}{h_{\mathrm{d}}}\right)=\frac{1}{c}r_{\mathrm{d}}(D),\quad B'_{\mathrm{S}}\left(\frac{cD}{h_{\mathrm{d}}}\right)=\frac{1}{c}S_{\mathrm{d}}(D)\tag{2.117c}$$

现在，为了检验热力学第二定律，对耗散势 $\Phi=\Phi_1+\Phi_2+\Phi_3\geqslant 0$ 进行分解，使用速率方程式(2.112)和式(2.117)得：

$$\Phi_1=(\boldsymbol{\sigma}-\boldsymbol{X}):\dot{\boldsymbol{\varepsilon}}^{\mathrm{p}}-R\dot{p}-cD\dot{p}\tag{2.118a}$$

$$\Phi_2=\left[\phi_{(X,R)}\boldsymbol{X}:\boldsymbol{N}^{-1}:\boldsymbol{Q}:\boldsymbol{X}+r_{\mathrm{y}}(R)\frac{R^2}{h_{\mathrm{y}}}+cr_{\mathrm{d}}(D)\frac{D^2}{h_{\mathrm{d}}}\right]\dot{p}\tag{2.118b}$$

$$\Phi_3=S(\boldsymbol{X},\boldsymbol{R})\boldsymbol{X}:\boldsymbol{N}^{-1}:\boldsymbol{Q}:\boldsymbol{X}+S_{\mathrm{y}}(R)\frac{R^2}{h_{\mathrm{y}}}+cS_{\mathrm{d}}(D)\frac{D^2}{h_{\mathrm{d}}}\tag{2.118c}$$

假设 $\boldsymbol{X}:\boldsymbol{N}^{-1}:\boldsymbol{Q}:\boldsymbol{X}$ 是一个确定的正二次型，系数 r_{y}、r_{d}、S_{y}、S_{d} 是正数，因此可得 $\Phi_2\geqslant 0$ 和 $\Phi_3\geqslant 0$。耗散势的第一部分可以通过简单的变换来表示：

$$\Phi_1 = [J(\boldsymbol{\sigma} - \boldsymbol{X}) - R - k]\dot{p} + (k - cD)\dot{p} \tag{2.119}$$

式(2.119)中等号右边第一项始终为正或 $\dot{p}=0$。如果 $k-cD \geqslant 0$,则式(2.119)中等号右边第二项恒为正。这是检查拉应力演化的唯一条件。应使系数 c 足够小,以满足 D 的最大值要求(由 $D_{\max} r_{\mathrm{d}}(D_{\max}) = h_{\mathrm{d}}$ 给出)。由此可见,使用拉应力和热力学要求还需要引入一个恒定的屈服应力 $k>0$。

2. 使用不同于屈服面的耗散势建立本构方程

这是一种适用于速率无关塑性情况的方法,假设忽略静态恢复效应。由于本构模型中关于各向同性硬化、屈服和拖曳的部分很容易满足热力学要求,下面仅讨论非线性运动硬化。

屈服面由以 $f = J(\boldsymbol{\sigma} - \boldsymbol{X}) - k$ 表示的弹性域边界 $f=0$ 给出。然而,在热力学力 $(\boldsymbol{\sigma}, \boldsymbol{X})$ 的广义空间中(这里忽略 R),凸耗散势的指示函数被假设为

$$F = f + \frac{1}{2}\boldsymbol{X} : \boldsymbol{\Gamma} : \boldsymbol{X} = J(\boldsymbol{\sigma} - \boldsymbol{X}) - k + \frac{1}{2}\boldsymbol{X} : \boldsymbol{\Gamma} : \boldsymbol{X} \tag{2.120}$$

广义正态性法则可表示为

$$\dot{\boldsymbol{\varepsilon}}^{\mathrm{p}} = \dot{\lambda}\frac{\partial F}{\partial \boldsymbol{\sigma}}, \qquad \dot{\boldsymbol{\alpha}} = -\dot{\lambda}\frac{\partial F}{\partial \boldsymbol{X}} \tag{2.121}$$

在这里,如果要恢复本构方程

$$\dot{\boldsymbol{X}}_i = \boldsymbol{N}_i : \dot{\boldsymbol{\varepsilon}}^{\mathrm{p}} - \phi_i(\boldsymbol{X}_i, R)\boldsymbol{Q}_i : \boldsymbol{X}_i\dot{p} - S_i(\boldsymbol{X}_i, R)\boldsymbol{Q}_i : \boldsymbol{X}_i \tag{2.122}$$

那么四阶张量 $\boldsymbol{\Gamma}$ 必须由 $\boldsymbol{X}$ 决定。根据正态性法则,有:

$$\dot{\boldsymbol{\alpha}} = \dot{\boldsymbol{\varepsilon}}^{\mathrm{p}} - \boldsymbol{\Gamma} : \boldsymbol{X}\dot{p} - \frac{1}{2}\boldsymbol{X} : \frac{\partial \Gamma}{\partial \boldsymbol{X}} : \boldsymbol{X}\dot{p} \tag{2.123}$$

同时注意到 $\dot{\lambda} = \dot{p}$,其中

$$\dot{p} = \| \dot{\boldsymbol{\varepsilon}}^{\mathrm{p}} \| = [\dot{\boldsymbol{\varepsilon}}^{\mathrm{p}} : \boldsymbol{M}^{-1} : \dot{\boldsymbol{\varepsilon}}^{\mathrm{p}}]^{1/2}$$

仍假设热力学势为式(2.113)所示的二次形式,因此 $\boldsymbol{X}$ 与 $\boldsymbol{\alpha}$ 线性相关:

$$\boldsymbol{X} = \boldsymbol{N} : \boldsymbol{\alpha} \tag{2.124}$$

结合式(2.123)和式(2.124),可得到以下速率方程:

$$\dot{\boldsymbol{X}} = \boldsymbol{N} : \dot{\boldsymbol{\varepsilon}}^{\mathrm{p}} - \boldsymbol{N} : \left(\Gamma + \frac{1}{2}\frac{\partial \Gamma}{\partial \boldsymbol{X}} : \boldsymbol{X}\right) : \boldsymbol{X}\dot{p} \tag{2.125}$$

如果 $\boldsymbol{\Gamma}$ 是一个常数张量,并且 $\phi(\boldsymbol{X})=1$,则由该关联很容易得出 $\boldsymbol{\Gamma} = \boldsymbol{N}^{-1} : \boldsymbol{Q}$,只需假设四阶张量 $\boldsymbol{N}$、$\boldsymbol{Q}$ 和 $\boldsymbol{\Gamma}$ 对应于正定二次型;如果 $\boldsymbol{\Gamma}$ 依赖于 $\boldsymbol{X}$,假设 $\boldsymbol{\Gamma}$ 与四阶恒等张量共线,并且 $\boldsymbol{Q}$ 等于 $\boldsymbol{N}$,则

$$\boldsymbol{\Gamma} = \boldsymbol{\Gamma}(J(\boldsymbol{X}))\boldsymbol{I} \tag{2.126}$$

如果知道函数 $\phi(\boldsymbol{X})$,则可以得出两个动态恢复项是等价的这一结论。例如,使用

$\phi(\boldsymbol{X})=\left\langle 1-\dfrac{\boldsymbol{X}_i}{J(\boldsymbol{X})}\right\rangle$，可以很容易地得到：

$$\boldsymbol{\Gamma}(J(\boldsymbol{X}))=\left\langle 1-2\frac{\boldsymbol{X}_i}{J(\boldsymbol{X})}+2\left(\frac{\boldsymbol{X}_i}{J(\boldsymbol{X})}\right)^2\right\rangle$$

在上述讨论中使用了广义正态性法则，因此热力学第二定律可自动被验证。可以通过下式检查热力学第二定律是否成立：

$$\begin{aligned}\Phi&=\boldsymbol{\sigma}:\dot{\boldsymbol{\varepsilon}}^{\mathrm{p}}-\boldsymbol{X}:\dot{\boldsymbol{\alpha}}=(\boldsymbol{\sigma}-\boldsymbol{X}):\dot{\boldsymbol{\varepsilon}}^{\mathrm{p}}+\Phi(\boldsymbol{X})\boldsymbol{X}:\boldsymbol{N}^{-1}:\boldsymbol{Q}:\boldsymbol{X}\dot{p}\\&=[J(\boldsymbol{\sigma}-\boldsymbol{X})-k]\dot{p}+[k+\phi(\boldsymbol{X})\boldsymbol{X}:\boldsymbol{N}^{-1}:\boldsymbol{Q}:\boldsymbol{X}]\dot{p}\geqslant 0\end{aligned}\tag{2.127}$$

值得注意的是，做上述选择主要是为了满足热力学要求。就流动方程而言，上述理论可以称为标准和相关塑性理论，因为在应力空间中满足弹性域的正态性。从广义正态性的角度出发，上述理论可以称为在广义空间中非关联的广义标准，因为广义正态性适用于弹性极限不同的表面(仅在应力子空间中相同)。

3. 将状态变量作为势的参数来建立本构方程

在黏塑性理论中，直接选择黏塑性势为耗散势(为简单起见，此处假设耗散势为幂形式)和静态恢复势之和：

$$\begin{gathered}\phi^*=\Omega=\frac{D}{n+1}\left\langle\frac{\sigma^{\mathrm{v}}}{D}\right\rangle^{n+1}+\Omega_{\mathrm{r}}(J_{\mathrm{T}}(\boldsymbol{X}))\\ \sigma^{\mathrm{v}}=J(\boldsymbol{\sigma}-\boldsymbol{X})-k+\frac{1}{2}\boldsymbol{X}:\boldsymbol{N}^{-1}:\boldsymbol{Q}:\boldsymbol{X}-\frac{1}{2}\boldsymbol{\alpha}:\boldsymbol{Q}:\boldsymbol{N}:\boldsymbol{\alpha}\\ J_{\mathrm{T}}(\boldsymbol{X})=(\boldsymbol{X}:\boldsymbol{N}^{-1}:\boldsymbol{Q}:\boldsymbol{X})^{1/2}\end{gathered}\tag{2.128}$$

这里，内部状态变量 $\boldsymbol{\alpha}$ 起着参数的作用(假设 $R=0$)，则有如下广义正态性法则成立：

$$\dot{\boldsymbol{\varepsilon}}^{\mathrm{p}}=\frac{\partial\phi^*}{\partial\boldsymbol{\sigma}}=\dot{p}\,\frac{\boldsymbol{M}:(\boldsymbol{\sigma}-\boldsymbol{X})}{J(\boldsymbol{\sigma}-\boldsymbol{X})}=\dot{p}\boldsymbol{n}\quad\left(\dot{p}=\left\langle\frac{\sigma^{\mathrm{v}}}{D}\right\rangle^n\right)\tag{2.129a}$$

$$\dot{\boldsymbol{\alpha}}=-\frac{\partial\phi^*}{\partial\boldsymbol{X}}=\dot{\boldsymbol{\varepsilon}}^{\mathrm{p}}-\boldsymbol{N}^{-1}:\boldsymbol{Q}:\boldsymbol{X}\dot{p}-\frac{1}{J_{\mathrm{T}}}\frac{\partial\Omega_{\mathrm{r}}}{\partial J_{\mathrm{T}}}\frac{\boldsymbol{N}^{-1}:\boldsymbol{Q}:\boldsymbol{X}}{J_{\mathrm{T}}(\boldsymbol{X})}\tag{2.129b}$$

式(2.129)中总是具有相同形式的热力学势。$\boldsymbol{X}$ 的速率方程变为

$$\dot{\boldsymbol{X}}=\boldsymbol{N}:\dot{\boldsymbol{\varepsilon}}^{\mathrm{p}}-\boldsymbol{Q}:\boldsymbol{X}\dot{p}-\frac{1}{J_{\mathrm{T}}}\frac{\partial\Omega_{\mathrm{r}}}{\partial J_{\mathrm{T}}}\boldsymbol{Q}:\boldsymbol{X}\tag{2.130}$$

通过选择适当的函数 Ω_{Γ}，就可以很容易地与本构方程

$$\dot{\boldsymbol{X}}_i=\boldsymbol{N}_i:\dot{\boldsymbol{\varepsilon}}^{\mathrm{p}}-\phi_i(\boldsymbol{X}_i,R)\boldsymbol{Q}_i:\boldsymbol{X}_i\dot{p}-S_i(\boldsymbol{X}_i,R)\boldsymbol{Q}_i:\boldsymbol{X}_i$$

相关联(其中 $\phi=1$)。

值得注意的是，假设 $\boldsymbol{X}=\boldsymbol{N}:\boldsymbol{\alpha}$，总是有 $\sigma^{\mathrm{v}}=J(\boldsymbol{\sigma}-\boldsymbol{X})-k$。黏性应力直接来自于弹性域的表达式。可以说，上述方法对应于广义标准和相关法则(即使在广义空

间中)，而 σ^{v} 的加减同项处理过程是相当自然的。

4. 考虑完整的标准广义正态性建立本构方程

考虑完整的标准广义正态性，可以接受对弹性域表达式的修改，但在其标准和相关形式中则应用了广义正态性法则，同时模型常数的重新定义也十分必要。这种修改可以在与速率无关的塑性或黏塑性情况下呈现。耗散势的指示函数相同的弹性域可表示为

$$F=f=J(\boldsymbol{\sigma}-\boldsymbol{X})-k+\frac{1}{2}\boldsymbol{X}:\boldsymbol{N}^{-1}:\boldsymbol{Q}:\boldsymbol{X}\leqslant 0 \tag{2.131}$$

并且广义正态性法则可表示为

$$\begin{aligned}\dot{\boldsymbol{\varepsilon}}^{\mathrm{p}}&=\dot{\lambda}\frac{\partial f}{\partial \boldsymbol{X}}=\dot{\lambda}\frac{\boldsymbol{M}:(\boldsymbol{\sigma}-\boldsymbol{X})}{J(\boldsymbol{\sigma}-\boldsymbol{X})}\quad(\dot{p}=\dot{\lambda})\\ \dot{\boldsymbol{\alpha}}&=\dot{\lambda}\frac{\partial f}{\partial \boldsymbol{X}}=\dot{\boldsymbol{\varepsilon}}^{\mathrm{p}}-\boldsymbol{N}^{-1}:\boldsymbol{Q}:\boldsymbol{X}\dot{p}\end{aligned} \tag{2.132}$$

如果 $\boldsymbol{X}=\boldsymbol{N}:\boldsymbol{\alpha}$，则由式(2.132)可随即引出之前提到的硬化法则：

$$\dot{\boldsymbol{X}}_i=\boldsymbol{N}_i:\dot{\boldsymbol{\varepsilon}}^{\mathrm{p}}-\phi_i(\boldsymbol{X}_i,R)\boldsymbol{Q}_i:\boldsymbol{X}_i\dot{p}-S_i(\boldsymbol{X}_i,R)\boldsymbol{Q}_i:\boldsymbol{X}_i$$

并且弹性域的大小现在作为 $\boldsymbol{X}$ 的函数而变化：

$$k^{*}=k-\frac{1}{2}\boldsymbol{X}:\boldsymbol{N}^{-1}:\boldsymbol{Q}:\boldsymbol{X} \tag{2.133}$$

显然，即使 $\boldsymbol{X}$ 在其最大值(模数)处饱和，初始值 k 也必须足够高，以使 $k^{*}>0$。该模型在力学响应方面与之前的模型有很大的不同。

5. 使用“多准则”形式建立本构方程

定义静态恢复势：

$$f=J(\boldsymbol{\sigma}-\boldsymbol{X})-k \tag{2.134}$$

$$\left.\begin{aligned}\Omega_{\mathrm{p}}&=f+\frac{1}{2}J_{\mathrm{T}}^{2}(\boldsymbol{X})\\ \Omega_{\mathrm{r}}&=\Omega_{\mathrm{r}}(J_{\mathrm{T}}(\boldsymbol{X}))\end{aligned}\right\} \tag{2.135}$$

式中：$J_{\mathrm{T}}(\boldsymbol{X})=(\boldsymbol{X}:\boldsymbol{N}^{-1}:\boldsymbol{Q}:\boldsymbol{X})^{1/2}$。正态性法则表示为

$$\dot{\boldsymbol{\varepsilon}}^{\mathrm{p}}=\dot{\lambda}\frac{\partial \Omega_{\mathrm{p}}}{\partial \boldsymbol{\sigma}}+\frac{\partial \Omega_{\mathrm{r}}}{\partial \boldsymbol{\sigma}} \tag{2.136}$$

$$\dot{\boldsymbol{\alpha}}=-\dot{\lambda}\frac{\partial \Omega_{\mathrm{p}}}{\partial \boldsymbol{X}}-\frac{\partial \Omega_{\mathrm{r}}}{\partial \boldsymbol{X}} \tag{2.137}$$

显然，$\partial\Omega_{\mathrm{r}}/\partial\Omega=0$。所以塑性应变率没有恢复项。此外，塑性倍增项是未固定的。在黏塑性理论中，可以将其表示为关于 f/D 的任意函数，例如幂律函数

$$\lambda=\left\langle\frac{f}{D}\right\rangle^{n} \tag{2.138}$$

在与速率无关的塑性情况下，$\dot{\lambda}$ 同样是由一致性条件 $f=\dot{f}=0$ 获得的。这种形式被称为“多准则”形式，因为正是这种形式的表达式可被用于具有多个准则的塑性理论中(此处静态恢复项的乘数被视为 1)。

最后，在考虑关系式 $\boldsymbol{X}=\boldsymbol{N}:\boldsymbol{\alpha}$ 之后，得到 $\boldsymbol{X}$ 的演化方程：

$$\dot{\boldsymbol{\alpha}}=\dot{\boldsymbol{\varepsilon}}^{\mathrm{p}}-\boldsymbol{N}^{-1}:\boldsymbol{Q}:\boldsymbol{X}\dot{p}-\frac{1}{J_{\mathrm{T}}(\boldsymbol{X})}\frac{\partial\Omega_{\mathrm{r}}}{\partial J_{\mathrm{T}}}\boldsymbol{N}^{-1}:\boldsymbol{Q}:\boldsymbol{X} \tag{2.139}$$

$$\dot{\boldsymbol{X}}=\boldsymbol{N}:\dot{\boldsymbol{\varepsilon}}^{\mathrm{p}}-\boldsymbol{Q}:\boldsymbol{X}\dot{p}-S(\boldsymbol{X})\boldsymbol{Q}:\boldsymbol{X} \tag{2.140}$$

显然，热力学第二定律仍然得到了验证。目前，在热力学框架中引入本构方程的方法是最适合的。结果是一般性的，并且在力学响应和耗散方面与其他方法相匹配。

2.2.3　存储的能量和热耗散的能量

被引入热力学框架后，黏塑性本构方程能够用于预测在黏塑性流动过程中以热量形式耗散的能量和存储在材料中的能量。它们的总和显然是塑性功率或材料提供的外部能量：

$$W_{\mathrm{p}}=\int_0^t\boldsymbol{\sigma}:\dot{\boldsymbol{\varepsilon}}^{\mathrm{p}}\mathrm{d}\tau \tag{2.141}$$

显然，以热量形式耗散的能量是通过对诸如式(2.95a)或式(2.118)等耗散方程的积分得到的。与运动硬化和各向同性硬化相关的存储能是根据热力学框架确定的。

1. 试验测量的存储能

众所周知，塑性功只有一小部分存储在材料中：在大应变(5%～100%)下，尤其是在纯金属中，存储能 W_{s} 是塑性功 W_{p} 的一极小部分。通常在试验报道中 $W_{\mathrm{s}}/W_{\mathrm{p}}$ 的数值一般为 1%～15%。事实上，存储能与塑性功之比在很大程度上取决于应变水平。经常观察到显著应变下 $W_{\mathrm{s}}/W_{\mathrm{p}}$ 的比值随塑性应变的增加而降低。有缺陷和复杂位错排列的合金和复杂材料存储能量的水平更高，对于工业生产应用中所使用的多晶金属尤其如此。在这种情况下，中等应变下 $W_{\mathrm{s}}/W_{\mathrm{p}}$ 的比值可能在 20%～50%区间内变化。在某些情况下，试验表明 $F=W_{\mathrm{s}}/W_{\mathrm{p}}$ 比值的非单调演化，小应变(低于 2%)的演化增加，如图 2-9 分别给出了 316 不锈钢线性运动硬化、非线性运动硬化和各向同性硬化情况下的热耗散能和存储能。

热力学框架可用于证明以下结论(忽略静态恢复效应和拖曳应力演化)：

(1) 初始屈服应力 k 所做的功和黏性部分应力 σ^{v} 所做的功完全以热量的形式耗散。

(2) 线性运动硬化导致 $W_{\mathrm{s}}/W_{\mathrm{p}}$ 的比值持续增加，这与试验结果不符。

(3) 非线性运动硬化情况下的 $W_{\mathrm{s}}/W_{\mathrm{p}}$ 值非常低。此外，随着塑性应变的增加，该比值首先增大，然后减小(见图 2-10)。

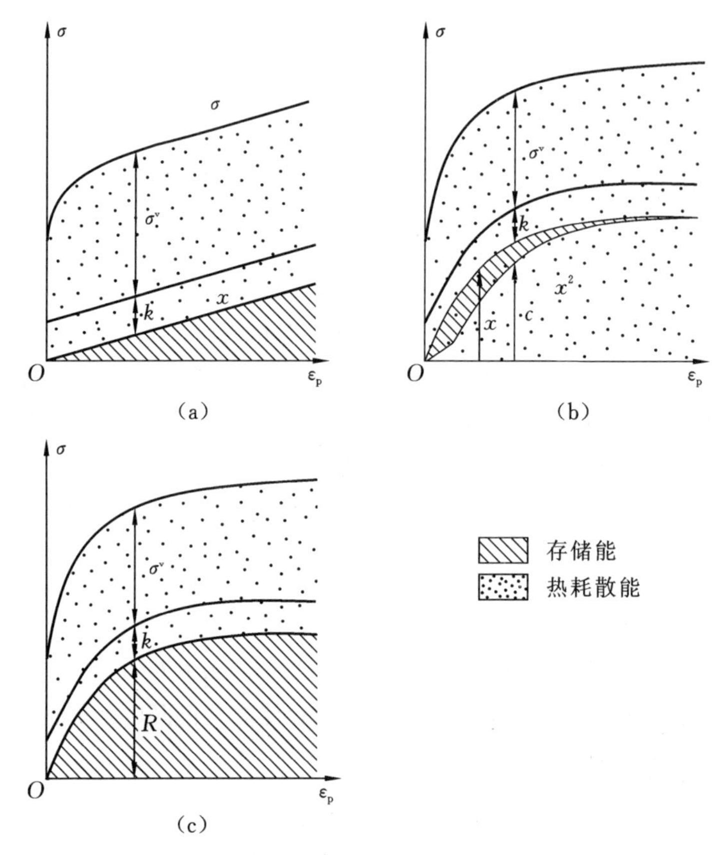

图 2-9 热耗散能和存储能

(a)线性运动硬化;(b)非线性运动硬化;(c)各向同性硬化

2. 模拟结果与试验结果的对比

选择工程多晶合金、XC38 钢、316L 奥氏体不锈钢和 2024-T4 铝合金,对所有材料均在室温下进行单轴拉伸测试。选择显示应力-应变曲线和 W_s/W_p 值的试验结果。

通过叠加两个非线性运动硬化模型和两个各向同性硬化变量(其中一个是饱和的),可以非常正确地描述应力-应变行为和存储能。三种材料(XC38 钢、316L 奥氏体不锈钢和 2024-T4 铝合金)试验结果的比较如图 2-11 所示。W_s/W_p 值的演化从定性和定量的角度来说都得到了很好的描述。通过试验得出以下结论:

(1) 非线性运动硬化模型能够给出足够低的存储能值,并且单轴拉伸下试验观察到的 W_s/W_p 值可用于构造塑性应变函数递减演化的模型。

(2) 上述热力学框架既有助于证明力学本构模型选择的合理性,也有助于量化耗散或存储在材料中的能量,其中后者对于本构模型在热黏塑性耦合情况下的应用非常重要。

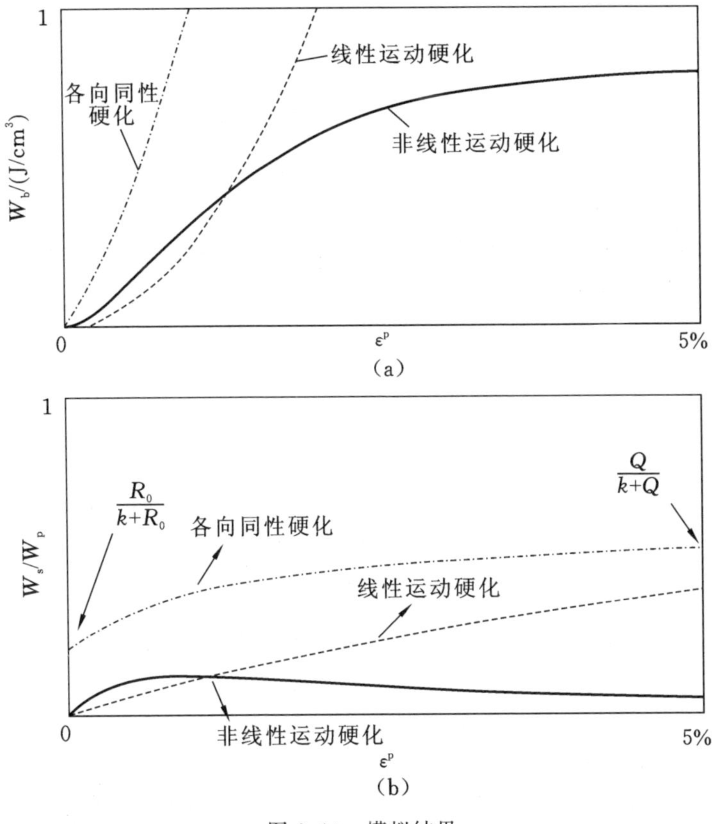

图 2-10　模拟结果

(a)存储能的变化;(b)W_s/W_p 模拟曲线

2.2.4　变温下的本构方程

当温度单调或周期性变化时,必须考虑以下几个问题:

(1) 材料常数或函数以何种方式依赖于温度?(与此问题相关的是硬化变量演化方程中的温度速率项。)

(2) 在某些情况下可观察到温度历史效应,如何模拟这种效应?

(3) 在试验中也观察到了老化效应,如何以热力学一致的方式引入这种效应?

1. 温度对本构方程的影响

到目前为止,本构方程都是在恒温条件下建立的。可以通过在不同温度水平下进行等温试验来研究温度对本构方程的影响。原则上,本章前面几个小节中为模拟黏塑性、硬化和恢复而引入的材料参数可能依赖于温度。可以通过两种方式来考虑温度的影响:一种是每个系数作为温度的函数(样条函数或抛物线函数等)变化;另一种是通过物理相关的给定温度函数来规定一些温度相关效应。其中第二种方式对于黏度和静态恢复效应特别有用。在几个统一的本构模型中可以使用齐纳-霍洛

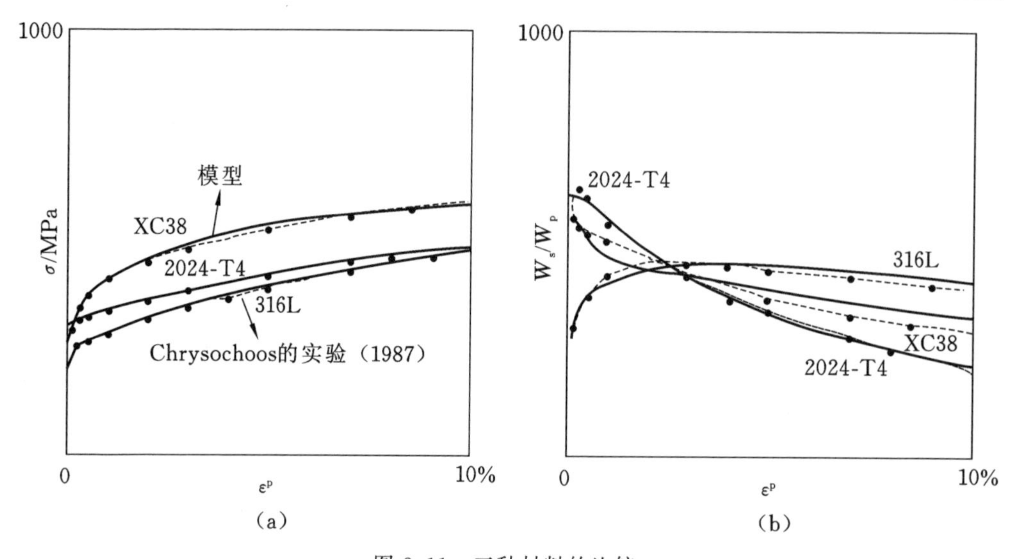

图 2-11　三种材料的比较

(a)拉伸曲线;(b)W_s/W_p-ε_p 曲线

蒙(Zener-Hollomon)函数依赖性,其中塑性应变率的大小 $\dot{p}$ 被分解为两个函数的乘积:

$$\dot{p}(\boldsymbol{\sigma},\boldsymbol{X},R,D,T)=\theta(T)Z_{\mathrm{H}}(\boldsymbol{\sigma},\boldsymbol{X},R,D) \tag{2.142}$$

式中:θ 类似于热扩散率,$\theta>0$;Z_{H} 称为齐纳参数,$Z_{\mathrm{H}}\geqslant 0$。这种热扩散率通常表示为温度的阿伦尼(Arrhenius)函数,它在一个重要但指定的温度范围内有效。因此,齐纳参数是塑性应变率大小的温度归一化函数。

在本节中,齐纳参数可以用方程 $\dot{p}=G'\left(\dfrac{\sigma^{\mathrm{v}}}{D}\right)$ 中的黏性函数 $G'(\sigma^{\mathrm{v}}/D)$ 确定;但是,在处理幂函数时,温度函数的幂律依赖性会带来一定的困难。克服这一困难的方法是引入齐纳-霍洛蒙函数。铜和铝的蠕变行为如图 2-12 所示。黏塑性应变速率方程$\left(\dot{p}=G'\left(\dfrac{\sigma^{\mathrm{v}}}{D}\right)\right)$通过式(2.143)引入温度依赖性:

$$\dot{p}=\theta(T)Z_{\mathrm{H}}\left[\frac{\sigma^{\mathrm{v}}/D}{\sigma^{*}(T)}\right] \tag{2.143}$$

引入温度函数 $\sigma^{*}(T)$,可使局部应力-应变率关系沿着一般的齐纳-霍洛蒙曲线移动。该方法也有助于解释温度对静态恢复项的影响。稳态蠕变和静态恢复之间确实存在一些隐式关系。然而,齐纳-霍洛蒙函数给出的指数幂随温度的变化不一定与应变率的变化密切相关,而应变率的变化是模拟极限应变率效应所需的,因而对这个问题做进一步研究是必要的。

2. 硬化法则中的温度速率

现在来考虑模型在不同温度下的行为。在目前的热力学框架中,独立状态变量

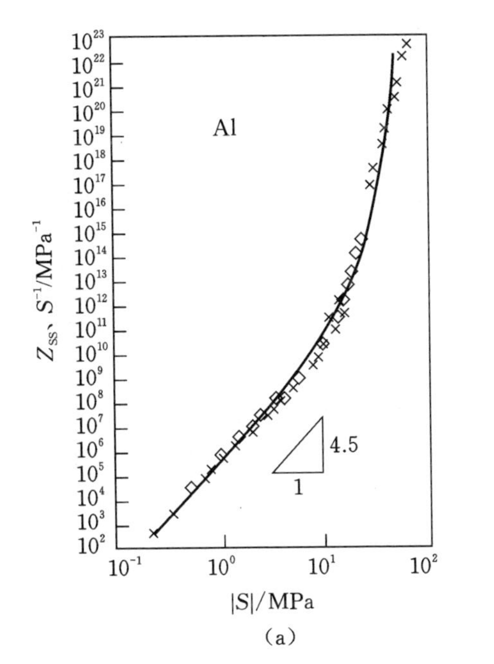

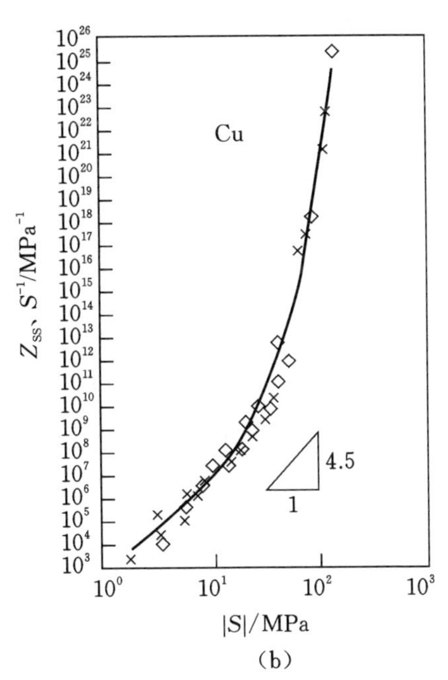

图 2-12　蠕变行为

(a)铝材料;(b)铜材料

注:|S|表示应力偏张量的大小。

被认为是出现在热力学势中的类应变变量。在以下情况中,它们与温度无关:如果考虑不产生黏塑性应变的快速温度演化和热恢复时间不足的情况,则内部状态变量(α_i,r,δ)不改变。然而,依赖性的相关热力学力(X_i,R,D)可以瞬间改变。事实上,很容易由热力学势推导出不同温度下的本构方程:

$$\dot{A}_k=\frac{\partial^2\psi}{\partial a_k\partial a_j}\dot{a}_j+\frac{\partial^2\psi}{\partial a_k\partial T}\dot{T} \tag{2.144}$$

因此在背应力的速率方程中引入了一个额外的温度项。以硬化速率方程为例,考虑到四阶张量分量N_i 和硬化因子h_y 和h_d 是依赖于温度的,则硬化速率方程可变为

$$\begin{aligned}\dot{\boldsymbol{X}}_i&=(\dot{\boldsymbol{X}}_i)_{\dot{T}=0}+\frac{\partial\,\mathbf{N}_i}{\partial T}:\mathbf{N}_i^{-1}:\boldsymbol{X}_i\dot{T}\\ \dot{R}&=(\dot{R})_{\dot{T}=0}+\frac{1}{h_y(T)}\frac{\partial h_y}{\partial T}R\dot{T}\\ \dot{D}&=(\dot{D})_{\dot{T}=0}+\frac{1}{h_d(T)}\frac{\partial h_d}{\partial T}D\dot{T}\end{aligned} \tag{2.145}$$

背应力速率方程包含温度项是十分必要的。这种温度项的存在引起了一些带有争议的讨论,不过该项已被广泛接受。然而,需要强调的是,即使没有热力学方面的考虑,也需要这些项,尤其是对于背应力。

(1) 在物理层面上，材料真实状态由位错排列定义，塑性应变不相容性(从晶粒到晶粒)是与塑性应变直接相关的性质。对于相同的位错状态，如果快速改变温度，那么杨氏模量会发生变化，而这种变化会立即引起与各种应变不相容性相关的应力场的改变。

(2) 从现象学的角度来看，0.2%应变下的极限应力对温度有很大的依赖性，例如，低温(T_1)下的极限应力高于高温(T_2)下的断裂应力。如果现在设想在 $T=T_1$ 时有 0.2%的单轴拉伸塑性应变，然后在重新加载时快速卸载，温度迅速变化到 $T=T_2$(没有任何新的塑性流动)，那么塑性流动不会在 $\sigma_{0.2}(T_1)$之前开始的假设不成立。显然，正确的力学行为是：材料在 $\sigma_{0.2}(T_1)$左右的应力下开始发生塑性流动。

(3) 假设在单轴拉伸压缩时，在与速率无关的塑性极限情况下只有线性运动硬化。考虑在 ε_M 和 $-\varepsilon_M$ 之间的循环机械应变。在恒定温度 T_2 下增加应变，然后使应变保持恒定，温度变为 $T_2>T_1$。应变在温度 T_2 下减小至 $-\varepsilon_M$，然后在温度变化期间保持不变。相对应的响应很容易得到，如图 2-13(b)(c)所示。显然，图 2-13(b)所示的是“应力棘轮”效应。

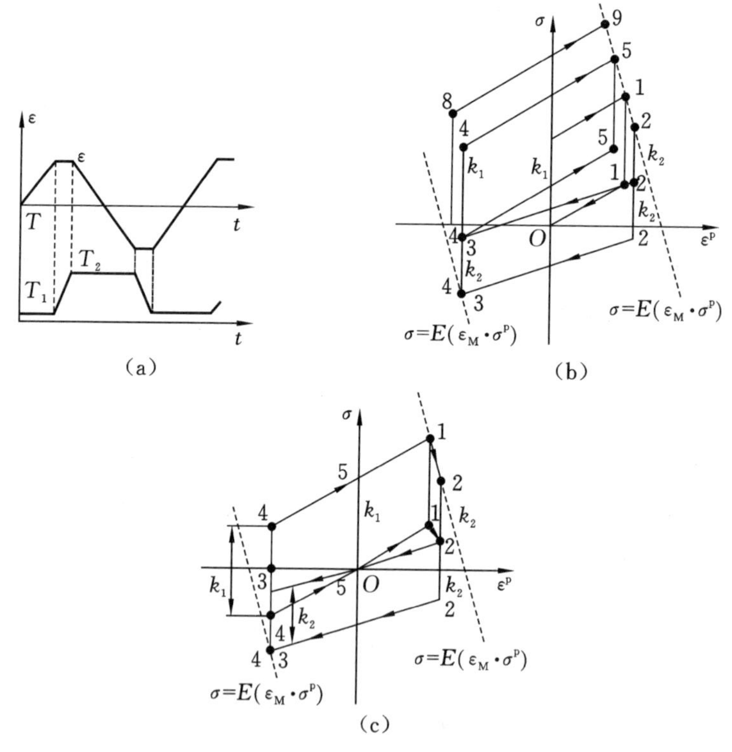

图 2-13　现象运动硬化

(a)机械应变和温度控制；(b)考虑背应力为状态变量时的循环响应；(c)状态变量为 α 时的循环响应(背应力速率方程中带有温度速率项)

3. 温度历史效应

如果先前的温度历史改变了独立内部状态变量的值，则必须定义这种影响。它们有两种不同的性质：

(1) 如果动态恢复项中的系数（γ_i 表示运动硬化，b 表示各向同性硬化）取决于温度，则可以观察到温度历史效应，因为对具有两个不同温度的两个相同塑性应变来说，内部变量（α 和 r）的值是不同的，前提是：

$$\dot{\alpha}_i=\dot{\boldsymbol{\varepsilon}}^{\mathrm{p}}-\gamma_i\alpha_i\dot{p} \tag{2.146}$$

$$\dot{r}=\dot{p}-br\dot{p} \tag{2.147}$$

然而，对于运动硬化，温度历史效应会迅速消失，并且不会改变各向同性硬化的渐近条件。

(2) 如果温度历史效应显著且不迅速消失，则可以通过修改式(2.145)中的温度速率项来描述，这与热力学框架不一致。另一种方法是用特定的内部变量引入这种历史效应，其目的是描述微观结构的相应变化。

4. 对老化效应的模拟

老化效应又称时间硬化效应，通常是指在一定的时间（静态时效）和应变率（动态时效）下产生的过度硬化现象。动态时效通常通过作为应变率函数的拖曳应力的变化引入本构模型。Miller 提出了此类最普遍的模型之一，该模型引入了一个附加到法向拖曳应力的状态变量 F_{sol}。它与当前塑性应变速率的大小有关。显然，只要有明确的一一对应关系，就可以认为这种效应直接包含在定义黏塑性应变速率的方程中。

第一种效应——静态时效，对应于在室温或适中温度下预先老化后材料硬度的逐渐增加。在该效应的模拟方面存在的困难与热力学框架及其正相关耗散有关。

热耗散本质上是与静态恢复正相关的（对应于状态变量的负相关速率）。显然，当尝试用同类项的正相关速率来模拟老化效应时，随即会遇到负相关的热耗散，这在热力学上是不可接受的。一种遵循热力学框架的解决方法是引入特定的附加变量。

由上述分析，引入一个额外的老化状态变量 a，它会影响弹性域的大小。老化状态变量的引入使得模型具有以下特征：

(1) 模型的一个重要特性是弹性极限的温度依赖性（弹性极限与状态变量 a 相关，$0<a<1$）：

$$k(T,a)=k^{*}(T)+C(T)a \tag{2.148}$$

$a=1$ 对应于完全老化状态；$a=0$ 对应于完全退火状态，此时弹性极限可能具有最小值（独立于可能的各向同性硬化）。更具体地说，为了减少常数的数量，可以假设存在以下依赖关系：

$$k^{*}(T)=k_{\infty}+\frac{k_0^{*}-k_{\infty}}{C_0}C(T) \tag{2.149}$$

式中：k_∞是 k 的最小值；k^*是高温下的 k 值；k_0^* 和C_0是室温下函数 $k^*(T)$和 $C(T)$的值（见图 2-14(a)）。显然，函数 C 被设为随温度下降的函数。

(2) 模型的第二个重要特征在于老化变量的演化方程：

$$\dot{a}=m(T)\left[a_\infty(T)-a\right] \tag{2.150}$$

式中 $a_\infty(T)$给出了 a 的渐近值。通常有两种情况：在低温下 $a_\infty=1$，因此必须描述老化效应($\dot{a}\geqslant 0$)，同时 k 逐渐增加；在高温下 $a_\infty=0$，同时描述退火状态($\dot{a}<0$)。

图 2-14(b)示意性地给出了这两个区域以及 a 的相应变化：在快速温升期间 a 一直等于 1，在高温下 a 值则会降低（假设有足够的时间）。在这种情况下，k 可能不会受到很大影响，因为 C 足够小（见图 2-14(a)）。当温度回到室温后，a 的值已经降低，材料从而发生老化效应($\dot{a}\geqslant 0$)。

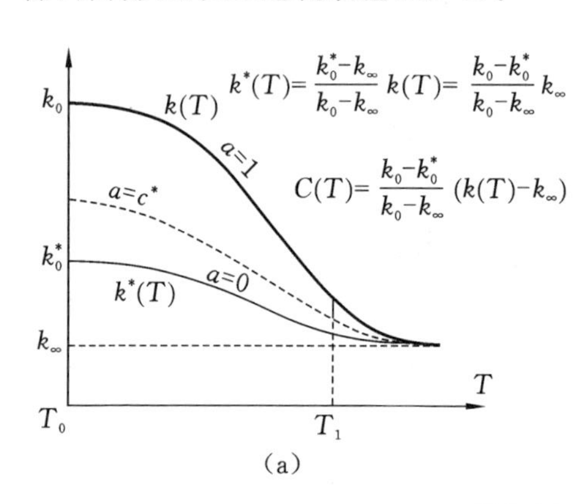

(a)

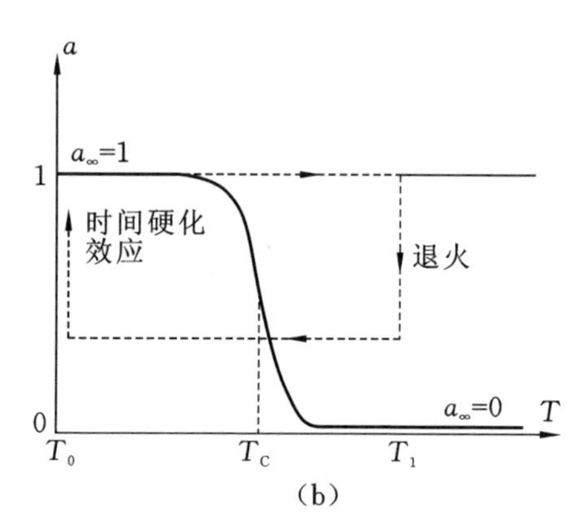

(b)

图 2-14　材料的老化

(a)由温度和老化变量定义弹性极限；(b)老化变量的演化

老化效应模拟在热力学方面的难点在于老化期间 $\dot{a}>0$。假设自由能中不包含 r 和 a 的耦合项，而弹性和塑性部分照常定义，则老化部分自由能为

$$\psi_a(a)=\frac{1}{2}L\left(a_\infty(T)-a\right)^2 \tag{2.151}$$

所以，相应的力是

$$Z=\frac{\partial\psi}{\partial a}=L\left(a-a_\infty(T)\right) \tag{2.152}$$

老化效应不是由 Z 在弹性域的表达式中引入的，而是由作为参数的状态变量 a 本身引入的（未考虑背应力，因为它与当前讨论无关）：

$$f=J(\boldsymbol{\sigma})-R-k-C(T)a \tag{2.153}$$

而耗散势则假定为

$$\phi^*=\Omega_p(f)+\frac{1}{2}\frac{m(T)}{L}Z^2 \tag{2.154}$$

式中：Ω_p 的选择与其他黏塑性理论一样。由广义正态性假设，有

$$\dot{\boldsymbol{\varepsilon}}^{p}=\frac{\partial\phi^{*}}{\partial\boldsymbol{\sigma}}=\frac{\partial\Omega_{p}}{\partial f}\frac{\partial f}{\partial\boldsymbol{\sigma}}=\dot{p}\frac{\partial f}{\partial\boldsymbol{\sigma}}$$

$$\dot{r}=-\frac{\partial\phi^{*}}{\partial R}=\frac{\partial\Omega_{p}}{\partial f}=\dot{p}$$

$$\dot{a}=-\frac{\partial\phi^{*}}{\partial Z}=-\frac{m(T)}{L}Z \tag{2.155}$$

结合式(2.155)和式(2.152)，很容易得到之前提到过的关于 a 的演化方程(2.151)。

将耗散表示为

$$\begin{aligned}\Phi&=\boldsymbol{\sigma}:\dot{\boldsymbol{\varepsilon}}^{p}-R\dot{r}-Z\dot{a}\\&=J(\boldsymbol{\sigma})\dot{p}-R\dot{p}+\frac{m(T)}{L}Z^{2}\\&=[J(\boldsymbol{\sigma})-R-k-C(T)a]\dot{p}+[k+C(T)a]\dot{p}\\&\quad+Lm(T)[a_{\infty}(T)-a]^{2}\end{aligned} \tag{2.156}$$

这三项中的每一项均为正项(如果 $f<0$，则 $\dot{p}=0$)。值得注意的是，可以自由选择常数 L 来描述与老化效应相关的热耗散。

通过在100℃、150℃、200℃、250℃和300℃时的短时间温度冲击，测量弹性域的演化，展示高温退火的影响，如图2-15所示。由图2-15可知，在较高的温度下材料的屈服极限大大降低。图中点对应于试验测量，线对应于模型的预测。此外，如图2-16所示，高温冲击后的室温老化导致材料屈服极限逐渐增加，并有恢复到初始值的趋势。这两幅图说明了所建立模型描述老化效应的能力及其与先前温度冲击的相关性。

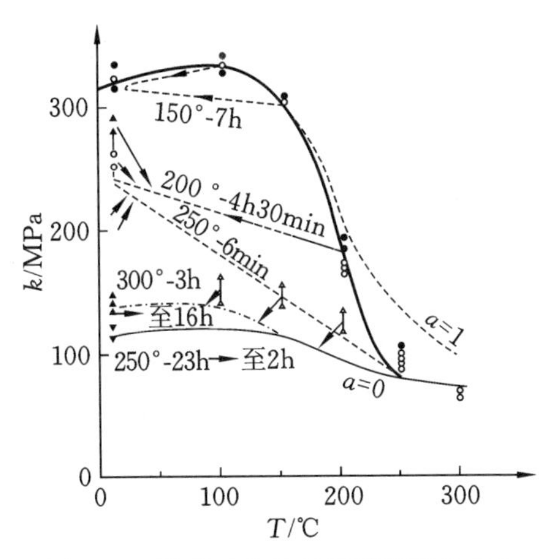

图2-15　温度冲击前后屈服极限的变化

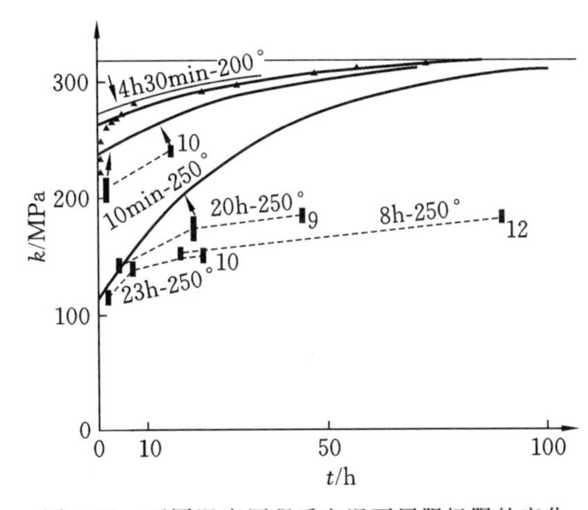

图2-16　不同温度历程后室温下屈服极限的变化

第3章　准静态热应力

3.1　三维热弹性问题的位移势法

本章讨论由温度变化引起的热应力问题，假设温度场已经给出，或者已经单独解出，因此此类问题本质上是非耦合的热弹性问题。热弹性运动方程为

$$\nabla^2 u_i + \frac{1}{1-2\nu} e_{,i} - \frac{2(1+\nu)}{1-2\nu} \alpha \theta_{,i} = \frac{\rho}{\mu} \ddot{u}_i \qquad (i=1,2,3) \tag{3.1}$$

式中：$u_i(\boldsymbol{x},t)$是物体的位移场；$\theta(\boldsymbol{x},t)$是物体的温度场；ν 是泊松比；$e=\partial u_i/\partial x_i$ 是体积应变；∇^2 是拉普拉斯算子；μ 是拉梅弹性常数；α 是线热膨胀系数。给定温度场 $\theta(\boldsymbol{x},t)$，代入式(3.1)后可解出满足边界条件和初始条件的位移场 $u_i(\boldsymbol{x},t)$，进而通过几何方程得到应变场 $\gamma_{ij}(\boldsymbol{x},t)$，然后由热弹性本构方程 $\sigma_{ij}=\lambda e\delta_{ij}+2\mu\gamma_{ij}-\beta\theta\delta_{ij}$ $(i,j=1,2,3)$得到热应力场 $\sigma_{ij}(\boldsymbol{x},t)$，式中 λ 为另一个拉梅弹性常数，β 是热力耦合系数。

1. 定常的热应力

设给定的温度场是定常的，即 $\theta=\theta(\boldsymbol{x})$，此时位移 u_i 也与时间 t 无关。热弹性运动方程(见式(3.1))可简化为

$$\nabla^2 u_i + \frac{1}{1-2\nu} e_{,i} = \frac{2(1+\nu)}{1-2\nu} \alpha \theta_{,i} \qquad (i=1,2,3) \tag{3.2}$$

基于上述方程得到的应力解，称为定常的热应力。

2. 非定常的热应力

通常温度场是非定常的，即 $\theta=\theta(\boldsymbol{x},t)$，相应的位移 u_i 也是非定常的，因此热应力也是非定常的。当温度场随时间的变化比较缓慢时，位移 $u_i(\boldsymbol{x},t)$随时间的变化也将比较缓慢。为简化计算，略去方程(3.1)中动力项$\frac{\rho}{\mu}\ddot{u}_i$，于是该方程简化为

$$\nabla^2 u_i + \frac{1}{1-2\nu} e_{,i} = \frac{2(1+\nu)}{1-2\nu} \alpha \theta_{,i} \qquad (i=1,2,3) \tag{3.3}$$

式(3.3)与式(3.2)具有相同的形式，二者的区别在于式(3.3)中的温度场 $\theta=\theta(\boldsymbol{x},t)$ 是非定常的，可用于求解非定常的热应力。如果温度场变化激烈，则动力项$\frac{\rho}{\mu}\ddot{u}_i$ 不应略去。

3.1.1 笛卡儿坐标系下的位移势法

设 Φ 是坐标、温度和时间的函数，即可表示为 $\Phi(\boldsymbol{x},\theta,t)$。若点的位移是 Φ 的偏导数，即

$$u_i=\frac{\partial \Phi}{\partial x_i}=\Phi_{,i} \qquad (i=1,2,3) \tag{3.4}$$

则称 $\Phi(\boldsymbol{x},\theta,t)$ 为热弹性位移势。

待定的位移 u_i 由两部分组成：一部分是对应温度场的特解 u'_1，另一部分是对应齐次方程的通解 u''_i。方程对应的齐次方程，实际上是等温条件下弹性力学的平衡方程，所以 u''_i 可以按照通常的弹性力学方程得到。故有

$$u_i=u'_i+u''_i \qquad (i=1,2,3) \tag{3.5}$$

其中，特解 u'_1 采用热弹性位移势求解，因此

$$u'_i=\Phi_{,i} \qquad (i=1,2,3) \tag{3.6}$$

换言之，热弹性方程的求解分为两个步骤：

(1) 使用热弹性位移势 Φ 求出由温度场 θ 引起的 u'_1；

(2) 按照弹性力学的方法求出 u''_i，需要注意的是合成的解 u_i 应满足给定的边界条件。

下面着重讨论特解 u'_1 的求解。由于 $\nabla^2 u'_1$ 和 e 可以分别表示为

$$\nabla^2 u'_1=\left(\frac{\partial^2}{\partial x_1^2}+\frac{\partial^2}{\partial x_2^2}+\frac{\partial^2}{\partial x_3^2}\right)\left(\frac{\partial \Phi}{\partial x_i}\right)=\frac{\partial}{\partial x_i}(\nabla^2 \Phi)_{,i} \tag{3.7}$$

$$e=u'_{i,i}=\nabla^2 \Phi \tag{3.8}$$

则拟静态的方程可写成

$$(\nabla^2 \Phi)_{,i}=\frac{1+\nu}{1-\nu}\alpha\theta_{,i} \tag{3.9}$$

将式(3.9)对 x_i 积分，得到

$$\nabla^2 \Phi=\frac{1+\nu}{1-\nu}\alpha\theta+F(\theta,t) \tag{3.10}$$

式中：$F(\theta,t)$ 是积分函数。由于求解的是已知温度场引起的位移，所以设 $F(\theta,t)=0$，有

$$\nabla^2 \Phi=\frac{1+\nu}{1-\nu}\alpha\theta \tag{3.11}$$

给定 $\theta=\theta(\boldsymbol{x},t)$，则可通过式(3.11)求出 Φ，进而得到对应的位移分量 u'_1。

对于无内热源的热传导，温度场由以下方程求解：

$$\nabla^2 \theta=\frac{1}{k_{\mathrm{d}}}\dot{\theta} \tag{3.12}$$

式中：k_{d} 为热扩散系数，$k_{\mathrm{d}}=k/(\rho c_\rho)$。对式(3.11)求时间导数，有

$$\nabla^2 \dot{\Phi} = \frac{1+\nu}{1-\nu}\alpha \dot{\theta} \tag{3.13}$$

消去式(3.12)和式(3.13)中的 $\dot{\theta}$,可得

$$\nabla^2 \dot{\Phi} = \frac{1+\nu}{1-\nu}\alpha k_d \nabla^2 \theta \tag{3.14}$$

也可将(3.14)写成

$$\left(\frac{\partial \Phi}{\partial t} - \frac{1+\nu}{1-\nu}\alpha k_d \theta\right)_{,ii} = 0 \tag{3.15}$$

对此式进行积分后得

$$\frac{\partial \Phi}{\partial t} = \frac{1+\nu}{1-\nu}\alpha k_d \theta + \Phi_1(\boldsymbol{x}) \tag{3.16}$$

式中:$\Phi_1(\boldsymbol{x})$函数是调和函数,即

$$\Phi_1(\boldsymbol{x})_{,ii} = \nabla^2 \Phi_1 = 0 \tag{3.17}$$

再对式(3.15)进行积分,得

$$\Phi = \frac{1+\nu}{1-\nu}\alpha k_d \int_0^t \theta(\boldsymbol{x}, t)\mathrm{d}t + t\Phi_1 + \Phi_0(\boldsymbol{x}) \tag{3.18}$$

式中:$\Phi_0(\boldsymbol{x})$是 $t=0$ 时的热弹性位移势。设 $t=0$ 时 $\theta=0$,则由式(3.11)可知,$\Phi_0(\boldsymbol{x})$也是调和函数,即

$$\nabla^2 \Phi_0 = 0 \tag{3.19}$$

且有 $\dot{\Phi}_0=0$。由于是求位移 u_i 的特解,在式(3.18)中也可取 $\Phi_0=0$。

式(3.18)就是拟静态热弹性方程中热弹性位移势的表达式,在给定温度场 $\theta(\boldsymbol{x}, t)$时,按照式(3.18)可以得到 Φ 的具体函数式。

根据式(3.6),应变 γ'_{ij} 等于

$$\gamma'_{ij} = \Phi_{,ij} \qquad (i,j=1,2,3) \tag{3.20}$$

式中:γ'_{ij} 是对应于特解 u'_1 的应变,将它代入本构方程(1.108)中,得到对应于特解 u'_1 的应力 σ'_{ij},即

$$\sigma'_{ij} = \lambda \Phi_{,kk}\delta_{ij} + 2\mu \Phi_{,ij} - \beta\theta\delta_{ij} \tag{3.21}$$

因为 $\beta=(3\lambda+2\mu)\alpha$(见式(1.111)),并根据式(1.115)和式(1.116),式(3.21)可以简化为

$$\sigma'_{ij} = 2\mu(\Phi_{,ij} - \Phi_{,kk}\delta_{ij}) \qquad (i,j=1,2,3) \tag{3.22}$$

即若热弹性位移势 Φ 已解出,则可直接得到对应的应力 σ'_{ij}。

对于定常的热弹性问题,有 $\theta=\theta(\boldsymbol{x}, t)$。应用式(3.11)即可求得特解 Φ。由于在定常的热传导问题中有$\nabla^2\theta=0$,函数 Φ 将是双调和函数,即$\nabla^4\Phi=0$。

3.1.2 柱坐标系下的位移势法

在柱坐标系中,热弹性位移势 $\Phi=\Phi(r,\varphi,z,\theta,t)$,它与位移 u'_r、u'_φ、u'_z有以下

关系：

$$
\begin{aligned}
u'_r &= \frac{\partial \Phi}{\partial r} \\
u'_\varphi &= \frac{1}{r}\frac{\partial \Phi}{\partial \varphi} \\
u'_z &= \frac{\partial \Phi}{\partial z}
\end{aligned}
\tag{3.23}
$$

根据小变形、各向同性问题的应变、位移关系式

$$
\left.
\begin{aligned}
\gamma_{rr} &= \frac{\partial u_r}{\partial r} \\
\gamma_{zz} &= \frac{\partial u_z}{\partial z} \\
\gamma_{\varphi\varphi} &= \frac{u_r}{r} + \frac{1}{r}\frac{\partial u_\varphi}{\partial \varphi} \\
\gamma_{r\varphi} = \gamma_{\varphi r} &= \frac{1}{2}\left(\frac{1}{r}\frac{\partial u_r}{\partial \varphi} + \frac{\partial u_\varphi}{\partial r} - \frac{u_\varphi}{r}\right) \\
\gamma_{rz} = \gamma_{zr} &= \frac{1}{2}\left(\frac{\partial u_r}{\partial z} + \frac{\partial u_z}{\partial r}\right) \\
\gamma_{z\varphi} = \gamma_{\varphi z} &= \frac{1}{2}\left(\frac{\partial u_\varphi}{\partial z} + \frac{1}{r}\frac{\partial u_z}{\partial \varphi}\right)
\end{aligned}
\right\}
$$

应变可写成

$$
\left.
\begin{aligned}
\gamma'_{rr} &= \frac{\partial^2 \Phi}{\partial r^2} \\
\gamma'_{zz} &= \frac{\partial^2 \Phi}{\partial z^2} \\
\gamma'_{\varphi\varphi} &= \frac{1}{r}\frac{\partial \Phi}{\partial r} + \frac{1}{r^2}\frac{\partial^2 \Phi}{\partial \varphi^2} \\
\gamma'_{r\varphi} = \gamma'_{\varphi r} &= \frac{\partial}{\partial r}\left(\frac{1}{r}\frac{\partial \Phi}{\partial \varphi}\right) \\
\gamma'_{rz} = \gamma'_{zr} &= \frac{\partial^2 \Phi}{\partial r \partial z} \\
\gamma'_{z\varphi} = \gamma'_{\varphi z} &= \frac{1}{r}\frac{\partial^2 \Phi}{\partial \varphi \partial r}
\end{aligned}
\right\}
\tag{3.24}
$$

在柱坐标系中，有

$$
\nabla^2 = \frac{\partial^2}{\partial r^2} + \frac{1}{r}\frac{\partial}{\partial r} + \frac{1}{r^2}\frac{\partial^2}{\partial \varphi^2} + \frac{\partial^2}{\partial z^2}
\tag{3.25}
$$

式中：∇^2 表示拉普拉斯算子。

所以，由式(3.24)得体积应变 e 为

$$e=\gamma'_{rr}+\gamma'_{zz}+\gamma'_{\varphi\varphi}=\nabla^2\Phi \tag{3.26}$$

将热弹性位移势 Φ 和式(3.24)、式(3.26)代入柱坐标系下的拟静态热弹性运动方程并略去体力 f_r、f_φ、f_z，得

$$\left.\begin{aligned}(\lambda+2\mu)\frac{\partial}{\partial r}(\nabla^2\Phi)&=\beta\frac{\partial\theta}{\partial r}\\(\lambda+2\mu)\frac{1}{r}\frac{\partial}{\partial\varphi}(\nabla^2\Phi)&=\beta\frac{1}{r}\frac{\partial\theta}{\partial\varphi}\\(\lambda+2\mu)\frac{\partial}{\partial z}(\nabla^2\Phi)&=\beta\frac{\partial\theta}{\partial z}\end{aligned}\right\} \tag{3.27}$$

这一组方程与式(3.9)是对应的。和在笛卡儿坐标系中求热弹性位移式时的做法相同，对式(3.27)积分后略去积分函数，同样得

$$\nabla^2\Phi=\frac{1+\nu}{1-\nu}\alpha\theta \tag{3.28}$$

此式与式(3.11)有相同的形式，但函数 Φ 和 θ 中的参数与式(3.11)中是不同的。

柱坐标系下的热传导方程为

$$\frac{\partial^2 T}{\partial r^2}+\frac{1}{r}\frac{\partial T}{\partial r}+\frac{1}{r^2}\frac{\partial^2 T}{\partial\varphi^2}+\frac{\partial^2 T}{\partial z^2}=\frac{1}{k_{\mathrm{d}}}\frac{\partial T}{\partial t} \tag{3.29}$$

也可写成

$$\nabla^2\theta=\frac{1}{k_{\mathrm{d}}}\dot{\theta} \tag{3.30}$$

因此，热弹性位移势 $\Phi=\Phi(r,\varphi,z,\theta,t)$ 的表达式也可以写成类似式(3.18)的形式：

$$\Phi=\frac{1+\nu}{1-\nu}\alpha k_{\mathrm{d}}\int_0^t\theta(r,\varphi,z,t)\mathrm{d}t+t\Phi_1+\Phi_0(r,\varphi,z) \tag{3.31}$$

在解出 Φ 后，应力 σ'_{rr} 等可由应力、应变、温度的本构方程给出：

$$\left.\begin{aligned}\sigma'_{rr}&=2\mu\left(\frac{\partial^2\Phi}{\partial r^2}-\nabla^2\Phi\right)\\\sigma'_{\varphi\varphi}&=2\mu\left(\frac{1}{r}\frac{\partial\Phi}{\partial r}+\frac{1}{r^2}\frac{\partial^2\Phi}{\partial\varphi^2}-\nabla^2\Phi\right)\\\sigma'_{zz}&=2\mu\left(\frac{\partial^2\Phi}{\partial z^2}-\nabla^2\Phi\right)\\\sigma'_{r\varphi}&=2\mu\frac{\partial}{\partial r}\left(\frac{1}{r}\frac{\partial\Phi}{\partial\varphi}\right)\\\sigma'_{rz}&=2\mu\left(\frac{\partial^2\Phi}{\partial r\partial z}\right)\\\sigma'_{\varphi z}&=2\mu\left(\frac{1}{r}\frac{\partial^2\Phi}{\partial\varphi\partial z}\right)\end{aligned}\right\} \tag{3.32}$$

以上各式可以简化成在极坐标系下求解平面热弹性问题和轴对称问题所对应的公式。

例 3.1　瞬时点热源在三维无限体内产生的温度场可表示为

$$T(x,y,z,t)=\frac{Q}{(2\sqrt{k_d\pi t})^3}e^{-\frac{R^2}{4k_dt}} \tag{3.33}$$

式中:Q 为热源强度,$Q=H/(\rho c_\rho)$;R 为三维无限体内任意点(x,y,z)到点热源(a,b,c)的距离,且 $R=[(x-a)^2+(y-b)^2+(z-c)^2]^{1/2}$。

由此,热弹性位移势为

$$\begin{aligned}\Phi&=\frac{1+\nu}{1-\nu}\alpha k_d\int_0^t T(x,y,z,t)dt+\Phi_0+t\Phi_1\\&=\frac{1+\nu}{1-\nu}\cdot\frac{\alpha k_d}{8(\sqrt{\pi})^3}Q\int_0^t(k_dt)^{-3/2}\cdot e^{-R/(4\pi k_d)}dt+\Phi_0+t\Phi_1\end{aligned} \tag{3.34}$$

为了计算式(3.34)中的积分,引入变量 u:

$$u=\frac{R}{2\sqrt{k_dt}} \tag{3.35}$$

则

$$\frac{du}{dt}=-\frac{Rk_d}{4}(k_dt)^{-3/2}$$

于是得

$$\Phi=\frac{1+\nu}{1-\nu}\cdot\frac{\alpha Q}{4\pi R}\cdot\frac{2}{\sqrt{\pi}}\int_u^\infty e^{-u^2}du+\Phi_0+t\Phi_1 \tag{3.36}$$

引入误差函数 erf u

$$\text{erf } u=\frac{2}{\sqrt{\pi}}\int_0^u e^{-u^2}du \tag{3.37}$$

及余误差函数 erfc u

$$\text{erfc } u=1-\text{erf } u=\frac{2}{\sqrt{\pi}}\int_u^\infty e^{-u^2}du \tag{3.38}$$

并令

$$K_1=\frac{1+\nu}{1-\nu}\cdot\frac{\alpha Q}{4\pi} \tag{3.39}$$

显然有

$$\Phi=K_1\cdot\frac{1}{R}\cdot\text{erfc}\frac{R}{2\sqrt{k_dt}}+\Phi_0+t\Phi_1 \tag{3.40}$$

误差函数有下列性质

$$\left.\begin{aligned}&\operatorname{erf} 0=0, \quad \operatorname{erf} \infty=1\\&\frac{\partial}{\partial}\operatorname{erf} u=\frac{2}{\sqrt{\pi}}\mathrm{e}^{-u^2}\end{aligned}\right\} \tag{3.41}$$

在式(3.40)中应用这些性质可使该表达式简化。

由于以点热源为中心的径向位移为

$$u_{RR}=\frac{\partial \Phi}{\partial R}=-\frac{K_1}{R^2}\operatorname{erfc}\frac{R}{2\sqrt{k_{\mathrm{d}}t}}-\frac{K_1}{R}\left[\frac{1}{\sqrt{\pi k_{\mathrm{d}}t}}\mathrm{e}^{-R^2/(4k_{\mathrm{d}}t)}\right]+\frac{\partial \Phi_0}{\partial R}+t\frac{\partial \Phi_1}{\partial R}$$

当 $t\to\infty$ 时,对于任意点均有 $u_{RR}=0$。考虑到式(3.41),得

$$u_{RR}\big|_{t\to\infty}=-\frac{K_1}{R^2}+\frac{\partial \Phi_0}{\partial R}+t\left.\frac{\partial \Phi_1}{\partial R}\right|_{t\to\infty}=0$$

由此知

$$\Phi_1\equiv 0, \quad \frac{\partial \Phi_0}{\partial R}=\frac{K_1}{R^2} \tag{3.42}$$

或

$$\Phi_0=-\frac{K_1}{R} \tag{3.43}$$

这样,Φ 的表达式简化成

$$\Phi=-\frac{K_1}{R}\operatorname{erfc}\frac{R}{2\sqrt{k_{\mathrm{d}}t}} \tag{3.44}$$

由式(3.44)可得应力分量

$$\begin{aligned}\sigma_{xx}&=-2\mu\left(\frac{\partial^2\Phi}{\partial y^2}+\frac{\partial^2\Phi}{\partial z^2}\right)\\&=2\mu\frac{K_1}{R^2}\left\{\left[1-\frac{3\,(x-a)^2}{R^2}\right]\cdot\left[\frac{1}{R}\operatorname{erf}\frac{R}{2\sqrt{k_{\mathrm{d}}t}}-\frac{1}{\sqrt{\pi k_{\mathrm{d}}t}}\mathrm{e}^{-R^2/(4k_{\mathrm{d}}t)}\right]\right.\\&\quad\left.+\frac{1}{2\sqrt{\pi}(k_{\mathrm{d}}t)^{3/2}}\left[(x-a)^2+R^2\right]\mathrm{e}^{-R^2/(4\pi k_{\mathrm{d}}t)}\right\}\end{aligned} \tag{3.45}$$

在式(3.45)中将 $x-a$ 以 $y-b$ 替换,即可得 σ_{yy};将 $x-a$ 以 $z-c$ 替换,即得到 σ_{zz}。由式(3.45)可以看出,当 $R\to\infty$ 时有 $\sigma_{xx}=0$,当然也有 $\sigma_{yy}=0$ 和 $\sigma_{zz}=0$。

$$\begin{aligned}\sigma_{xy}&=2\mu\frac{\partial^2\Phi}{\partial x\partial y}\\&=6\mu\frac{K_1}{R}(x-a)(y-b)\left[\frac{1}{\sqrt{\pi k_{\mathrm{d}}t}}\left(1+\frac{R^2}{6k_{\mathrm{d}}t}\right)\mathrm{e}^{-R^2/(4k_{\mathrm{d}}t)}-\frac{1}{R}\operatorname{erf}\frac{R}{2\sqrt{k_{\mathrm{d}}t}}\right]\end{aligned} \tag{3.46}$$

在式(3.46)中:将 $x-a$ 以 $z-c$ 替换可得 σ_{yz};将 $y-b$ 以 $z-c$ 替换,即得到 σ_{xz}。由式(3.46)可同样可以看出,当 $R\to\infty$ 时有 $\sigma_{xy}=\sigma_{yz}=\sigma_{zx}=0$。

误差函数 erf u 可展成级数：

$$\operatorname{erf} u=\frac{2}{\sqrt{\pi}}\left[u-\frac{u^{3}}{1!\times 3}+\frac{u^{5}}{2!\times 5}-\cdots\right]$$

即

$$\lim\left[\frac{1}{R}\operatorname{erf}\frac{R}{2\sqrt{k_{\mathrm{d}}t}}\right]=\frac{1}{\sqrt{\pi k_{\mathrm{d}}t}}$$

因此，当 $R\to 0$ 时，各应力趋于某一有限值。由以上所述，式(3.45)和式(3.46)所表示的应力就是热应力。

在无限体中点热源产生的温度场和应力场都是球对称的。将坐标原点取在点热源上，任一点到点热源的距离以 r 表示，则式(3.44)可写成

$$\Phi=-\frac{K_{1}}{r}\operatorname{erf}\frac{r}{2\sqrt{k_{\mathrm{d}}t}} \tag{3.47}$$

式(3.47)表明，热弹性位移势自身就是球对称的。

现在用球坐标来描述热应力。在球坐标系中点的坐标用 r、β、φ 来表示(见图 3-1)。以 u 表示点沿 r 方向的位移，则对于球对称问题，有

$$\gamma_{rr}=\frac{\partial u}{\partial r},\quad \gamma_{\varphi\varphi}=\gamma_{\beta\beta}=\frac{u}{r} \tag{3.48}$$

且有

$$\nabla^{2}=\frac{\partial^{2}}{\partial r^{2}}+\frac{2}{r}\frac{\partial}{\partial r}=\frac{1}{r^{2}}\cdot\frac{\partial}{\partial r}\left(r^{2}\frac{\partial}{\partial r}\right) \tag{3.49}$$

热应力为

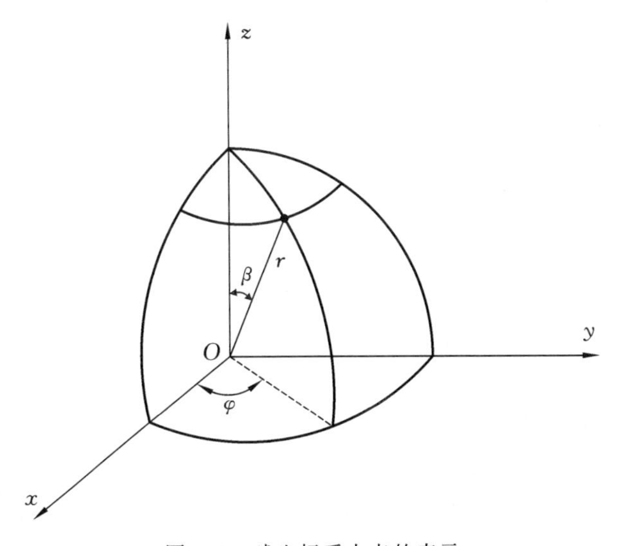

图 3-1　球坐标系中点的表示

$$
\left.\begin{aligned}
\sigma_{rr}&=-\frac{4\mu}{r}\cdot\frac{\partial\Phi}{\partial r}\\
\sigma_{\varphi\varphi}&=\sigma_{\beta\beta}=2\mu\left(\frac{1}{r}\cdot\frac{\partial\Phi}{\partial r}-\nabla^2\Phi\right)\\
\sigma_{r\varphi}&=\sigma_{r\beta}=\sigma_{\varphi\beta}=0
\end{aligned}\right\}\tag{3.50}
$$

将式(3.47)代入式(3.50)得

$$
\left.\begin{aligned}
\sigma_{rr}&=-\frac{K_1\mu}{r^3}\left[\operatorname{erf}\frac{r}{2\sqrt{k_{\mathrm{d}}t}}-\frac{r}{\sqrt{\pi k_{\mathrm{d}}t}}\mathrm{e}^{-r^2/(4k_{\mathrm{d}}t)}\right]\\
\sigma_{\varphi\varphi}&=\sigma_{\beta\beta}=\frac{K_1\mu}{2r^3}\left[\operatorname{erf}\frac{r}{2\sqrt{k_{\mathrm{d}}t}}-\left(1+\frac{r^2}{2k_{\mathrm{d}}t}\right)\frac{r}{\sqrt{\pi k_{\mathrm{d}}t}}\mathrm{e}^{-r^2/(4k_{\mathrm{d}}t)}\right]
\end{aligned}\right\}\tag{3.51}
$$

以 $A=4k_{\mathrm{d}}t$ 为参数,竹内洋一郎给出了在不同的 A 值下 σ_{rr} 和 $\sigma_{\varphi\varphi}$ 随 r 的变化曲线(见图 3-2)。由图可见,径向应力 σ_{rr} 为压应力,在开始短暂的时间过程内,σ_{rr} 达到很大的数值,之后随着时间的延长迅速降低;环向应力 $\sigma_{\varphi\varphi}$ 在半径为 r_1 的圆环上等于零,在该圆环以内 $\sigma_{\varphi\varphi}$ 为拉应力,在该圆环之外 $\sigma_{\varphi\varphi}$ 为压应力。r_1 随时间 t 的延长而迅速扩大。

需要指出,以上的非定常热应力的分析采用的是拟静态的处理方法,未考虑动力学效应。如果考虑动力学效应,在求解热弹性位移势 Φ 时,还须加上 $\frac{\partial^2\Phi}{\partial t^2}$ 的影响。

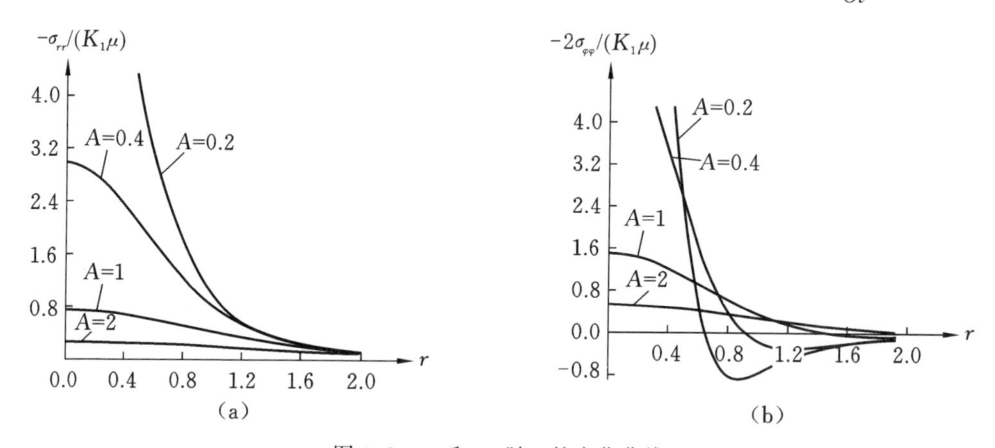

图 3-2 σ_{rr} 和 $\sigma_{\varphi\varphi}$ 随 r 的变化曲线

(a)σ_{rr} 的变化曲线;(b)$\sigma_{\varphi\varphi}$ 的变化曲线

3.2 平面热弹性问题的热应力

3.2.1 笛卡儿坐标系下的解答

平面热弹性问题分为平面应变问题和平面应力问题两类。在平面应变问题中,对于长柱体,不仅沿纵向的外力是均匀分布的,而且沿纵向的温度也是均匀分布的。

这样，以长柱体的任意一个横截面为研究对象，纵向（通常以 z 向表示）位移为零，即 $u_z=0$。应变为

$$\gamma_{xx}=\frac{\partial u_x}{\partial x},\quad \gamma_{yy}=\frac{\partial u_y}{\partial y},\quad \gamma_{xy}=\frac{1}{2}\left(\frac{\partial u_x}{\partial y}+\frac{\partial u_y}{\partial x}\right) \tag{3.52}$$

$$\gamma_{zz}=\gamma_{xz}=\gamma_{yz}=0 \tag{3.53}$$

展开式(1.108)得

$$\left.\begin{aligned}\sigma_{xx}&=\lambda(\gamma_{xx}+\gamma_{yy})+2\mu\gamma_{xx}-\beta\theta\\ \sigma_{yy}&=\lambda(\gamma_{xx}+\gamma_{yy})+2\mu\gamma_{yy}-\beta\theta\\ \sigma_{zz}&=\lambda(\gamma_{xx}+\gamma_{yy})-\beta\theta\\ \sigma_{xy}&=2\mu\gamma_{xy}\\ \sigma_{yz}&=\sigma_{xz}=0\end{aligned}\right\} \tag{3.54}$$

平面应变问题的热弹性方程仍为式(3.3)所示的形式，但 $i=1,2$。因此，引入热弹性位移势 $\Phi(x,y,\theta,t)$ 后，仍可由式(3.18)得到势函数 Φ。由式(3.22)得到应力

$$\left.\begin{aligned}\sigma'_{xx}&=-2\mu\frac{\partial^2\Phi}{\partial y^2}\\ \sigma'_{yy}&=-2\mu\frac{\partial^2\Phi}{\partial x^2}\\ \sigma'_{zz}&=-2\mu\,\nabla^2\Phi\\ \sigma'_{xy}&=2\mu\frac{\partial^2\Phi}{\partial x\partial y}\end{aligned}\right\} \tag{3.55}$$

式中：$\nabla^2=\partial^2/\partial x^2+\partial^2/\partial y^2$。

对于平面应力问题，热弹性位移势的表达式不能由三维的方程(3.11)直接得出。设 $\Psi=\Psi(x,y,\theta,t)$ 为平面应力问题中的热弹性位移势，它与位移之间有以下关系：

$$u'_x=\frac{\partial\Psi}{\partial x},\quad u'_y=\frac{\partial\Psi}{\partial y} \tag{3.56}$$

应该指出，$u'_z\neq 0$，它是由 u'_x 和 u'_y 所确定的量。事实上，由 $\sigma'_{zz}=0$ 得

$$\lambda(\gamma'_{xx}+\gamma'_{yy}+\gamma'_{zz})+2\mu\gamma'_{zz}-\beta\theta=0$$

由此式解出

$$\gamma'_{zz}=\frac{\partial u'_z}{\partial z}=\frac{1}{\lambda+2\mu}\left[-\lambda\left(\frac{\partial u'_x}{\partial x}+\frac{\partial u'_y}{\partial y}\right)+\beta\theta\right] \tag{3.57}$$

于是

$$e'=\gamma'_{xx}+\gamma'_{yy}+\gamma'_{zz}=\frac{1-2\nu}{1-\nu}\left(\frac{\partial^2\Psi}{\partial x^2}+\frac{\partial^2\Psi}{\partial y}\right)+\frac{1+\nu}{1+\nu}\alpha\theta \tag{3.58}$$

由式(1.108)得到

$$\left.\begin{aligned}\sigma'_{xx}&=\frac{2\mu}{1-\nu}\left[\frac{\partial^2\Psi}{\partial x^2}+\nu\frac{\partial^2\Psi}{\partial y^2}-(1+\nu)\alpha\theta\right]\\ \sigma'_{yy}&=\frac{2\mu}{1-\nu}\left[\frac{\partial^2\Psi}{\partial y^2}+\nu\frac{\partial^2\Psi}{\partial x^2}-(1+\nu)\alpha\theta\right]\\ \sigma'_{xy}&=2\mu\frac{\partial^2\Psi}{\partial x\partial y}\end{aligned}\right\}\tag{3.59}$$

将以上应力代入用工程应力表达的质点动力方程：

$$\rho_0\frac{Dv_j}{Dt}=\rho_0 f_j+\frac{\partial\sigma_{kj}}{\partial x_k}\qquad(i,j=1,2,3)\tag{3.60}$$

略去体力 f_j 和动力项，得到以下用热弹性位移势 Ψ 表示的热弹性方程：

$$\left.\begin{aligned}\frac{\partial}{\partial x}(\nabla^2\Psi)&=(1+\nu)\alpha\frac{\partial\theta}{\partial x}\\ \frac{\partial}{\partial y}(\nabla^2\Psi)&=(1+\nu)\alpha\frac{\partial\theta}{\partial y}\end{aligned}\right\}\tag{3.61}$$

积分后取积分函数为零，得

$$\nabla^2\Psi=(1+\nu)\alpha\theta\tag{3.62}$$

式中：$\nabla^2=\partial^2/\partial x^2+\partial^2/\partial y^2$。这个表达式与式(3.11)的区别，仅在于方程右端 θ 前的系数不同。因此，仿照 Φ 的求解步骤，得

$$\Psi=(1+\nu)\alpha k_{\mathrm{d}}\int_0^t\theta\,\mathrm{d}t+t\Psi_1+\Psi_0\tag{3.63}$$

式中：Ψ_0 是 $t=0$ 时的 Ψ 值，且$\nabla^2\Psi_0=0$；同时有$\nabla^2\Psi_1=0$。

将式(3.62)代入平面应力问题的应力表达式(3.59)中，得到

$$\left.\begin{aligned}\sigma'_{xx}&=-2\mu\frac{\partial^2\Psi}{\partial y^2}\\ \sigma'_{yy}&=-2\mu\frac{\partial^2\Psi}{\partial x^2}\\ \sigma'_{xy}&=2\mu\frac{\partial^2\Psi}{\partial x\partial y}\end{aligned}\right\}\tag{3.64}$$

由此得到的应力是热弹性方程中对应于温度场 θ 的特解，也就是对应于式(3.5)中的 u'_i。

对于平面问题，无论是求解平面应变还是平面应力，尚需求出对应于 u''_i 的应力 σ''_i，而 σ''_i 完全可以应用弹性力学的方法来得到，并且使

$$\sigma_{ij}=\sigma'_{ij}+\sigma''_{ij}\tag{3.65}$$

满足外力边界条件。

采用 Airy 应力函数方法，因为 $F=F(x,y)$ 为双调和函数，有

$$\nabla^4F=0\tag{3.66}$$

在平面应变问题中,给出 Airy 应力函数 F,则有

$$\sigma''_{xx}=\frac{\partial^2 F}{\partial y^2},\quad \sigma''_{yy}=\frac{\partial^2 F}{\partial x^2},\quad \sigma''_{xy}=\frac{\partial^2 F}{\partial x\partial y} \tag{3.67}$$

以及

$$\sigma''_{zz}=\nu\,\nabla^2 F \tag{3.68}$$

因而,热应力的表达式为

$$\left.\begin{aligned}
\sigma_{xx}&=\frac{\partial^2}{\partial y^2}(-2\mu\Phi+F)\\
\sigma_{yy}&=\frac{\partial^2}{\partial x^2}(-2\mu\Phi+F)\\
\sigma_{zz}&=\nabla^2(-2\mu\Phi+\nu F)\\
\sigma_{xy}&=\frac{\partial^2}{\partial x\partial y}(2\mu\Phi-F)
\end{aligned}\right\} \tag{3.69}$$

这些应力分量必须满足给定的边界条件。

对于平面应力问题,给出 Airy 应力函数 F 后有

$$\sigma''_{xx}=\frac{\partial^2 F}{\partial y^2},\quad \sigma''_{xx}=\frac{\partial^2 F}{\partial x^2},\quad \sigma''_{xy}=-\frac{\partial^2 F}{\partial x\partial y} \tag{3.70}$$

因此,热应力的表达式为

$$\left.\begin{aligned}
\sigma_{xx}&=\frac{\partial^2}{\partial y^2}(-2\mu\Psi+F)\\
\sigma_{yy}&=\frac{\partial^2}{\partial x^2}(-2\mu\Psi+F)\\
\sigma_{xy}&=\frac{\partial^2}{\partial x\partial y}(2\mu\Psi-F)
\end{aligned}\right\} \tag{3.71}$$

同样,它们必须满足给定的边界条件。

3.2.2 极坐标系下的解答

在极坐标系下求解热弹性平面应变问题时,平面应变问题可以通过在式(3.23)至式(3.32)中略去坐标 z 而直接简化:

$$u'_r=\frac{\partial\Phi}{\partial r},\quad u'_\varphi=\frac{1}{r}\frac{\partial\Phi}{\partial\varphi} \tag{3.72}$$

且

$$\nabla^2=\frac{\partial^2}{\partial r^2}+\frac{1}{r}\frac{\partial}{\partial r}+\frac{1}{r^2}\frac{\partial^2}{\partial\varphi} \tag{3.73}$$

由此 $e=\gamma'_{rr}+\gamma'_{\varphi\varphi}=\nabla^2\Phi$。

热弹性方程用热弹性位移势表示为

$$\nabla^2\Phi=\frac{1+\nu}{1-\nu}\alpha\theta \tag{3.74}$$

解出 Φ 后可由式(3.32)给出 σ'_{rr}、$\sigma'_{\varphi\varphi}$、$\sigma'_{r\varphi}$ 以及 σ'_{zz}，即

$$\left.\begin{aligned}&\sigma'_{rr}=-2\mu\left(\frac{1}{r}\frac{\partial\Phi}{\partial r}+\frac{1}{r^2}\frac{\partial^2\Phi}{\partial\varphi^2}\right),\quad \sigma'_{\varphi\varphi}=-2\mu\ \frac{\partial^2\Phi}{\partial r^2}\\&\sigma'_{r\varphi}=2\mu\ \frac{\partial}{\partial r}\left(\frac{1}{r}\frac{\partial\Phi}{\partial\varphi}\right),\quad \sigma'_{zz}=-2\mu\ \nabla^2\Phi\end{aligned}\right\}\tag{3.75}$$

对于平面应力问题，有

$$u'_r=\frac{\partial\Psi}{\partial r},\quad u'_\varphi=\frac{1}{r}\frac{\partial\Psi}{\partial\varphi}\tag{3.76}$$

式中：φ 为热弹性位移势。u'_z 可由 $\sigma'_z=0$ 得出。由应力、应变、温度的本构方程：

$$\sigma'_{zz}=2\mu\gamma'_{zz}+\lambda(\gamma'_{rr}+\gamma'_{\varphi\varphi}+\gamma'_{zz})-\beta\theta=0$$

得

$$\gamma'_{zz}=\frac{\partial u'_z}{\partial z}=\frac{1}{\lambda+2\mu}\left[-\lambda\left(\frac{\partial^2\Psi}{\partial r^2}+\frac{1}{r}\frac{\partial\Psi}{\partial r}+\frac{1}{r^2}\frac{\partial^2\Psi}{\partial\varphi^2}\right)+\beta\theta\right]\tag{3.77}$$

所以

$$e=\gamma'_{rr}+\gamma'_{\varphi\varphi}+\gamma'_{zz}=\frac{1-2\nu}{1-\nu}\left(\frac{\partial^2\Psi}{\partial r^2}+\frac{1}{r}\frac{\partial\Psi}{\partial r}+\frac{1}{r^2}\frac{\partial^2\Psi}{\partial\varphi^2}\right)+\frac{1+\nu}{1-\nu}\alpha\theta\tag{3.78}$$

与笛卡儿坐标系下的平面应力问题一样，由应力、应变、温度的本构方程可得出 σ'_{rr}、$\sigma'_{\varphi\varphi}$ 和 $\sigma'_{r\varphi}$ 的表达式：

$$\begin{aligned}&\sigma'_{rr}=\frac{2\mu}{1-\nu}\left[\frac{\partial^2\Psi}{\partial r^2}+\nu\left(\frac{1}{r}\frac{\partial\Psi}{\partial r}+\frac{1}{r^2}\frac{\partial^2\Psi}{\partial\varphi^2}\right)-(1+\nu)\alpha\theta\right]\\&\sigma'_{\varphi\varphi}=\frac{2\mu}{1-\nu}\left[\left(\frac{1}{r}\frac{\partial\Psi}{\partial r}+\frac{1}{r^2}\frac{\partial^2\Psi}{\partial\Phi^2}\right)+\nu\ \frac{\partial^2\Psi}{\partial r^2}-(1+\nu)\alpha\theta\right]\\&\sigma'_{r\varphi}=2\mu\gamma_{r\varphi}=2\mu\left(\frac{1}{r}\frac{\partial^2\Psi}{\partial\varphi\partial r}-\frac{1}{r^2}\frac{\partial\Psi}{\partial\varphi}\right)\end{aligned}\tag{3.79}$$

由略去体力的平衡方程

$$\left.\begin{aligned}&\frac{\partial\sigma'_{rr}}{\partial r}+\frac{1}{r}\frac{\partial\sigma'_{r\varphi}}{\partial\varphi}+\frac{\sigma'_{rr}-\sigma'_{\varphi\varphi}}{r}=0\\&\frac{\partial\sigma'_{r\varphi}}{\partial r}+\frac{1}{r}\frac{\partial\sigma'_{\varphi\varphi}}{\partial\varphi}+\frac{2\sigma'_{r\varphi}}{r}=0\end{aligned}\right\}\tag{3.80}$$

得

$$\left.\begin{aligned}&\frac{\partial}{\partial\varphi}\left[\nabla^2\Psi-(1+\nu)\alpha\theta\right]=0\\&\frac{\partial}{\partial r}\left[\nabla^2\Psi-(1+\nu)\alpha\theta\right]=0\end{aligned}\right\}\tag{3.81}$$

积分后，考虑到求 Ψ 的特解而略去积分函数，得

$$\nabla^2\Psi=(1+\nu)\alpha\theta\tag{3.82}$$

式中∇^2由式(3.73)定义。解出Ψ后，由式(3.79)和式(3.82)得

$$\left.\begin{aligned}\sigma'_{rr}&=-2\mu\left(\frac{1}{r}\frac{\partial\Psi}{\partial r}+\frac{1}{r^2}\frac{\partial\Psi}{\partial\varphi^2}\right)\\ \sigma'_{\varphi\varphi}&=-2\mu\frac{\partial^2\Psi}{\partial r^2}\\ \sigma'_{r\varphi}&=2\mu\frac{\partial}{\partial r}\left(\frac{1}{r}\frac{\partial\Psi}{\partial\varphi}\right)\end{aligned}\right\}\tag{3.83}$$

和笛卡儿坐标系中的平面问题一样，取 Airy 应力函数 F。在极坐标系中 $F=F(r,\varphi)$。按照式(3.83)，$F=F(r,\varphi)$应满足$\nabla^4F=0$。于是，对于平面应变问题，热应力可用以下各方程表示：

$$\left.\begin{aligned}\sigma_{rr}&=\left(\frac{1}{r}\frac{\partial}{\partial r}+\frac{1}{r^2}\frac{\partial^2}{\partial\varphi^2}\right)(F-2\mu\Phi)\\ \sigma_{\varphi\varphi}&=\frac{\partial^2}{\partial r^2}(F-2\mu\Phi)\\ \sigma_{r\varphi}&=-\frac{\partial}{\partial r}\left[\frac{1}{r}\frac{\partial}{\partial\varphi}(F-2\mu\Phi)\right]\\ \sigma_{zz}&=\nabla^2(\nu F-2\mu\Phi)\end{aligned}\right\}\tag{3.84}$$

这些热应力必须满足给定的外力边界条件。

对于平面应力问题，热应力为

$$\left.\begin{aligned}\sigma_{rr}&=\left(\frac{1}{r}\frac{\partial}{\partial r}+\frac{1}{r^2}\frac{\partial^2}{\partial\varphi^2}\right)(F-2\mu\Psi)\\ \sigma_{\varphi\varphi}&=\frac{\partial^2}{\partial r^2}(F-2\mu\Psi)\\ \sigma_{r\varphi}&=-\frac{\partial}{\partial r}\left[\frac{1}{r}\frac{\partial}{\partial\varphi}(F-2\mu\Psi)\right]\end{aligned}\right\}\tag{3.85}$$

当然，这些热应力也必须满足给定的外力边界条件。

例 3.2　设在无限大板上，热流沿$-y$方向流动，如图 3-3 所示。由$-k\dfrac{\partial T}{\partial n}=q_n$(设$q_n$为定常的)，则对板上的热量流动，有

$$-k\frac{\mathrm{d}\theta}{\mathrm{d}y}=-q_y$$

式中：θ为温度；q_y为y方向上的热流量。

以q表示q_y/k，它是一个给定的常数，则有$\dfrac{\mathrm{d}\theta}{\mathrm{d}y}=q$，因此得

$$\theta=qy+A\tag{3.86}$$

式中：A是待定的常数。式(3.86)所表示的温度场不会产生热应力。

如果板上有一个半径为 a 的圆孔,孔的内壁处是绝热的,即边界条件为:

$$\frac{\partial\theta}{\partial r}=0 \quad (\text{在 } r=a \text{ 处})$$

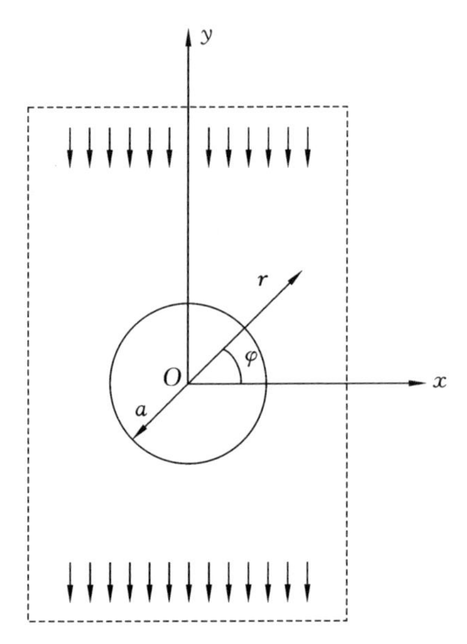

图 3-3 无限大板受沿着 $-y$ 方向的热流作用

那么,热传导方程$\nabla^2\theta=0$ 的解将为

$$\theta=q\left(r+\frac{a^2}{r}\right)\sin\varphi=qy+q\,\frac{a^2}{r}\sin\varphi \tag{3.87}$$

式中已取 $A=0$,这并不影响解的正确性。

在求热应力时,式(3.87)中 qy 部分不产生热应力,因而可略去。对于平面应力问题,热弹性位移势 Ψ 可表示为

$$\nabla^2\Psi=(1+\nu)\alpha q\,\frac{a^2}{r}\sin\varphi \tag{3.88}$$

式中

$$\nabla^2=\frac{\partial^2}{\partial r^2}+\frac{1}{r}\frac{\partial}{\partial r}+\frac{1}{r^2}\frac{\partial^2}{\partial\varphi^2}$$

方程(3.88)的特解 Ψ 等于

$$\Psi=\frac{1+\nu}{2}\alpha q a^2 r\cdot\ln r\cdot\sin\varphi \tag{3.89}$$

由式(3.83)及式(3.89)得

$$
\left.\begin{aligned}
\sigma'_{rr} &= -2\mu\left(\frac{1}{r}\frac{\partial}{\partial r}+\frac{1}{r^2}\frac{\partial^2}{\partial\varphi^2}\right)\Psi = -\frac{E\alpha qa}{2}\cdot\frac{a}{r}\sin\varphi \\
\sigma'_{\varphi\varphi} &= -2\mu\,\frac{\partial\Psi}{\partial r^2} = -\frac{E\alpha qa}{2}\cdot\frac{a}{r}\sin\varphi \\
\sigma'_{r\varphi} &= -2\mu\,\frac{\partial}{\partial r}\left(\frac{1}{r}\frac{\partial\Psi}{\partial\varphi}\right) = \frac{E\alpha qa}{2}\cdot\frac{a}{r}\cos\varphi
\end{aligned}\right\} \tag{3.90}
$$

注意到在圆孔内壁 $r=a$ 处有

$$
\sigma'_{rr} = -\frac{E\alpha qa}{2}\sin\varphi,\quad \sigma'_{r\varphi} = \frac{E\alpha qa}{2}\cos\varphi \tag{3.91}
$$

σ'_{rr}、$\sigma'_{r\varphi}$均不等于零，这与自由边界条件相违背。为此，引入以下的 Airy 应力函数：

$$
F = \frac{1}{4}E\alpha qa\cdot\frac{a^2}{r}\sin\varphi \tag{3.92}
$$

这个函数与式(3.87)略去 qy 项后的结构是相似的，因而它必满足$\nabla^2 F=0$。当然，也必满足$\nabla^4 F=0$。

将这个函数 F 和 Ψ 同时代入式(3.85)，得热应力的表达式为

$$
\left.\begin{aligned}
\sigma_{rr} &= -\frac{E\alpha qa}{2}\left(\frac{a}{r}-\frac{a^3}{r^3}\right)\sin\varphi \\
\sigma_{\varphi\varphi} &= -\frac{E\alpha qa}{2}\left(\frac{a}{r}+\frac{a^3}{r^3}\right)\sin\varphi \\
\sigma_{r\varphi} &= \frac{E\alpha qa}{2}\left(\frac{a}{r}-\frac{a^3}{r^3}\right)\cos\varphi
\end{aligned}\right\} \tag{3.93}
$$

显然，在边界 $r=a$ 处 $\sigma_{rr}=\sigma_{r\varphi}=0$。

图 3-4 给出了 $r=a$ 处的$\sigma_{\varphi\varphi}$的变化曲线$\left(\sigma^*_{\varphi\varphi}=\dfrac{\sigma_{\varphi\varphi}}{E\alpha qa/2}\right)$。由该图可知，最大的环向热应力出现在 $\varphi=\pi/2$ 和 $\varphi=3\pi/2$ 处，其中在 $\varphi=3\pi/2$ 处的环向热应力是拉应力，所以当 $\varphi=3\pi/2$ 时结构最易损坏。

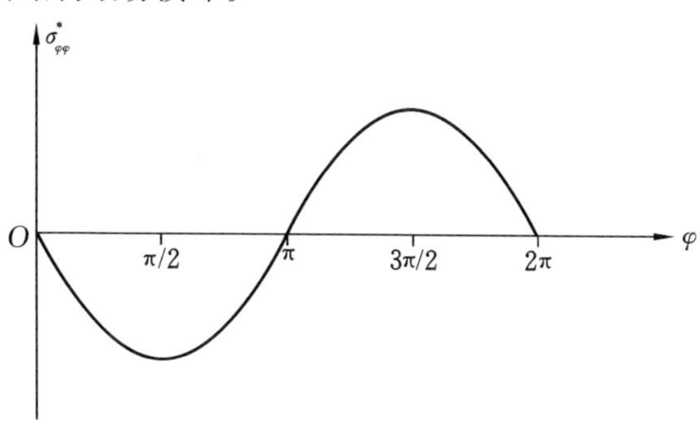

图 3-4　$r=a$ 处的$\sigma_{\varphi\varphi}$的变化曲线

图 3-5 给出了 $\varphi=\pi/2$ 和 $\varphi=3\pi/2$ 时 σ_{rr} 及 $\sigma_{\varphi\varphi}$ 随 r 的变化曲线$\left(\sigma_{rr}^{*}=\dfrac{\sigma_{rr}}{E\alpha qa/2}\right)$。由图可见，$\sigma_{\varphi\varphi}$ 随着 r 的增大而迅速降低，而 σ_{rr} 随着 r 的增大先增大，然后又降低。

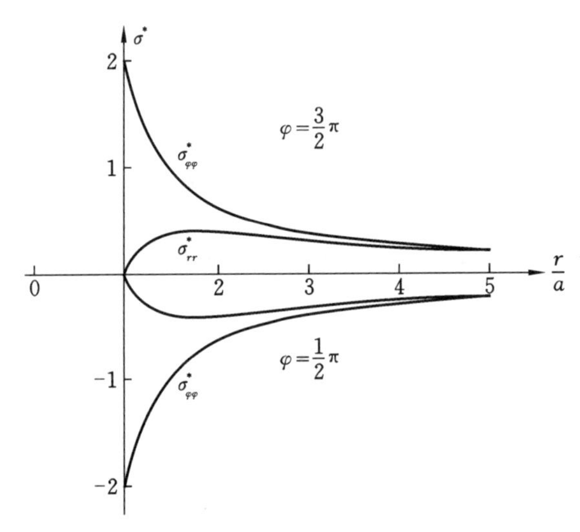

图 3-5　$\varphi=\pi/2$、$3\pi/2$ 时 σ_{rr} 和 $\sigma_{\varphi\varphi}$ 随 r 的变化曲线

例 3.3　在讨论有些热弹性平面问题时，需同时应用笛卡儿坐标和极坐标。本节中讨论的半无限平面内点热源引起的热应力问题就属于这种情况，如图 3-6 所示。

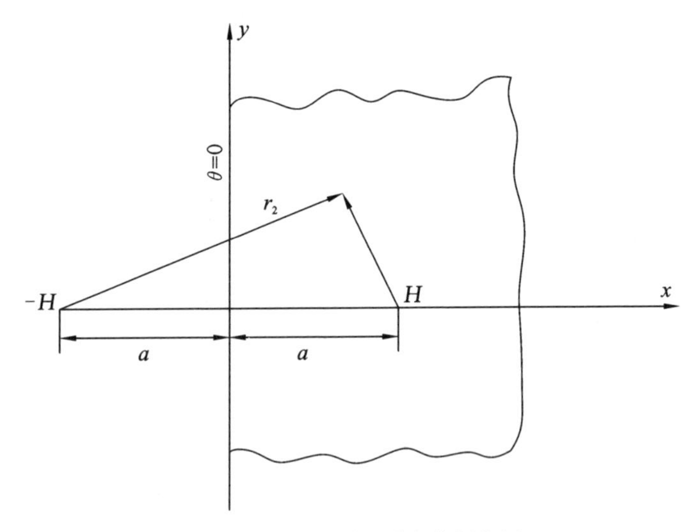

图 3-6　半无限平面受点热源作用

点热源引起的热应力在工程中是常见的。例如，焊接时构件的热应力，切削加工时工件和刀具的热应力，等等。本节中所讨论的是点热源引起热应力的一种典型

情况，它的分析方法有一定的代表性。

设半平面内的点$(a,0)$上有一个定常的点热源，它的热流量以 H 表示。如果半平面沿 z 方向的厚度很大，则对应的热弹性问题可视为平面应变问题。H 是沿 z 方向的单位长度上的热流量，它的单位可以取 W/m；如果半平面为平板，沿 z 方向的厚度为 s，则对应的热弹性问题可视为平面应力问题，H 的单位可取 W。沿 z 方向单位长度的热流量为 H/s。

设在半平面边界$(x=0)$上 $\theta=0$(即 $x=0$ 时 $\theta=0$)，这是热传导问题的边界条件之一。另一个边界条件是 $r\to\infty$时 $\theta=0$，此处 r 表示平面上任一点到热源 H 的距离。

点热源在平面内的分布可以用 δ 函数来表示。热传导方程用极坐标表示时，点热源可表示为

$$\rho r_q=\frac{H}{s}\delta(r_1)\cdot\delta(r_1) \tag{3.94}$$

此处 r_1 仍表示平面上任一点到热源 H 的距离。注意到 δ 函数是赫维塞德(Heaviside)阶梯函数 $H(r_1)$的导数。$H(r_1)$是没有量纲的，而 r_1 的量纲是长度。因此有

$$[\delta(r_1)]=\left[\frac{\mathrm{d}H(r_1)}{\mathrm{d}r_1}\right]=\left[\frac{1}{长度}\right] \tag{3.95}$$

这样，在式(3.94)右端加上乘积 $\delta(r_1)\cdot\delta(r_1)$，可使等式的两端具有相同的量纲，同时也表达了热源只位于一点的分布特征。

于是，热传导方程可写成

$$\frac{\mathrm{d}^2\theta}{\mathrm{d}r_1^2}+\frac{1}{r}\frac{\mathrm{d}\theta}{\mathrm{d}r_1}=-\frac{H}{sk}\delta(r_1)\cdot\delta(r_1) \tag{3.96}$$

由此可得出温度场表达式：

$$\theta(r_1)=-C\ln r_1=C\ln\left(\frac{1}{r_1}\right)\qquad(r\neq0) \tag{3.97}$$

式中：C 为待定系数。

这个解不能满足边界条件：$x=0$ 处(即 $r_1=\sqrt{(-a)^2+y^2}$ 处)$\theta_1=0$。为此，设想将半平面扩展成全平面，且在点热源的对称点$(-a,0)$处假想施加一个吸收热量 H 的点。这个点称为热汇，或者说它是一个负的点热源。

以 r_2 表示平面上任一点到热汇的距离(见图 3-6)，则有：

$$\rho r_q=-\frac{H}{s}\delta(r_2)\cdot\delta(r_2) \tag{3.98}$$

热传导方程为

$$\frac{\mathrm{d}^2\theta}{\mathrm{d}r_2^2}+\frac{1}{r_2}\frac{\mathrm{d}\theta}{\mathrm{d}r_2}=\frac{H}{sk}\delta(r_2)\cdot\delta(r_2) \tag{3.99}$$

该方程的解为

$$\theta_2(r_2)=C\ln r_2 \tag{3.100}$$

所以，半无限平面内点热源产生的温度场 θ 可以表示成

$$\theta=\theta_1+\theta_2=C\ln\left(\frac{r_2}{r_1}\right) \tag{3.101}$$

这个解满足了全部边界条件：

(1) $x=0$ 处有 $r_1=r_2$，由此得 $\theta=0$；

(2) $r_1\to\infty$ 处有 $r_2\to\infty$，所以仍可得 $\theta=0$。

剩下的问题是确定常数 C。应用傅里叶定律，在平面上沿曲线法线方向的热流密度为 $q_n=-k\dfrac{\partial T}{\partial n}$，所以在点热源周围的圆周上有

$$q_n=\frac{H}{s\cdot 2\pi r}=-k\frac{\partial\theta}{\partial r}$$

将式(3.101)代入后得

$$\frac{H}{2\pi rs}=kC\cdot\frac{1}{r}$$

即

$$C=\frac{H}{2\pi ks} \tag{3.102}$$

由此，式(3.101)可写成

$$\theta=\frac{H}{2\pi ks}\ln\left(\frac{r_2}{r_1}\right) \tag{3.103}$$

这就是点热源产生的温度场的极坐标表达式。

下面应用式(3.62)求解热应力。将式(3.103)代入式(3.62)，可得

$$\nabla^2\Psi=(1+\nu)\alpha\frac{H}{2\pi ks}\ln\left(\frac{r_2}{r_1}\right) \tag{3.104}$$

方程(3.104)的特解可以取为

$$\Psi=(1+\nu)\alpha\cdot\frac{H}{8\pi ks}\left[r_2^2(\ln r_2-1)-r_1^2(\ln r_1-1)\right] \tag{3.105}$$

由于半平面上任一点(x,y)对应的 r_1 和 r_2 的计算式分别为

$$r_1=\sqrt{(x-a)^2+y^2},\quad r_2=\sqrt{(x+a)^2+y^2} \tag{3.106}$$

因此可以算出 $\partial r_1/\partial x$、$\partial r_1/\partial y$、$\partial r_2/\partial x$ 和 $\partial r_2/\partial y$。由 Ψ 的表达式(3.105)并应用复合导数，根据式(3.64)得到

$$\left.\begin{aligned}
\sigma'_{xx}&=-2\mu\frac{\partial^2\Psi}{\partial y^2}=-(1+\nu)\alpha\mu\cdot\frac{H}{2\pi ks}\left[\ln\frac{r_2}{r_1}+y^2\left(\frac{1}{r_2^2}-\frac{1}{r_1^2}\right)\right]\\
\sigma'_{yy}&=-2\mu\frac{\partial^2\Psi}{\partial x^2}=-(1+\nu)\alpha\mu\cdot\frac{H}{2\pi ks}\left[\ln\frac{r_2}{r_1}+\frac{(x+a)^2}{r_2^2}-\frac{(x-a)^2}{r_1^2}\right]\\
\sigma'_{xy}&=-2\mu\frac{\partial^2\Psi}{\partial x\partial y}=(1+\nu)\alpha\mu\cdot\frac{H}{2\pi ks}\left(\frac{x+a}{r_2^2}-\frac{x+a}{r_1^2}\right)y
\end{aligned}\right\} \tag{3.107}$$

这组结果不能使边界面成为自由表面。将 $x=0$ 代入式(3.107)后得

$$\left.\begin{aligned}&\sigma'_{xx}=0\\&\sigma'_{xy}=(1+\nu)\alpha\mu\cdot\frac{H}{2\pi ks}\cdot\frac{2ay}{a^2+y^2}\end{aligned}\right\}\tag{3.108}$$

为此需引入适当的 Airy 应力函数 F，使 $x=0$ 的边界面除了保持 $\sigma'_{xx}=0$ 外，还保持 $\sigma'_{xy}=0$。应力函数 F 可以取为

$$F=(1+\nu)\alpha\mu\cdot\frac{H}{2\pi ks}\cdot 2\alpha x\ln r_2\tag{3.109}$$

它对应的 σ''_{xy} 和 σ''_{xx} 分别等于

$$\left.\begin{aligned}&\sigma''_{xy}=\frac{\partial^2F}{\partial x\partial y}=-(1+\nu)\alpha\mu\cdot\frac{H}{2\pi ks}\cdot 2ay\cdot\frac{a^2-x^2+y^2}{r_2^4}\\&\sigma''_{xx}=\frac{\partial^2F}{\partial y^2}=(1+\nu)\alpha\mu\cdot\frac{H}{2\pi ks}\cdot 2ax\cdot\frac{(x+a)^2-y^2}{a^2+y^2}\end{aligned}\right\}\tag{3.110}$$

将 $x=0$ 代入式(3.110)得

$$\left.\begin{aligned}&\sigma''_{xy}=-(1+\nu)\alpha\mu\cdot\frac{H}{2\pi ks}\cdot\frac{2ay}{a^2+y^2}\\&\sigma''_{xx}=0\end{aligned}\right\}\tag{3.111}$$

由此可见，应力函数 F 满足了 $x=0$ 的边界成为自由表面的要求，即$\sigma_x\big|_{x=0}=0$ 及 $\sigma_{xy}\big|_{x=0}=0$。

于是，得到半无限平面内点热源引起的热应力的表达式：

$$\left.\begin{aligned}&\sigma_{xx}=(1+\nu)\alpha\mu\cdot\frac{H}{2\pi ks}\left[2\alpha x\cdot\frac{(x+a)^2-y^2}{r_2^4}-\ln\frac{r_2}{r_1}-y^2\left(\frac{1}{r_2^2}-\frac{1}{r_1^2}\right)\right]\\&\sigma_{yy}=(1+\nu)\alpha\mu\cdot\frac{H}{2\pi ks}\left[2\alpha\cdot\frac{r_2^2(x+2a)+2xy^2}{r_2^4}-\ln\frac{r_2}{r_1}-\frac{(x+a)^2}{r_2^2}+\frac{(x-a)^2}{r_1^2}\right]\\&\sigma_{xy}=(1+\nu)\alpha\mu\cdot\frac{H}{2\pi ks}\left(\frac{x+a}{r_2^2}+\frac{x-a}{r_1^2}-2a\cdot\frac{a^2-x^2+y^2}{r_2^4}\right)y\end{aligned}\right\}\tag{3.112}$$

以上所讨论的是平面应力情况下的热应力。对于平面应变情况也可以用类似的方法求解。还需要指出，在热应力的计算过程中，略去了热源附近的热塑性区，而只考虑了弹性体的热应力。

第4章　动态热应力

4.1　理论基础

对于非定常的温度场，位移 $u_i(i=1,2,3)$将是非定常的。对应的热弹性方程可写成

$$\nabla^2 u_i + \frac{1}{1-2\nu} e_{,i} - \frac{\rho}{\mu}\ddot{u}_i = 2\,\frac{1+\nu}{1-2\nu}\alpha\theta_{,i} \quad (i=1,2,3) \tag{4.1}$$

当温度场随时间的变化比较缓慢时，位移 u_i 随时间的变化也将是缓慢的。这样，在以上的方程中可以略去动力项 $\frac{\rho}{\mu}\ddot{u}_i$，然后解出拟静态的热应力。如果温度场的变化比较剧烈，动力项 $\frac{\rho}{\mu}\ddot{u}_i$ 将对问题的解产生一定的影响。在保留动力项的情况下解出的热应力称为动态热应力。

通常在以下两种情况下会产生变化比较剧烈的温度场：①在热弹性体的边界面上急剧地加热，或者使具有一定温度的热弹性体的边界面急剧地冷却(例如金属零件的淬火)，这样就在开始的一段时间内造成温度场的急剧变化；②在热弹性体内部某点或某个区域上持续地施加以高热(例如金属板上的点焊)，这样也会造成在一定范围内温度场急剧变化。

值得指出的是，除了温度场的变化外，热弹性体同时还受到机械冲击的作用，这时，无论温度场随时间的变化是否剧烈，均需考虑动力项的影响。因此，解出的热应力是动态热应力。

急剧地加热或冷却使热弹性体上产生剧烈的温度变化，并相应地产生非定常的热应力。这种热应力在数值上是巨大的，它出现于短促的时间间隔内，因而带有冲击性特征。将热弹性体因急剧的加热或冷却而产生剧烈温度变化的现象称为热冲击。对于脆性材料，因热冲击而产生的巨大热应力可能达到材料的破坏应力，从而使材料破裂。

在研究热冲击问题时，显然应该考虑热应力的动力特性，即考虑动力项的影响，解出动态热应力。同时，当分析急剧的加热或冷却过程时，在热传导方程($k\,\nabla^2 T = c_V\dot{T} + T_0\beta\dot{\gamma}_{ii}$，式中已略去了内热源项 $\rho_0 r$)中，尚需考虑耦合项 $T_0\beta\dot{\gamma}_{ii}$ 对温度场的分布和变化率的影响。由于 $\dot{\gamma}_{ii}=\dot{u}_{i,i}$ 是热弹性方程中待定的函数，因此在热冲击问题中需要在给定的边界条件和初始条件下对热传导方程和热弹性方程进行耦合求解。

这就是说，对于热冲击问题的严格求解，既要考虑动力项的影响又要考虑耦合项的影响，从而增加了求解的数学困难。

从工程应用的角度来看，具有重要意义的是耦合项对问题的解产生影响的大小，或者说，不考虑耦合项将会出现的误差的大小。

求解动态热应力和热冲击问题时常使用拉普拉斯变换法，至于能否解出，则取决于逆变换是否存在。近年来，则开始应用数值计算的有限元法。

4.2　热冲击下平面热弹性问题中的动态热应力

如图 4-1 所示，设板的厚度为 $2b$，初始温度为 T_0，周围介质温度与 T_0 之差为 T_A。以 θ 表示板的温差，即 $\theta = T - T_0$。

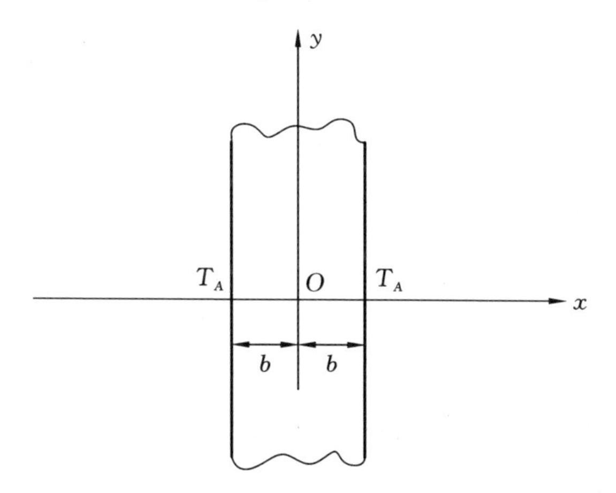

图 4-1　板结构受热冲击作用

为实现热传导方程及边界条件的无量纲化处理，引入以下各量：

$$X = \frac{x}{b}, \quad Y = \frac{y}{b}, \quad Z = \frac{z}{b}, \quad \eta = \frac{\theta}{T_A}, \quad \tau = t\frac{k_d}{b^2}, \quad H = hb \tag{4.2}$$

它们分别与 x、y、z、θ、t、h 等各物理量对应，并且是无量纲的。于是，经无量纲化处理后的热传导方程、初始条件和边界条件可以分别表示如下：

$$\frac{\partial^2 \eta}{\partial X^2} = \frac{\partial \eta}{\partial \tau} \tag{4.3}$$

$$\eta(X, 0) = 0 \tag{4.4}$$

$$\left.\frac{\partial \eta}{\partial X}\right|_{X=\pm 1} = \mp H\left[\eta(\pm 1, \tau) - 1\right] \tag{4.5}$$

对以上方程进行拉普拉斯变换，则包含初始条件的热传导方程为

$$\frac{d^2 \bar{\eta}}{dX^2} - s\,\bar{\eta} = 0 \tag{4.6}$$

边界条件为

$$\left.\frac{\mathrm{d}\bar{\eta}}{\mathrm{d}X}\right|_{X=\pm 1}=\mp H\left[\bar{\eta}(\pm 1,s)-\frac{1}{s}\right] \tag{4.7}$$

方程的解 $\bar{\eta}$ 为

$$\bar{\eta}=C_1\mathrm{e}^{\sqrt{s}X}+C_2\mathrm{e}^{-\sqrt{s}X} \tag{4.8}$$

将边界条件代入式(4.8)得

$$\left.\begin{aligned}C_1\mathrm{e}^{\sqrt{s}}(\sqrt{s}+H)=C_2\mathrm{e}^{-\sqrt{s}}(\sqrt{s}-H)-\frac{H}{s}\\C_1\mathrm{e}^{-\sqrt{s}}(\sqrt{s}-H)=C_2\mathrm{e}^{\sqrt{s}}(\sqrt{s}+H)-\frac{H}{s}\end{aligned}\right\} \tag{4.9}$$

解出积分常数 C_1 和 C_2，即

$$C_1=C_2=-\frac{H}{s}\cdot\frac{1}{\sqrt{s}\cdot(\mathrm{e}^{-\sqrt{s}}-\mathrm{e}^{\sqrt{s}})-H\mathrm{e}^{-\sqrt{s}}} \tag{4.10}$$

故有

$$\begin{aligned}\bar{\eta}(X,s)&=\frac{H}{s}\cdot\frac{\mathrm{e}^{\sqrt{s}X}+\mathrm{e}^{-\sqrt{s}X}}{\sqrt{s}(\mathrm{e}^{\sqrt{s}}-\mathrm{e}^{-\sqrt{s}})+H(\mathrm{e}^{\sqrt{s}}+\mathrm{e}^{-\sqrt{s}})}\\&=\frac{H}{s}\cdot\frac{\cosh(\sqrt{s}X)}{\sqrt{s}\sinh\sqrt{s}+H\cosh\sqrt{s}}\end{aligned} \tag{4.11}$$

对 $\bar{\eta}(X,s)$进行逆变换，由

$$f(t)=L^{-1}[\bar{f}(s)]=\frac{1}{2\pi\mathrm{i}}\int_{y-\mathrm{i}\infty}^{y+\mathrm{i}\infty}\mathrm{e}^{st}\bar{f}(s)\mathrm{d}s$$

知

$$\eta(X,\tau)=\frac{1}{2\pi\mathrm{i}}\int_{y-\mathrm{i}\infty}^{y+\mathrm{i}\infty}\mathrm{e}^{st}\bar{\eta}(X,s)\mathrm{d}s$$

将被积函数 $\mathrm{e}^{st}\bar{\eta}(X,s)$视为 $\bar{f}(s)$和 $\bar{g}(X,s)$的积，即

$$\bar{f}(s)=\frac{1}{s} \tag{4.12a}$$

$$\bar{g}(X,s)=\frac{H\mathrm{e}^{st}\cosh(\sqrt{s}X)}{\sqrt{s}\sinh\sqrt{s}+H\cosh\sqrt{s}} \tag{4.12b}$$

然后，应用留数定理和留数的计算式

$$\sum_{k=1}^{m}\mathrm{Res}(a_k)=\sum_{k=1}^{m}\frac{N(a_k)}{d_k\ [\mathrm{d}M(s)/\mathrm{d}s]_{s=a_k}}$$

以及卷积的拉普拉斯变换式

$$L[f*g]=\bar{f}(s)\bar{g}(s)$$

即可求得 $\eta(X,\tau)$。

其中留数定理可以表述为：设在复平面 s 上，函数 $f(s)$除有限个奇点 $a_1,a_2,\cdots,$

a_m 外是解析的，则以上积分可推广成

$$\int_l f(s)\mathrm{d}s = 2\pi \mathrm{i}\sum_{k=1}^{m}\mathrm{Res}(a_k)$$

注意到在式(4.12b)中，当$\sqrt{s}$为实数时，无论取$\sqrt{s}$为何值，$\bar{g}(X,s)$的分母

$$M(s)=\sqrt{s}\sinh\sqrt{s}+H\cosh\sqrt{s}$$

均不可能等于零。如果取$\sqrt{s}$为虚数，即$\sqrt{s}=\mathrm{i}\omega$，那么由于

$$\left.\begin{aligned}\cosh\sqrt{s}&=\cosh\tau\omega=\cos\omega\\ \sinh\sqrt{s}&=\sinh\tau\omega=\mathrm{i}\sin\omega\end{aligned}\right\}\tag{4.13}$$

可以有无数个 $\omega_n(n=1,2,\cdots,\infty)$使 $M(s)$等于零。或者说 ω_n 是方程

$$M(s)=-\omega_n\sin\omega_n+H\cos\omega_n=0\tag{4.14}$$

的解。式(4.14)也可写成

$$\omega_n\tan\omega_n=H\tag{4.15}$$

由于前述留数的计算式中

$$N(a_k)=H\mathrm{e}^{-\omega_n^2\tau}\cos(\omega_n X)=\omega_n\tan\omega_n\cdot\mathrm{e}^{-\omega_n^2\tau}\cos(\omega_n X)\tag{4.16}$$

$$[\mathrm{d}M(s)/\mathrm{d}s]_{s=a_k}=\frac{1}{2\omega_n}\left[\frac{\omega_n+\sin\omega_n\cos\omega_n}{\cos\omega_n}\right]\tag{4.17}$$

所以

$$g(X,\tau)=\sum_{n=1}^{\infty}\frac{2\omega_n^2\sin\omega_n\cdot\mathrm{e}^{-\omega_n^2\tau}\cos(\omega_n X)}{\omega_n+\sin\omega_n\cos\omega_n}\tag{4.18}$$

在动态热应力问题的求解中，最重要的一步是将变换后解出的函数(即象函数)从拉普拉斯变量 s 的区域变换到实际的时间变量 t 的区域内。为了简化这一演算过程，许多文献将一些函数的拉普拉斯变换式列成了表格。由拉普拉斯变换，得

$$f(\tau)=1\tag{4.19}$$

应用卷积的变换式 $L[f*g]=\bar{f}(s)\bar{g}(s)$，得到 $\eta(X,\tau)$的表达式如下：

$$\eta(X,\tau)=\sum_{n=1}^{\infty}\frac{2\sin\omega_n\cos(X\omega_n)}{\omega_n+\sin\omega_n\cos\omega_n}\cdot(1-\mathrm{e}^{-\omega_n^2\tau})\tag{4.20}$$

当 $t\to\infty$时，板的温度 T 将趋于介质的温度，并保持稳定，即 $\theta=T_A$ 或 $\eta=1$，因此

$$\sum_{n=1}^{\infty}\frac{2\sin\omega_n\cos(X\omega_n)}{\omega_n+\sin\omega_n\cos\omega_n}=1\tag{4.21}$$

于是，无量纲的温度场 $\eta(X,\tau)$的表达式最后可写成

$$\eta(X,\tau)=\frac{\theta}{T_A}=1-\sum_{n=1}^{\infty}\frac{2\sin\omega_n\cos(X\omega_n)}{\omega_n+\sin\omega_n\cos\omega_n}\cdot\mathrm{e}^{-\omega_n^2\tau}\tag{4.22}$$

下面求板的热应力。

将热弹性运动方程

$$u_{i,jj}+\frac{1}{1-2\nu}u_{j,ji}+\frac{\rho_0}{\mu}f_i-\frac{2(1+\nu)}{1-2\nu}\alpha\theta_{,i}=\frac{\rho_0}{\mu}\ddot{u}\quad(i=1,2,3)$$

用于一维问题,并将弹性波传播速度 $v_e(v_e^2=(\lambda+2\mu)/\rho)$引入,得

$$\frac{\partial^2 u_x}{\partial x^2}-\frac{1}{v_e^2}\frac{\partial^2 u_x}{\partial t^2}=\frac{1+\nu}{1-\nu}\alpha\frac{\partial\theta}{\partial x}\tag{4.23}$$

式中:u_x 是 x 方向的位移;α 是热膨胀系数;ν 是泊松比。

γ_{xx}表示板沿 x 方向的热应变,即 $\gamma_{xx}=u_{x,x}$。同时还应注意到,厚板在受热后,板上各点沿 y 方向有热应变γ_{yy},沿 z 方向有热应变γ_{zz}。以 $\omega_y(x,t)$和 $\omega_z(x,t)$分别表示 y 方向和 z 方向的热应变,由 $E^{ijmn}u_{m,ni}+\rho_0 f_i-\beta_{ij}\theta_{,i}=\rho_0\ddot{u}_j$ 得到

$$\sigma_{xx}=\frac{(1-\nu)E}{(1+\nu)(1-2\nu)}\gamma_{xx}+\frac{\nu E}{(1+\nu)(1-2\nu)}(w_y+w_z)-\alpha\cdot\frac{E}{1-2\nu}\theta\tag{4.24}$$

对位移、应力做无量纲化处理,取

$$\sigma_1=\sigma_{xx}\cdot\frac{1}{E\left(\frac{\alpha T_A}{1-\nu}\right)},\quad u_1=u_x\cdot\frac{1}{b(1+\nu)\left(\frac{\alpha T_A}{1-\nu}\right)}\tag{4.25}$$

同样,可以得到 y 方向和 z 方向的无量纲热应力 σ_2 和 σ_3。将它们写成矩阵形式,得

$$[\sigma_1\quad\sigma_2\quad\sigma_3]^{\mathrm{T}}=\frac{1}{E\left(\frac{\alpha T_A}{1-\nu}\right)}[\sigma_{xx}\quad\sigma_{yy}\quad\sigma_{zz}]^{\mathrm{T}}\tag{4.26}$$

以 W_y 和 W_z 表示无量纲的 w_y 和 w_z,得

$$[W_y\quad W_z]^{\mathrm{T}}=\frac{1}{(1+\nu)\left(\frac{\alpha T_A}{1-\nu}\right)}[w_y\quad w_z]^{\mathrm{T}}\tag{4.27}$$

于是,无量纲的热应力、热应变关系可表示如下:

$$\sigma_1=\frac{1-\nu}{1-2\nu}\left[u_{1,X}+\frac{\nu}{1-\nu}(W_y+W_z)-\eta\right]\tag{4.28a}$$

$$\sigma_2=\frac{1-\nu}{1-2\nu}\left[W_y+\frac{\nu}{1-\nu}(u_{1,X}+W_z)-\eta\right]\tag{4.28b}$$

$$\sigma_3=\frac{1-\nu}{1-2\nu}\left[W_z+\frac{\nu}{1-\nu}(u_{1,X}+W_y)-\eta\right]\tag{4.28c}$$

式中

$$u_{1,X}=\frac{\partial u_1}{\partial X}$$

以 v 表示无量纲的弹性波速度(取 $v=v_e b/k_d$),则方程(4.23)变形为以下无量纲形式:

$$u_{1,XX}-v^{-2}u_{1,\tau\tau}=\eta_{,X}\tag{4.29}$$

初始条件取为

$$u_1(X,0)=0\tag{4.30a}$$

$$W_y(X,0)=W_z(X,0)=0 \tag{4.30b}$$

对式(4.29)进行拉普拉斯变换，并将式(4.30a)代入，得

$$\bar{u}_{1,XX}-v^{-2}\bar{u}_1=\bar{\eta}_{,X} \tag{4.31}$$

将式(4.11)对 X 取导数，得

$$\bar{\eta}_{,X}=\frac{H}{\sqrt{s}}\cdot\frac{\sinh(\sqrt{s}X)}{\sqrt{s}\sinh\sqrt{s}+H\cosh\sqrt{s}}$$

代入式(4.31)并求解 $\bar{u}_1$，得

$$\bar{u}_1=A\sinh\left(\frac{sX}{v}\right)+\frac{H\sinh(\sqrt{s}X)}{\left(1-\frac{s}{v^2}\right)s\sqrt{s}\left(\sqrt{s}\sinh\sqrt{s}+H\cosh\sqrt{s}\right)} \tag{4.32}$$

式(4.32)中：等号右边第一项为方程(4.31)的齐次解，其中 A 为待定系数；等号右边第二项为方程(4.31)对应于 $\bar{\eta}_{,X}$ 的特解。将式(4.32)对 X 取偏导数，即可得到 $\bar{u}_{1,X}$。对式(4.28)进行拉普拉斯变换，得

$$\bar{\sigma}_1=\frac{1-\nu}{1-2\nu}\left[\bar{u}_{1,X}+\frac{\nu}{1-\nu}(\overline{W}_y+\overline{W}_z)-\bar{\eta}\right] \tag{4.33a}$$

$$\bar{\sigma}_2=\frac{1-\nu}{1-2\nu}\left[\overline{W}_y+\frac{\nu}{1-\nu}(\bar{u}_{1,X}+\overline{W}_z)-\bar{\eta}\right] \tag{4.33b}$$

$$\bar{\sigma}_3=\frac{1-\nu}{1-2\nu}\left[\overline{W}_z+\frac{\nu}{1-\nu}(\bar{u}_{1,X}+\overline{W}_y)-\bar{\eta}\right] \tag{4.33c}$$

将 $\bar{u}_{1,X}$ 及 $\bar{\eta}$ 代入式(4.33a)中，得

$$\bar{\sigma}_1=\frac{1-\nu}{1-2\nu}\left[\frac{s}{v}A\cosh\left(\frac{sX}{v}\right)+\frac{H\cosh(\sqrt{s}X)}{v^2\left(1-\frac{s}{v^2}\right)(\sqrt{s}\sinh\sqrt{s}+H\cosh\sqrt{s})}+\frac{\nu}{1-\nu}(\overline{W}_y+\overline{W}_z)\right] \tag{4.34}$$

同样，可以得到 $\bar{\sigma}_2$ 和 $\bar{\sigma}_3$ 的表达式。在 $\bar{\sigma}_2$ 和 $\bar{\sigma}_3$ 的表达式中有待定的参数 A、$\overline{W}_y$ 和 $\overline{W}_z$。为确定它们，需要给出边界条件。第一个边界条件为

$$\bar{\sigma}_1=0\quad(\text{在 }X=\pm1\text{ 处}) \tag{4.35}$$

对于沿 y 方向和 z 方向的边界条件，可以取不同形式。假定板沿四周的位移不受限制，则有

$$\int_{-1}^{1}\bar{\sigma}_2\mathrm{d}X=0,\qquad\int_{-1}^{1}\bar{\sigma}_3\mathrm{d}X=0 \tag{4.36}$$

由式(4.35)、式(4.36)给出的边界条件即可解出 A、$\overline{W}_y$ 和 $\overline{W}_z$。然后，就可以对 $\bar{u}_1$、$\bar{\sigma}_1$、$\bar{\sigma}_2$ 和 $\bar{\sigma}_3$ 进行逆变换，以解出 u_1、σ_1、σ_2 和 σ_3。

令

$$\alpha_n=\sqrt{\frac{p_n v}{2}}\qquad(n=1,2,\cdots,\infty) \tag{4.37}$$

其中 p_n 可按式(4.38)求得：

$$p_n\cos p_n-\frac{2\nu^2}{1-\nu}\sin p_n=0 \tag{4.38}$$

令

$$E_n=\tanh\alpha_n\cdot\cos\alpha_n+\sin\alpha_n \tag{4.39}$$

$$D_n=\tanh\alpha_n\cdot\cos\alpha_n-\sin\alpha_n \tag{4.40}$$

$$A_n=\alpha_n D_n+H\cos\alpha_n \tag{4.41}$$

$$B_n=\alpha_n E_n+H\tanh\alpha_n\cdot\sin\alpha_n \tag{4.42}$$

$$K_n=\frac{p_n\dfrac{A_n}{\nu}-B_n}{\left(1+\dfrac{p_n^2}{v^2}\right)(A_n^2+B_n^2)\left[p_n^2-\dfrac{2\nu^2}{1-\nu}\left(1-\dfrac{2\nu^2}{1-\nu}\right)\sin p_n\right]} \tag{4.43}$$

$$L_n=K_n\cdot\frac{A_n+B_n\dfrac{p_n}{\nu}}{A_n\dfrac{p_n}{\nu}-B_n} \tag{4.44}$$

$$I_n=\frac{p_n}{\nu}\cos\alpha_n-\frac{\nu}{\alpha_n}\left[E_n\frac{p_n}{\nu}+\frac{1-2\nu}{1-\nu}D_n\right] \tag{4.45}$$

$$G_n=-\frac{p_n}{\nu}\tanh\alpha_n\cdot\sin\alpha_n+\frac{\nu}{\alpha_n}\left[\frac{1-2\nu}{2-\nu}E_n-\frac{p_n}{\nu}D_n\right] \tag{4.46}$$

则 u_1 的最后表达式为

$$\begin{aligned}u_1=&\frac{1+\nu}{1-\nu}X-2\sum_{n=1}^{\infty}\frac{e^{-\omega_n^2\tau}\sin\omega_n}{\left(1+\dfrac{\omega_n^2}{v^2}\right)(\omega_n+\sin\omega_n\cos\omega_n)}\left(\frac{\sin\omega_n X}{\omega_n}\right.\\&+\left\{\frac{\omega_n^2}{v}\cos\omega_n-\left[\frac{2\nu(1-2\nu)}{1-\nu}\cdot v+\frac{2\nu\omega_n^2}{v}\right]\frac{\sin\omega_n}{\omega_n}\right\}\\&\left.\cdot\frac{\sin\dfrac{\omega_n^2}{v}X}{\omega_n^2\left(1-\dfrac{2\nu^2}{1-\nu}\cdot\dfrac{v}{\omega_n^2}\tanh\dfrac{\omega_n^2}{v}\right)\cosh\dfrac{\omega_n^2}{v}}\right)\\&-2H\sum_{n=1}^{\infty}\left[(K_nI_n-L_nG_n)\cos(vp_n\tau)+(K_nG_n+L_nI_n)\sin(vp_n\tau)\right]\sin p_n X\end{aligned} \tag{4.47}$$

热应力 σ_1、σ_2 和 σ_3 的最后表达式分别为

$$\sigma_1=\frac{1-\nu}{1-2\nu}\sum_{n=1}^{\infty}\frac{2\sin\omega_n}{\left(1+\dfrac{\omega_n^2}{v^2}\right)(\omega_n+\sin\omega_n\cos\omega_n)}\cdot\frac{e^{-\omega_n^2\tau}}{\left(1-\dfrac{2\nu^2}{1-\nu}\cdot\tanh\dfrac{\omega_n^2}{v}\cdot\dfrac{v}{\omega_n^2}\right)}$$

$$
\cdot\left\{2\nu\left(\frac{1-2\nu}{1-\nu}+\frac{\omega_n^2}{v^2}\right)\left[\frac{\cosh\left(\frac{\omega_n^2}{v}X\right)}{\cosh\frac{\omega_n^2}{v}}-1\right]\cdot\frac{\sin\omega_n}{\omega_n}+[\cos\omega_n-\cos(\omega_n X)]\right.
$$

$$
\left.\cdot\frac{2\nu^2}{1-\nu}\frac{\tanh\frac{\omega_n^2}{v}}{v}+\left[\cos(\omega_n X)-\frac{\cosh\left(\frac{\omega_n^2}{v}X\right)\cos\omega_n}{\cosh\frac{\omega_n^2}{v}}\right]\frac{\omega_n^2}{v^2}\right\}
$$

$$
+2H\cdot\frac{1-\nu}{1-2\nu}\sum_{n=1}^{\infty}[(K_nI_n-L_nG_n)\cos(vp_n\tau)+(K_nG_n+L_nI_n)\sin(vp_n\tau)]
$$

$$
\cdot[\cos p_n-\cos(p_nX)]p_n \tag{4.48}
$$

$$
\left.\begin{matrix}\sigma_2\\ \sigma_3\end{matrix}\right\}=\frac{1-\nu}{1-2\nu}\sum_{n=1}^{\infty}\frac{2\sin\omega_n}{\left(1+\frac{\omega_n^2}{v^2}\right)(\omega_n+\sin\omega_n\cos\omega_n)}\cdot\frac{e^{-\omega_n^2\tau}}{\left(1-\frac{2\nu^2}{1-\nu}\cdot\tanh\frac{\omega_n^2}{v}\cdot\frac{v}{\omega_n^2}\right)}
$$

$$
\cdot\left\{\left(\frac{1-2\nu}{1-\nu}+\frac{\omega_n^2}{v^2}\right)\left[\frac{2\nu^2}{1-\nu}\frac{\cosh\left(\frac{\omega_n^2}{v}X\right)}{\cosh\frac{\omega_n^2}{v}}-1\right]\cdot\frac{\sin\omega_n}{\omega_n}+[\cos\omega_n-\cos(\omega_nX)]\right.
$$

$$
\cdot\frac{\nu}{1-\nu}\cdot\tanh\frac{\omega_n^2}{v}\cdot\frac{1}{v}+\frac{\omega_n^2}{v^2}\left[\cos(\omega_nX)-\frac{\nu}{1-\nu}\cdot\frac{\cosh(\omega_nX)\cos\omega_n}{\cosh\frac{\omega_n^2}{v}}\right]
$$

$$
\left.+\frac{1-2\nu}{1-\nu}\cdot\left(1-\frac{2\nu^2}{1-\nu}\cdot\tanh\frac{\omega_n^2}{v}\cdot\frac{v}{\omega_n^2}\right)\cos(\omega_nX)\right\}
$$

$$
+2H\cdot\frac{1-\nu}{1-2\nu}\cdot\sum_{n=1}^{\infty}[(K_nI_n-L_nG_n)\cos(vp_n\tau)+(K_nG_n+L_nI_n)\sin(vp_n\tau)]
$$

$$
\cdot[\sin p_n-p_n\cos(p_nX)] \tag{4.49}
$$

为了对 σ_1 和 σ_2 的变化有一个直观的印象，取 $\nu=1/3$，$H=10$，$v=100$，进行数值计算。图 4-2 中四条曲线分别表示 $\tau=0.001$、0.005、0.008、0.01 等瞬时的无量纲动态热应力 σ_1 沿横截面方向的分布情况。由图可知，σ_1 的最大值（压应力）随着时间的增加由表面（$X=\pm1$）迅速向中间（$x=0$）传播。同时可以看出，在板的横截面上的中间点处，动态热应力 σ_1 迅速成为拉应力，并由零值不断增长至最大值，然后又突变为很大的压应力。这种应力的波动情况在 $-1<X<1$ 范围内的各点上均有出现。

图 4-3 中表示了 $\tau=0.001$ 和 $\tau=0.008$ 两个瞬时的动态热应力 σ_2 和 σ_3 沿横截面的分布情况。由图可见，σ_2 和 σ_3 的最大值出现在 $X=\pm1$ 处。此外，σ_2、σ_3 也是波动变化的。

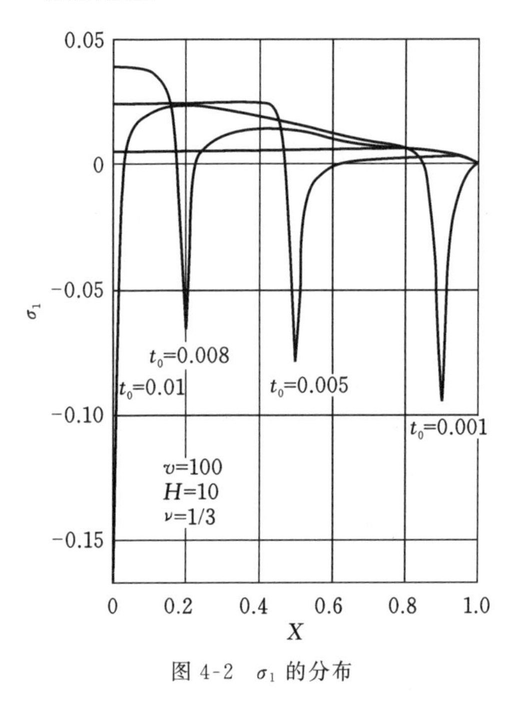

图 4-2　σ_1 的分布

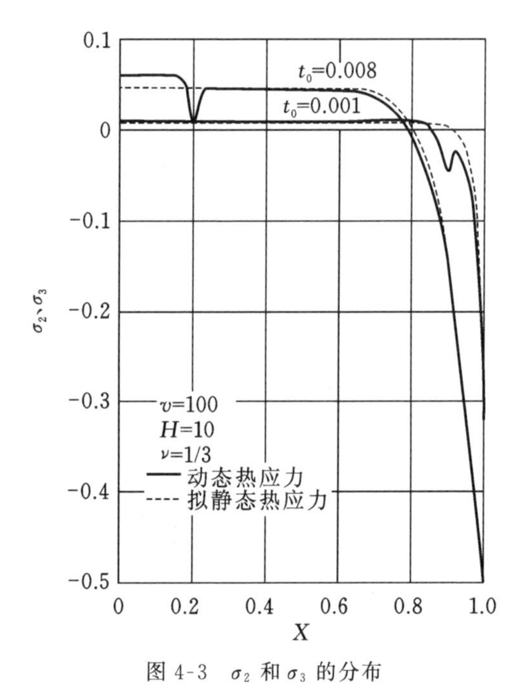

图 4-3　σ_2 和 σ_3 的分布

图 4-4 给出了板的中间点($X=0$)上 σ_2 和 σ_3 随时间的变化情况。这个曲线图表明，沿 y 方向和 z 方向的动态热应力在拟静态热应力值的基础上，随时间而上下波动，且波幅随时间逐步减弱。

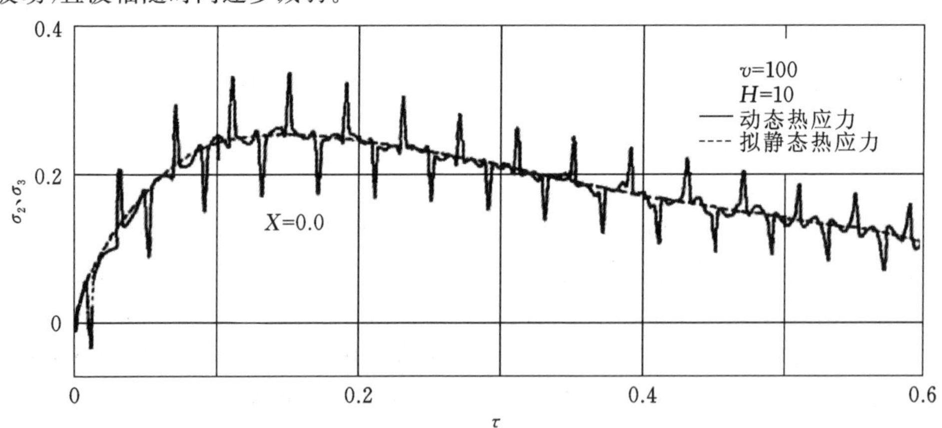

图 4-4　板的中间点上 σ_2 和 σ_3 随时间的变化

由以上分析可知，动态热应力研究对于了解应力的变化和强度分析都是很重要的。但是，应该指出，图 4-2、图 4-3 和图 4-4 中的曲线是在 $v=100$ 的情况下计算得出的。计算所得的应力值比实际应力值要高很多，也就是说，实际的动态热应力虽然具有以上所描述的特征，但数值却小得多。

4.3　极坐标系下热弹性问题的动态热应力

为了方便讨论，写出球坐标形式的热传导方程和热弹性运动方程。在球坐标系下，设位移分量为 u_r、u_θ、u_φ，则各应变的计算式分别为

$$
\begin{aligned}
&\gamma_{rr}=\frac{\partial u_r}{\partial r},\quad \gamma_{\theta\theta}=\frac{u_r}{r}+\frac{1}{r}\frac{\partial u_\theta}{\partial \theta}\\
&\gamma_{\varphi\varphi}=\frac{u_r}{r}+\frac{u_\theta}{r}\cot\theta+\frac{1}{r\sin\theta}\cdot\frac{\partial u_\varphi}{\partial \varphi}\\
&\gamma_{r\theta}=\frac{1}{2}\left(\frac{1}{r}\cdot\frac{\partial u_r}{\partial \theta}+\frac{\partial u_\theta}{\partial r}-\frac{u_\theta}{r}\right)\\
&\gamma_{r\varphi}=\frac{1}{2}\left(\frac{1}{r\sin\theta}\cdot\frac{\partial u_r}{\partial \varphi}+\frac{\partial u_\varphi}{\partial r}-\frac{u_\varphi}{r}\right)\\
&\gamma_{\theta\varphi}=\frac{1}{2}\left(\frac{1}{r}\cdot\frac{\partial u_\varphi}{\partial \theta}+\frac{\cot\theta}{r}u_\varphi+\frac{1}{r\sin\theta}\cdot\frac{\partial u_\theta}{\partial \varphi}\right)
\end{aligned}
\tag{4.50}
$$

由式(4.50)可得相应的体积应变为

$$
\begin{aligned}
e&=\gamma_{rr}+\gamma_{\theta\theta}+\gamma_{\varphi\varphi}\\
&=\frac{1}{r^2\sin\theta}\left[\sin\theta\cdot\frac{\partial(r^2u_r)}{\partial r}+r\frac{\partial(u_\theta\sin\theta)}{\partial\theta}+r\frac{\partial u_\varphi}{\partial\varphi}\right]
\end{aligned}
\tag{4.51}
$$

对于各向同性材料，在极坐标系下热传导方程可表示成

$$
\begin{aligned}
&\frac{\partial^2 T}{\partial r^2}+\frac{2}{r}\cdot\frac{\partial T}{\partial r}+\frac{1}{r^2\sin\theta}\cdot\frac{\partial}{\partial\theta}\left(\sin\theta\cdot\frac{\partial T}{\partial\theta}\right)\\
&+\frac{1}{r^2\sin\theta}\cdot\frac{\partial^2 T}{\partial\varphi^2}=\frac{1}{k_d}\frac{\partial T}{\partial t}+T_0\frac{\beta}{k}\cdot\frac{\partial e}{\partial t}-\frac{\rho}{k}r_0
\end{aligned}
\tag{4.52}
$$

式中：k_d 为热扩散系数，$k_d=k/c_\gamma=k/(\rho c_\rho)$，其中 k 为导热系数；β 为应力的热力耦合系数；等号右边第二项为耦合项，第三项为内热源项。

对于各向同性材料，在极坐标系下热弹性运动方程可表示如下：

$$
\begin{aligned}
&(\lambda+2\mu)\frac{\partial e}{\partial r}-\frac{2\mu}{r\sin\theta}\left\{\frac{\partial}{\partial\theta}\left[\frac{\sin\theta}{2r}\left(\frac{\partial(ru_\theta)}{\partial r}-\frac{\partial u_r}{\partial\theta}\right)\right]-\frac{\partial}{\partial\varphi}\left[\frac{1}{2r\sin\theta}\left(\frac{\partial u_r}{\partial\varphi}-\sin\theta\frac{\partial(ru_\varphi)}{\partial r}\right)\right]\right\}\\
&-\beta\frac{\partial T}{\partial r}+\rho f_r=\rho\frac{\partial^2 u_r}{\partial t^2}
\end{aligned}
\tag{4.53}
$$

$$(\lambda+2\mu)\frac{1}{r}\frac{\partial e}{\partial\theta}-\frac{2\mu}{r\sin\theta}\left\{\frac{\partial}{\partial\varphi}\left[\frac{1}{2r\sin\theta}\left(\frac{\partial(u_\theta\sin\theta)}{\partial\theta}-\frac{\partial u_\theta}{\partial\varphi}\right)\right]-\sin\theta\frac{\partial}{\partial r}\left[\frac{1}{2}\left(\frac{\partial(ru_\theta)}{\partial r}-\frac{\partial u_r}{\partial\theta}\right)\right]\right\}$$
$$-\beta\frac{1}{r}\frac{\partial T}{\partial\theta}+\rho f_\theta=\rho\frac{\partial^2u_\theta}{\partial t^2}\tag{4.54}$$

$$(\lambda+2\mu)\frac{1}{r\sin\theta}\frac{\partial e}{\partial\theta}-\frac{2\mu}{r}\left\{\frac{\partial}{\partial r}\left[\frac{1}{2\sin\theta}\left(\frac{\partial u_\theta}{\partial\varphi}-\sin\theta\frac{\partial(ru_\varphi)}{\partial r}\right)\right]-\frac{\partial}{\partial\theta}\left[\frac{1}{2r\sin\theta}-\left(\frac{\partial(u_\varphi\sin\theta)}{\partial\theta}-\frac{\partial u_\theta}{\partial\varphi}\right)\right]\right\}$$
$$-\frac{\beta}{r\sin\theta}\frac{\partial T}{\partial\varphi}+\rho f_\varphi=\rho\frac{\partial^2u_\varphi}{\partial t^2}\tag{4.55}$$

式中：f_r、f_θ、f_φ 为单位质量的体积力；等号右边为动力项。

现在讨论球对称的动态热应力问题。设 $t=0$ 时，在无限体内部半径为 b 的球形空腔表面上，温度由零值突变为 T_0。无限体内各点只有径向位移 u_r。这样，在热传导方程中略去耦合项和内热源项后，得到

$$\frac{\partial^2T}{\partial r^2}+\frac{2}{r}\cdot\frac{\partial T}{\partial r}=\frac{1}{k_d}\cdot\frac{\partial T}{\partial t}\tag{4.56}$$

相应的初始条件为

$$T(r,0)=0\quad(r\geqslant b)\tag{4.57}$$

进行拉普拉斯变换后，得

$$\frac{d^2\overline{T}}{dr^2}+\frac{2}{r}\frac{d\overline{T}}{dr}-\frac{s}{k_d}\overline{T}=0\tag{4.58}$$

该方程的解为

$$\overline{T}=\frac{1}{r}\left[A(s)e^{-r\sqrt{s/k_d}}+B(s)e^{r\sqrt{s/k_d}}\right]\tag{4.59}$$

由于在 $r\to\infty$ 处有 $\overline{T}\to0$，所以 $B(s)=0$。在 $r=b$ 处有 $T=T_0$，变换后得

$$\overline{T}\big|_{r=b}=T_0/s\tag{4.60}$$

解出 $A(s)$ 为

$$A(s)=T_0\frac{b}{s}e^{b\sqrt{s/k_d}}\tag{4.61}$$

于是式(4.59)可改写为

$$\overline{T}=T_0\frac{1}{r}\cdot\frac{b}{rs}e^{-(r-b)\sqrt{s/k_d}}\tag{4.62}$$

对式(4.62)进行逆变换后得到温度场的表达式为

$$T(r,t)=T_0\frac{b}{r}\cdot\text{erfc}\frac{r-b}{2\sqrt{k_dt}}\tag{4.63}$$

为解出动态热应力，需将式(4.63)代入式(4.53)。略去体积力 f_r，考虑到 $u_\theta=$

$u_{\varphi}=0$,并引入弹性波传播速度 $v_{\mathrm{e}}\left(v_{\mathrm{e}}^{2}=\dfrac{\lambda+2\mu}{\rho}\right)$,则式(4.53)可简化为

$$\frac{\partial^2 u}{\partial r^2}+\frac{2}{r}\frac{\partial u}{\partial r}-\frac{2u}{r^2}-\frac{1}{v_{\mathrm{e}}^2}\cdot\frac{\partial^2 u}{\partial t^2}=\frac{1+\nu}{1-\nu}\alpha\cdot\frac{\partial T}{\partial r} \tag{4.64}$$

式中 $u=u_r$。

初始条件为

$$u(r,0)=0,\quad \left.\frac{\partial u}{\partial r}\right|_{t=0}=0 \tag{4.65}$$

边界条件为

$$u(r,t)=0\quad(r\to\infty) \tag{4.66}$$

$$\sigma_{rr}\big|_{r=b}=0 \tag{4.67}$$

对热弹性运动方程(4.64)进行拉普拉斯变换,再根据初始条件,得

$$\frac{\mathrm{d}^2\bar{u}}{\mathrm{d}r^2}+\frac{2}{r}\cdot\frac{\mathrm{d}\bar{u}}{\mathrm{d}r}-\left(\frac{2}{r^2}+\frac{s^2}{v_{\mathrm{e}}^2}\right)\bar{u}=\frac{1+\nu}{1-\nu}\cdot\frac{\alpha T_0 b}{s}\left(\frac{1}{r^2}+\frac{1}{r}\sqrt{\frac{s}{k_{\mathrm{d}}}}\right)\mathrm{e}^{-(r-b)\sqrt{s/k_{\mathrm{d}}}} \tag{4.68}$$

解此式并将式(4.66)的拉普拉斯变换式代入,得

$$\bar{u}(r,s)=\frac{1}{r}\left(\frac{s}{v_{\mathrm{e}}}+\frac{1}{r}\right)C_1(s)\mathrm{e}^{-rs/v_{\mathrm{e}}}+\frac{1+\nu}{1-\nu}\cdot\alpha T_0 v_{\mathrm{e}}^2\cdot\frac{k_{\mathrm{d}}b}{s^2}\cdot\frac{1+r\sqrt{s/k_{\mathrm{d}}}}{r^2(k_{\mathrm{d}}s-v_{\mathrm{e}}^2)}\mathrm{e}^{-(r-b)\sqrt{s/k_{\mathrm{d}}}} \tag{4.69}$$

式中:$C_1(s)$是待定的函数。

为求出 $C_1(s)$,需利用边界条件。对于球对称的一维问题,有

$$\sigma_{rr}=\frac{2\mu}{1-2\nu}\left[(1-\nu)\frac{\partial u}{\partial r}+2\nu\frac{u}{r}-(1+\nu)\alpha T\right] \tag{4.70}$$

$$\sigma_{\theta\theta}=\sigma_{\varphi\varphi}=\frac{2\mu}{1-2\nu}\left[\frac{u}{r}+\nu\frac{\partial u}{\partial r}-(1+\nu)\alpha T\right] \tag{4.71}$$

对式(4.70)进行拉普拉斯变换,然后将式(4.69)和$\partial\bar{u}/\partial r$ 的表达式及式(4.62)代入,根据边界条件即可得到 $C_1(s)$。所以 $\bar{u}(r,s)$的表达式为

$$\begin{aligned}\bar{u}(r,s)=&\frac{1+\nu}{1-\nu}\cdot\alpha T_0 b\cdot\frac{v_{\mathrm{e}}^2 k_{\mathrm{d}}}{s^2(k_{\mathrm{d}}s-v_{\mathrm{e}}^2)}\cdot\frac{1}{r^2}\cdot\left[\left(1+r\sqrt{\frac{s}{k_{\mathrm{d}}}}\right)\mathrm{e}^{-(r-b)\sqrt{s/k_{\mathrm{d}}}}\right.\\&\left.-\frac{2(1-2\nu)(1+b\sqrt{s/k_{\mathrm{d}}})+(1-\nu)b^2s^2/v_{\mathrm{e}}^2}{2(1-2\nu)(1+bs/k_{\mathrm{d}})+(1-\nu)b^2s^2/v_{\mathrm{e}}^2}\cdot\left(1+r\frac{s}{v_{\mathrm{e}}}\right)\mathrm{e}^{-(r-b)s/v_{\mathrm{e}}}\right]\end{aligned} \tag{4.72}$$

对式(4.72)进行逆变换,并定义以下无量纲变量:

$$\rho=\frac{r}{b},\quad \tau=t\frac{k_{\mathrm{d}}}{b^2},\quad \zeta=\frac{\rho-1}{2\sqrt{\tau}},\quad \xi=\frac{k_{\mathrm{d}}}{bv_{\mathrm{e}}} \tag{4.73}$$

再定义

$$p=\frac{1-2\nu}{1-\nu},\quad q=\frac{\sqrt{1-2\nu}}{1-\nu}$$

$$l=\frac{-p+\mathrm{i}q}{\xi},\quad \omega=\tau-\xi(\rho-1) \tag{4.74}$$

以及

$$A=\frac{2p}{\xi q\,[1+2\xi\rho(\xi+1)]},\quad B=\frac{\xi^2}{2p}+l^{-2}+l^{-3/2}$$
$$C=\xi^2-\frac{1}{l},\qquad D=\xi^4-\frac{1}{l^2} \tag{4.75}$$
$$F(\rho)=-q(\xi+\rho)+\mathrm{i}\,[1+p(\xi-2\xi\rho-\rho)]$$

则 $u(\rho,\tau)$最后的表达式为

$$u(\rho,\tau)=\frac{1+\nu}{1-\nu}\alpha T_0 b\,[V(\rho,\tau)+W(\rho,\tau)] \tag{4.76}$$

式中函数 $V(\rho,\tau)$和 $W(\rho,\tau)$的表达式分别为

$$V(\rho,\tau)=\frac{1}{2\rho^2}\left[(\rho^2-2\tau-1-2\xi^2)\operatorname{erfc}\zeta-2(\rho+1)\sqrt{\frac{\tau}{\pi}}\mathrm{e}^{-\zeta^2}+\xi(\xi-\rho)\operatorname{erfc}\left(\zeta+\frac{\sqrt{\tau}}{\xi}\right)\cdot\mathrm{e}^{\tau/\xi^2+(\rho-1)/\xi}+\xi(\xi+\rho)\operatorname{erfc}\left(\zeta-\frac{\sqrt{\tau}}{\xi}\right)\cdot\mathrm{e}^{\tau/\xi^2-(\rho-1)/\xi}\right] \tag{4.77}$$

$$W(\rho,\tau)=-\frac{H(\omega)}{\rho^2}\cdot\xi(\xi+\rho)\mathrm{e}^{\omega/\xi^2}-\frac{H(\omega)}{\rho^2}\cdot A\cdot\operatorname{Re}\left\{F(\rho)\left[\xi^3\operatorname{erfc}\frac{\sqrt{\omega}}{\xi}\cdot\mathrm{e}^{\omega/\xi^2}-l^{-3/2}\operatorname{erfc}\sqrt{l\omega}\cdot\mathrm{e}^{l\omega}+B\mathrm{e}^{l\omega}+C\left(\omega+2\sqrt{\frac{\omega}{\pi}}\right)+D\right]\right\} \tag{4.78}$$

式中:$H(\omega)$是阶梯函数;Re 表示复函数的实部。

根据 $u(\rho,\tau)$、式(4.70)和式(4.71),即可得到无量纲的动态热应力 σ_1 和 σ_2。$\sigma_1=\sigma_{rr}/K$,$\sigma_2=\sigma_{\varphi\varphi}/K$,其中 $K=E\alpha T_0/(1-2\nu)$。但 σ_1 和 σ_2 的表达式相当复杂,取 $\nu=0.25$,$\xi=0.20$,当 $\rho=1,2,3$ 时 σ_2 的计算结果分别如图 4-5、图 4-6、图 4-7 所示。

图 4-5 中,$\rho=1$,表示球形空间的表面。可以看出,动态热应力是随时间而波动的,但会迅速地趋近于拟静态解。

由图 4-6 和图 4-7 可以看出,动态热应力的峰值随 ρ 的增大而减小,并且在 $\rho=2$ 和 $\rho=3$ 时动态热应力同样随着时间的增加而迅速地趋近于拟静态解。

值得指出的是,以上各图虽然反映了动态热应力的特征,但由于所取的 ξ 值远超过实际的 ξ 值,所以实际的动态热应力值是较小的。这和 4.2 节中的情况是相似的。

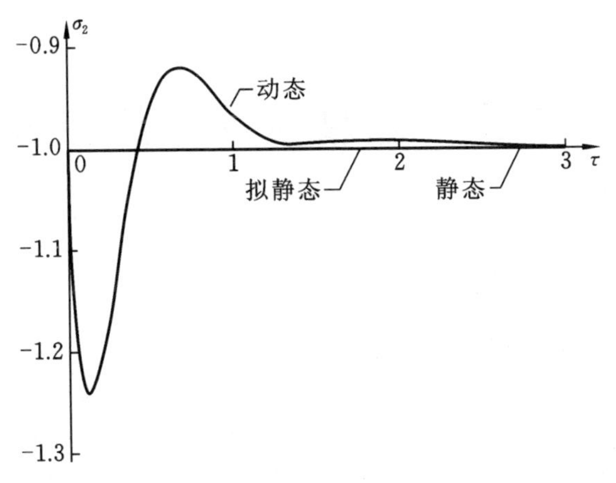

图 4-5　$\rho=1$ 时 σ_2 随时间的变化

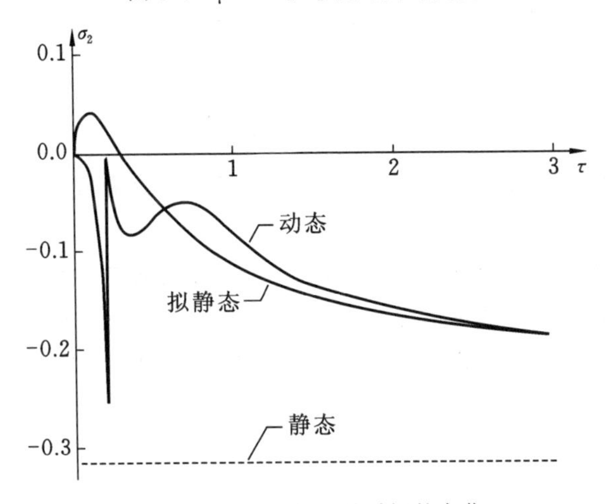

图 4-6　$\rho=2$ 时 σ_2 随时间的变化

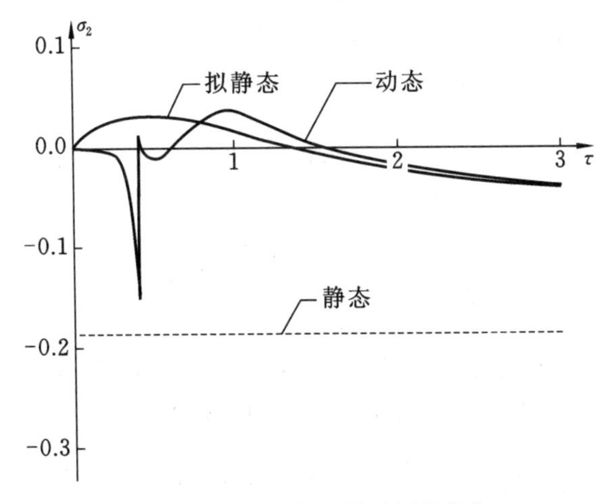

图 4-7　$\rho=3$ 时 σ_2 随时间的变化

第 5 章　全耦合动态热应力

5.1　热弹性力学中的耦合系数

5.1.1　热弹性材料的热传导方程

为了得到物体上各质点的温度变化 $\theta(X,t)$，需要建立求解物体上温度场 $T(X,t)$ 的微分方程。这个微分方程是通过物体内部热量的传输（即热传导）分析来得到的，所以称之为热传导方程。为了求解热传导方程，需给定物体与外界的换热情况，也就是换热边界条件，以及 $t=0$ 时的温度场 $T_0=T_0(X,0)$。

由熵密度变化率表达式

$$\rho\frac{\mathrm{d}\varphi}{\mathrm{d}t}=\rho\frac{r}{T}-\frac{1}{T}\frac{\partial q_i}{\partial x_i}$$

可以看到，若将该式左端的熵密度变化率写成温度 T 的函数，则由此式可进而导出热传导方程。

本构理论指出：在一个本构关系式中，如果某物理量作为独立变量出现，那么在全部本构关系式中这个物理量也应出现。这就是所谓的等存在原理。根据此原理，对于热弹性材料，因为自由能密度 ψ 表示为 $\psi(\gamma_{ij},\theta)$，所以熵密度 s 应表示为

$$\varphi=\varphi(\gamma_{ij},\theta) \tag{5.1}$$

由此得

$$\frac{\mathrm{d}s}{\mathrm{d}t}=\frac{\partial s}{\partial\gamma_{ij}}\dot{\gamma}_{ij}+\frac{\partial s}{\partial\theta}\dot{T} \tag{5.2}$$

式中：$\dot{\gamma}_{ij}$ 为应变率，$\dot{\gamma}_{ij}=\mathrm{d}\gamma_{ij}/\mathrm{d}t$；$\dot{T}$ 为温度变化率，$\dot{T}=\mathrm{d}T/\mathrm{d}t=\mathrm{d}\theta/\mathrm{d}t$。

将关系式 $s=-\dfrac{\partial\psi}{\partial T}$ 代入式(5.2)，得

$$\frac{\mathrm{d}s}{\mathrm{d}t}=-\frac{\partial^2\psi}{\partial\gamma_{ij}\partial\theta}\dot{\gamma}_{ij}-\frac{\partial^2\psi}{\partial\theta^2}\dot{T}$$

或

$$\frac{\mathrm{d}s}{\mathrm{d}t}=\frac{1}{\rho_0}\left(-\frac{\partial^2\Psi}{\partial\gamma_{ij}\partial\theta}\dot{\gamma}_{ij}-\frac{\partial^2\Psi}{\partial\theta^2}\dot{T}\right) \tag{5.3}$$

将式(5.3)中的 $\Psi(\gamma_{ij},\theta)$ 展开为幂级数后，即可得到 $\mathrm{d}s/\mathrm{d}t$ 的表达式。

在各向异性体的线性热弹性问题中，Ψ 可由式(1.92)表示。由式(1.92)的二次幂级数，显然可见 $\dfrac{\partial^2\Psi}{\partial\gamma_{ij}\partial\theta}$ 和 $\dfrac{\partial^2\Psi}{\partial\theta\partial\gamma_{ij}}$ 都是连续的，所以它们是相等的。

由式(1.100)、式(1.101)和式(1.95)可知

$$-\frac{\partial^2 \Psi}{\partial \gamma_{ij}\partial \theta}=-\frac{\partial^2 \Psi}{\partial \theta \partial \gamma_{ij}}=\beta_j \tag{5.4}$$

即式(5.3)括号内第一项中的二阶偏导数就是应力的热力耦合系数。

式(5.3)括号内第二项中的二阶偏导数由式(1.92)得出：

$$-\frac{\partial^2 \Psi}{\partial \theta^2}=-\frac{2B_2}{T_0^2}$$

令

$$c_\gamma=-\frac{2B_2}{T_0^2}T \tag{5.5}$$

则有

$$c_\gamma=-T\frac{\partial^2 \Psi}{\partial \theta^2}=\rho_0 T\frac{\partial s}{\partial \theta}=\rho_0\left.\frac{T\mathrm{d}s}{\mathrm{d}T}\right|_{\gamma_{ij}=\text{常数}} \tag{5.6}$$

以 $\mathrm{d}H_\rho$ 表示单位质量微热量，且根据热力学第二定律，在可逆过程中 $\mathrm{d}H_\rho=T\mathrm{d}s$，所以

$$c_\gamma=\rho_0\left.\frac{\mathrm{d}H_\rho}{\mathrm{d}T}\right|_{\gamma_{ij}=\text{常数}} \tag{5.7}$$

以 $\mathrm{d}H_V$ 表示单位初始体积微热量，那么式(5.7)也可以写成

$$c_\gamma=\left.\frac{\mathrm{d}H_V}{\mathrm{d}T}\right|_{\gamma_{ij}=\text{常数}} \tag{5.8}$$

由式(5.8)可知，c_γ 表示在应变 γ_{ij} 保持不变时单位初始体积微热量与温度升高的比值。因此，c_γ 称为单位初始体积常应变比热。

若以 c_ρ 表示单位质量常应变比热，即

$$c_\rho=\left.\frac{\mathrm{d}H_\rho}{\mathrm{d}T}\right|_{\gamma_{ij}=\text{常数}} \tag{5.9}$$

则

$$c_\gamma=\rho_0 c_\rho \tag{5.10}$$

将物性系数 β_{ij} 和 c_γ 代入式(5.3)，得

$$\rho_0\frac{\mathrm{d}s}{\mathrm{d}t}=\beta_{ij}\dot{\gamma}_{ij}+\frac{1}{T}c_\gamma \dot{T} \tag{5.11}$$

另一方面，因 $\rho_0=\rho J$ 和 $q_m^0=J\dfrac{\partial X^m}{\partial x_j}q_j$，则熵密度变化率表达式

$$\rho\frac{\mathrm{d}s}{\mathrm{d}t}=\rho\frac{r}{T}-\frac{1}{T}\frac{\partial q_i}{\partial x_i}$$

可变形为

$$\rho_0\frac{\mathrm{d}s}{\mathrm{d}t}=\rho_0\frac{r}{T}-\frac{1}{T}\frac{\partial q_i^0}{\partial X_i} \tag{5.12}$$

式中:q_i^0 是参考构形中的热流密度分量,即 $q_i^0 \boldsymbol{i}_i = \boldsymbol{h}^0$。而 q_i 是任意瞬时构形的热流密度分量,$q_i \boldsymbol{i}_i = \boldsymbol{h}$。比较式(5.11)和式(5.12),得到

$$-\frac{\partial q_i^0}{\partial X_i} = c_\gamma \dot{T} + T\beta_{ij}\dot{\gamma}_{ij} - \rho_0 r \tag{5.13}$$

对于小变形情况,$\partial/\partial X_i$ 和 $\partial/\partial x_i$ 可以互换。同时,将傅里叶定律用于参考构形,则式(5.13)就变为

$$\frac{\partial}{\partial x_i}\left(k_{ij}\frac{\partial T}{\partial x_j}\right) = c_\gamma \dot{T} + T\beta_{ij}\dot{\gamma}_{ij} - \rho_0 r \tag{5.14}$$

式(5.14)就是各向异性体在线性热弹性问题中的热传导方程。

对于均质各向同性体,导热系数和热力耦合系数分别以常数 $k(k\delta_{ij} = k_{ij})$ 和 β 表示。热传导方程可由式(5.14)简化得到,而不必由式(1.103)导出。由式(5.14)简化得到的热传导方程为

$$k\,\nabla^2 T = c_\gamma \dot{T} + T\beta\,\dot{\gamma}_{ij} - \rho_0 r \tag{5.15}$$

式中$\nabla^2 T = T_{,ii}$。式(5.15)就是均质各向同性体的热传导方程。

式(5.14)和式(5.15)表示的热传导方程中 $\dot{\gamma}_{ij} = \frac{1}{2}(\dot{u}_{i,j} + \dot{u}_{j,i})$。必须指出,这两种形式的热传导方程由于位移分量 $u_i(i=1,2,3)$ 的存在不能独立地求解。在给定换热边界条件和初始条件后,方程中除了待定的温度场 $T(\boldsymbol{x},t)$外还包含另一个未知的位移场 $u_i(\boldsymbol{x},t)$,它需要通过求解热弹性运动方程来得到。因此,方程中 $T\dot{\beta}\gamma_{ij}$ 项(或 $T\beta_{ij}\dot{\gamma}_{ij}$)的存在,使得热传导方程和热弹性运动方程必须耦合求解。由于这个原因,$T\dot{\beta}\gamma_{ij}$(或 $T\beta_{ij}\dot{\gamma}_{ij}$)称为热传导方程和热弹性运动方程中的耦合项。

在热传导方程中,耦合项也是非线性项。为了便于求解,假定温度变化 θ 较之于 T_0 很小,这样,耦合项中的 T 可以近似地以 T_0 代替。各向异性体和各向同性体的热传导方程就可以分别写成以下的线性形式:

$$\frac{\partial}{\partial x_i}\left(k_{ij}\frac{\partial T}{\partial x_j}\right) = c_\gamma \dot{T} + T\beta_{ij}\dot{u}_{i,j} - \rho_0 r \tag{5.16}$$

$$k\,\nabla^2 T = c_\gamma \dot{T} + T\beta\dot{u}_{i,i} - \rho_0 r \tag{5.17}$$

通过研究人们发现,在温度变化不激烈的情况下耦合项对热传导的影响并不大,所以常将耦合项略去。此时,各向异性体和各向同性体的热传导方程可分别进一步近似地写成:

$$\frac{\partial}{\partial x_i}\left(k_{ij}\frac{\partial T}{\partial x_j}\right) = c_\gamma \dot{T} - \rho_0 r \tag{5.18}$$

$$k\,\nabla^2 T = c_\gamma \dot{T} - \rho_0 r \tag{5.19}$$

对于无热源的固体,各向异性体和各向同性体的热传导方程分别为

$$\frac{\partial}{\partial x_i}\left(k_{ij}\frac{\partial T}{\partial x_j}\right) = c_\gamma \dot{T} \tag{5.20}$$

$$k\,\nabla^2 T = c_\gamma \dot{T} \tag{5.21}$$

因热扩散系数可表示为

$$k_{\mathrm{d}} = \frac{k}{c_\gamma} = \frac{k}{\rho_0 c_\rho} \tag{5.22}$$

则式(5.21)又可改写为以下形式：

$$\nabla^2 T = \frac{1}{k_{\mathrm{d}}}\dot{T} \tag{5.23}$$

式(5.23)在柱坐标系中可写成：

$$\frac{\partial^2 T}{\partial r^2} + \frac{1}{r}\frac{\partial T}{\partial r} + \frac{1}{r^2}\frac{\partial^2 T}{\partial \varphi^2} + \frac{\partial^2 T}{\partial z^2} = \frac{1}{k_{\mathrm{d}}}\frac{\partial T}{\partial t} \tag{5.24}$$

式中：r、φ 和 z 分别为径向、环向和轴向坐标。

由以上所述，如果略去耦合项，热传导方程成为抛物型二阶线性偏微分方程。在给定边界条件和初始条件后，它的求解并不太困难。

5.1.2 耦合系数

在 5.1.1 节中，已经给出均质各向同性体的热传导方程

$$k\,\nabla^2 T = c_\gamma \dot{T} + T_0 \beta \dot{\gamma}_{ii} - \rho_0 r \tag{5.25}$$

式中 $T_0\beta\dot{\gamma}_{ii}$ 项为耦合项。由于它的存在，温度场 $T(\boldsymbol{x},t)$ 不能独立地由热传导方程解出，而必须与热弹性运动方程耦合求解。并且，将热传导方程与热弹性运动方程耦合求解温度场，并由解出的结果分析耦合项对温度场和热应力场的影响，这就是耦合的热弹性问题。

在导出热传导方程(5.25)的过程中，并未涉及热弹性运动方程，这表明，只要问题是非定常的，无论热弹性运动方程是动态的还是拟静态的，热传导方程中都总是有耦合项存在。

对于变物性非线性的热传导方程

$$\begin{aligned}\frac{\partial}{\partial x_i}[(k_0 + k_1\theta^*)T_{,i}] &= T(\beta_0 + \beta_1\theta^*)\dot{\gamma}_{kk} + (c_0 + c_1\theta^* + c_2\theta^{*2})\dot{T} \\ &\quad - \rho_0 r - \frac{T}{T_0}(2\mu_1\gamma_{ij}\dot{\gamma}_{ij} + \lambda_1\gamma_{kk}\dot{\gamma}_{jj} - \beta_1\theta\dot{\gamma}_{jj})\end{aligned} \tag{5.26}$$

耦合项除了 $T(\beta_0+\beta_1\theta^*)\dot{\gamma}_{kk}$ 外，还有另一项 $T(2\mu_1\gamma_{ij}\dot{\gamma}_{ij}+\lambda_1\gamma_{kk}\dot{\gamma}_{jj}-\beta_1\theta\dot{\gamma}_{jj})$ 存在。方程(5.26)的推导亦未涉及热弹性运动方程。

热传导方程中包含耦合项乃是热传导现象的规律。物体中温度的变化不仅取决于周围介质的热量传输和内热源给出的热流，同时也取决于物体内部的应变率。由式(5.25)可以看出，物体的体积应变率 $\dot{\gamma}_{ij}$ 为负值时，温度变化率将增大。对于绝热且无内热源的情况，式(5.25)退化为

$$c_\gamma \dot{T} + T_0\beta\dot{\gamma}_{ii} = 0 \tag{5.27}$$

将式(5.27)积分后可得

$$c_\gamma\theta + T_0\beta\dot{\gamma}_{ii} = \text{常数} \tag{5.28}$$

如果当 $\theta=0$ 时剪切应变率 $\gamma_{ii}=0$,则积分常数为零,由此可得

$$\theta = \frac{T\beta}{c_\gamma}(-\gamma_{ii}) \tag{5.29}$$

即温度的升高量正比于体积的减少量。式(5.29)充分地显示了耦合项的意义。

对于变物性非线性的热弹性狄龙(Dillon)问题,耦合项同样影响物体的温度变化率。以圆棒为试件,在绝热条件下进行往复的扭转试验,使之保持一定的剪切应变率,试验结果证实圆棒的温度持续地上升。如果将式(5.25)与运动方程结合,在给定的边界条件和初始条件下耦合地解出温度场 $T(\boldsymbol{x},t)$ 和位移场 $u_i(\boldsymbol{x},t)$,然后分析耦合项的作用,则可以看出耦合效应的实质是对热弹性波的阻尼。

一般认为耦合项对温度场和应力场的影响大小与应变率相关,所以将耦合热弹性问题作为动态问题处理才有较大的意义。但是,也有学者认为对于常用的金属材料,耦合项的影响比动力项的影响更大,所以,耦合热弹性问题也可以作为拟静态问题来处理。

在式(5.25)中略去内热源项 $\rho_0 r$,并引入线热膨胀系数,则热传导方程可写成

$$k\nabla^2 T = c_\gamma\dot{T}\left[1+\frac{T_0\beta\alpha}{c_\gamma}\left(\frac{\dot{u}_{i,i}}{\alpha\dot{T}}\right)\right] \tag{5.30}$$

以 v_e 表示弹性波在物体中的传播速度,由 $v_e=[(\lambda+2\mu)/\rho]^{1/2}$、$\beta=(3\lambda+2\mu)\alpha$ 和 $c_\gamma=\rho c_p$ 得,式(5.30)中方括号内的系数

$$\frac{T_0\beta\alpha}{c_\gamma}=\frac{(3\lambda+2\mu)^2\alpha^2 T_0}{\rho^2 c_p v_e^2}\cdot\frac{\lambda+2\mu}{3\lambda+2\mu} \tag{5.31}$$

令

$$\delta=\frac{(3\lambda+2\mu)^2\alpha^2 T_0}{\rho^2 c_p v_e^2} \tag{5.32}$$

δ 是一个无量纲的参数,用来表示耦合项的影响,称之为耦合系数。于是热传导方程(5.30)又可变形为

$$k\nabla^2 T=\rho c_p\dot{T}\left[1+\delta\cdot\frac{\lambda+2\mu}{3\lambda+2\mu}\cdot\left(\frac{\dot{u}_{i,i}}{\alpha\dot{T}}\right)\right] \tag{5.33}$$

在这个方程中可以将 $\dot{u}_{i,i}$ 与 $\alpha\dot{T}$ 视为同阶的量,$\lambda+2\mu$ 与 $3\lambda+2\mu$ 也是同阶的量。因此,如果 $\delta\leqslant 1$,则耦合项的影响就可以略去不计,方程(5.33)退化成非耦合的热传导方程(5.19)或式(5.21)。

由式(5.32)可知,对于给定的材料,δ 值是可以计算的。例如取 T_0 为 93.3℃,得到钢的 δ 值为 0.014,铝的 δ 值为 0.029。由于 δ 值较小,因此在式(5.33)中略去耦合项是合理的。不过近年来工程实际中应用的材料越来越多样化,对于一些塑料,如果把它们近似地看作弹性材料,其 δ 值则高达 0.5。

将泊松比 ν 引入式(5.33)，则式(5.33)可改写成如下形式：

$$k\,\nabla^2 T=\rho c_\rho \dot{T}\left[1+\delta\cdot\frac{1-\nu}{1+\nu}\cdot\left(\frac{\dot{u}_{i,i}}{\alpha\dot{T}}\right)\right] \tag{5.34}$$

并令

$$\delta'=\delta\cdot\frac{1-\nu}{1+\nu},\quad \eta=\frac{\dot{u}_{i,i}}{\alpha\dot{T}} \tag{5.35}$$

则有

$$k\,\nabla^2 T=\rho c_\rho \dot{T}(1+\delta'\eta) \tag{5.36}$$

式中 δ'是与材料性能有关的系数，η 是与变形速度有关的项。式(5.36)比较清楚地表明，耦合项取决于材料性能和热冲击的高速变形。

5.2 耦合系数对热弹性问题的影响

5.2.1 $\delta=1$ 的一维热弹性问题(狄龙问题)

取一个细长杆(视为半无限杆)为研究对象，考虑在三种边界条件下耦合效应的影响。这三种边界条件是：

(1) 端点温度由原温度 T_0 突变为 T_A；

(2) 端点应变突变为某给定的应变；

(3) 端点的速度突变。

这三种突变均以阶梯函数表示。此处只讨论第一种边界条件下的研究结果。

对于一维情况，动力方程为

$$\frac{\partial\sigma_{11}}{\partial x_1}=\rho\,\frac{\partial^2 u_1}{\partial t^2} \tag{5.37}$$

式中已略去了体积力。

此时热传导方程可写成

$$k\,\frac{\partial^2\theta}{\partial x_1^2}=\rho c_\rho\,\frac{\partial\theta}{\partial t}+T_0\,\beta\dot{\gamma}_{11} \tag{5.38}$$

式中：c_ρ 是单位质量的常应变比热，$\rho c_\rho=c_\gamma$；$\theta=T(x_1,t)-T_0$。本构方程可写成：

$$\sigma_{11}=E\gamma_{11}-\alpha E\theta \tag{5.39}$$

式中：E 为杆的弹性模量；α 为杆的线膨胀系数。应该指出的是，式(5.38)和式(5.39)不是一般情况下一维问题控制方程，仅适用于细长杆。

按照应力的热力耦合系数 β 的定义及式(5.39)，可知 $\beta=\alpha E$，由该式和式(5.39)，则热传导方程(5.38)变形为

$$k\,\frac{\partial^2\theta}{\partial x_1^2}=(\rho c_\rho+\alpha^2 T_0 E)\frac{\partial\theta}{\partial t}+T_0\alpha\,\frac{\partial\sigma_{11}}{\partial t} \tag{5.40}$$

以 c_σ 表示单位质量的常应力比热，即使得式(5.40)中 $\partial\sigma_{11}/\partial t$ 为零值时材料的比热，显然有

$$c_\sigma = c_\rho + \frac{\alpha^2 T_0 E}{\rho} \tag{5.41}$$

对于一般的一维问题，有

$$c_\sigma = c_\rho + \frac{3\alpha^2 T_0 (3\lambda + 2\mu)}{\rho} \tag{5.42}$$

固体中常应力比热 c_σ 和常应变比热 c_ρ 分别与流体中的比定压热容 c_p 和比定容热容 c_V 对应，于是，热传导方程(5.38)又可写成：

$$k\frac{\partial^2\theta}{\partial x_1^2} = \rho c_\sigma \frac{\partial\theta}{\partial t} + \alpha T_0 \frac{\partial\sigma_{11}}{\partial t} \tag{5.43}$$

以式(5.43)、式(5.39)和式(5.37)为基本方程可以导出只显含 θ 的热传导方程。事实上，由式(5.37)可知

$$\frac{\partial^2\sigma_{11}}{\partial x_1^2} = \rho\frac{\partial^3 u_1}{\partial x_1 \partial t^2} \tag{5.44}$$

由式(5.39)知：

$$\frac{\partial^2\sigma_{11}}{\partial t^2} = E\frac{\partial^3 u_1}{\partial x_1\partial t^2} - \alpha E\frac{\partial^2\theta}{\partial t^2} \tag{5.45}$$

消去式(5.44)和式(5.45)中含 u_1 的项，得到

$$\frac{1}{E}\frac{\partial^2\sigma_{11}}{\partial t^2} - \frac{1}{\rho}\cdot\frac{\partial^2\sigma_{11}}{\partial x_1^2} = -\alpha\frac{\partial^2\theta}{\partial t^2}$$

或者

$$\frac{1}{E}\frac{\partial^3\sigma_{11}}{\partial t^3} - \frac{1}{\rho}\cdot\frac{\partial^3\sigma_{11}}{\partial x_1^2\partial t} = -\alpha\frac{\partial^3\theta}{\partial t^3} \tag{5.46}$$

由式(5.43)知

$$\frac{\partial^3\sigma_{11}}{\partial t^3} = \frac{k}{\alpha T_0}\cdot\frac{\partial^4\theta}{\partial x_1^2\partial t^2} - \frac{\rho c_\sigma}{\alpha T_0}\cdot\frac{\partial^3\theta}{\partial t^3}$$

以及

$$\frac{\partial^3\sigma_{11}}{\partial t\partial x_1^2} = \frac{k}{\alpha T_0}\cdot\frac{\partial^4\theta}{\partial x_1^4} - \frac{\rho c_\sigma}{\alpha T_0}\cdot\frac{\partial^3\theta}{\partial t\partial x_1^2}$$

将它们代入式(5.46)，得

$$\frac{k}{\rho\alpha T_0}\cdot\frac{\partial^4\theta}{\partial x_1^4} - \frac{k}{E\alpha T_0}\cdot\frac{\partial^4\theta}{\partial x_1^2\partial t^2} - \frac{c_\sigma}{\alpha T_0}\cdot\frac{\partial^3\theta}{\partial x_1^2\partial t} + \frac{\rho c_\sigma}{\alpha T_0 E}\cdot\frac{\partial^3\theta}{\partial t^3} - \alpha\frac{\partial^3\theta}{\partial t^3} = 0 \tag{5.47}$$

这是一个只显含 θ 的四阶偏微分方程。为使方程的形式简化，引入以下常数：

$$v_e = \sqrt{E/\rho},\quad a = \frac{k}{\rho c_\sigma} \tag{5.48}$$

以及耦合系数

$$\delta=\frac{\alpha^2 T_0 E^2}{\rho^2 c_\sigma v_e^2}=\frac{\alpha^2 T_0 E}{\rho c_\sigma} \tag{5.49}$$

这个耦合系数可以由热传导方程(5.43)导出，它与式(5.32)的耦合系数的差别在于以 c_σ 取代了 c_ρ。

物理量 x_1、t、u_1 和 σ_{11} 可以用无量纲的 x、τ、u 和 σ 代替：

$$\left.\begin{aligned} x=\frac{x_1}{a},\quad u=\frac{u_1}{a} \\ \tau=t\frac{v_e}{a},\quad \sigma=\frac{\sigma_{11}}{E} \end{aligned}\right\} \tag{5.50}$$

将以上无量纲量代入式(5.47)后进行整理，并且以符号 θ'' 表示 $\partial\theta^2/\partial x^2$，以 θ'''' 表示 $\partial\theta^4/\partial x^4$，以 $\dot{\theta}$、$\ddot{\theta}$ 和 $\dddot{\theta}$ 分别表示 $\partial\theta/\partial\tau$、$\partial^2\theta/\partial\tau^2$ 和 $\partial^3\theta/\partial\tau^3$，则式(5.47)可写成：

$$\theta''''-\ddot{\theta}''-\dot{\theta}''+\ddot{\ddot{\theta}}-\delta\dddot{\theta}=0 \tag{5.51}$$

取耦合系数 $\delta=1$，得：

$$\theta''''-\ddot{\theta}''-\dot{\theta}''=0 \tag{5.52}$$

对无量纲坐标 x 进行积分，取积分常数为零，得

$$\theta''-\ddot{\theta}-\dot{\theta}=0 \tag{5.53}$$

如果将非耦合、无内热源的热传导方程

$$k\nabla^2\theta-c_\gamma\dot{\theta}=0 \tag{5.54}$$

也写成无量纲形式，即

$$\theta''-\dot{\theta}=0 \tag{5.55}$$

将式(5.55)与式(5.53)进行比较，可以看出两者之间的明显差别。当耦合系数 $\delta=1$ 时，方程(5.53)中出现温度变化的加速度项 $\ddot{\theta}$。

和式(5.51)的推导类似，可得

$$\left.\begin{aligned} u''''-\ddot{u}''-\dot{u}''+\ddot{\ddot{u}}-\delta\dddot{u}=0 \\ \sigma''''-\ddot{\sigma}''-\dot{\sigma}''+\ddot{\ddot{\sigma}}-\delta\dddot{\sigma}=0 \end{aligned}\right\}$$

它们可直接用于求解位移和热应力。

现在，在以下边界条件下求解方程(5.53)：

$$\theta(0,\tau)=\begin{cases} 0 & (\tau\leqslant 0) \\ T_1 & (\tau>0) \end{cases}$$

另一个边界条件为

$$\sigma_{11}(0,\tau)=0 \tag{5.56}$$

狄龙应用拉普拉斯变换法解出

$$\theta(x,\tau)=T_1\left\{\mathrm{e}^{-\tau}+\mathrm{e}^{-x/2}\left[1-\mathrm{e}^{-(\tau-x)}\right]+\frac{x}{2}g_1(x,\tau)\right\}\quad(\tau\geqslant x)\tag{5.57}$$

式中 $T_1=T_A-T_0$。若 $\tau<x$，则式(5.57)中花括号内后两项应取为零。$g_1(x,\tau)$的表达式为

$$g_1(x,\tau)=\int_x^\tau\left[1-\mathrm{e}^{-(\tau-x)}\right]\frac{\mathrm{e}^{-\eta/2}I_1\left(\sqrt{\eta^2-x^2}/2\right)}{\sqrt{\eta^2-x^2}}\mathrm{d}\eta\tag{5.58}$$

式中 $I_1\left(\sqrt{\eta^2-x^2}/2\right)$为第一类一阶修正的贝塞尔(Bessel)函数。

解得无量纲热应力为

$$\sigma(x,\tau)=\alpha T_1\left[\mathrm{e}^{-\tau}+\mathrm{e}^{-x/2}\cdot\mathrm{e}^{-(\tau-x)}-\frac{x}{2}g_2(x,\tau)\right]\quad(\tau\geqslant x)\tag{5.59}$$

若 $\tau<x$，则式(5.59)中方括号内后两项应取为零。$g_2(x,\tau)$的表达式为

$$g_2(x,\tau)=\mathrm{e}^{-\tau}\int_x^\tau\mathrm{e}^{\eta/2}\frac{I_1\left(\sqrt{\eta^2-x^2}/2\right)}{\sqrt{\eta^2-x^2}}\mathrm{d}\eta\tag{5.60}$$

根据式(5.59)和式(5.57)，绘出反映热应力 σ_{11} 和温度 θ 变化情况的曲线图，如图 5-1 所示。图 5-1(a)所表示的应力变化和图 5-1(b)所表示的温度变化均比非耦合情况下的变化要缓和。

最后，应该指出，虽然取 $\delta=1$ 后方程求解更为简便，但实际上并不存在 $\delta=1$ 的情况。很明显，由式(5.41)和式(5.49)可以得到关系式：

$$\delta=\frac{\alpha^2T_0E}{\rho c_\sigma}=\frac{c_\sigma-c_\rho}{c_\sigma}\tag{5.61}$$

因此，若取 $\delta=1$，则必有 $c_\rho=0$，而这种情况是不可能出现的。

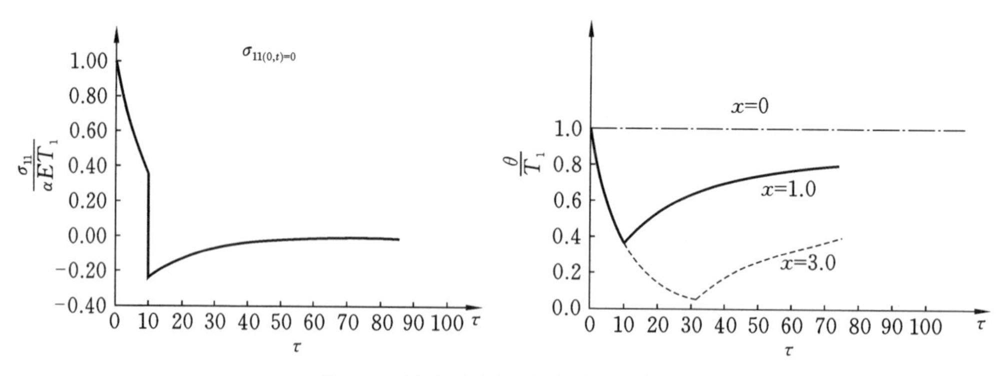

图 5-1 热应力和温度随时间的变化

5.2.2 半空间耦合热弹性问题

半空间耦合热弹性问题也是一维问题。它和 $\delta=1$ 的一维热弹性问题的差别，不仅在于耦合系数 $\delta\neq1$，而且由于研究对象的不同，热传导方程

$$k\frac{\partial^2\theta}{\partial x_1^2}=\rho c_\rho\frac{\partial\theta}{\partial t}+T_0\beta\dot{\gamma}_{ii}$$

中的热力耦合系数 β 也不同。根据

$$\alpha_{ij}=\frac{\beta}{3\lambda+2\mu}\delta_{ij}=\alpha\delta_{ij}$$

和

$$E^{ijmn}u_{m,ni}+\rho_0 f_j-\beta_{ij}\theta_{,i}=\rho_0\ddot{u}_j$$

可得

$$\beta=\frac{\alpha}{1-2\nu}E=\alpha(3\lambda+2\mu)$$

热传导方程中 $\dot{\gamma}_{ii}$ 仍等于 $\dot{\gamma}_{11}$。此外,在半空间问题中 σ_{22} 和 σ_{33} 不等于零。

半空间耦合热弹性问题的控制方程如下:

热传导方程

$$\frac{\partial^2\theta}{\partial x_1^2}=\frac{1}{k_{\mathrm{d}}}\cdot\frac{\partial\theta}{\partial t}+\frac{\alpha(3\lambda+2\mu)}{k}T_0\frac{\partial u_1}{\partial x\partial t}\tag{5.62}$$

热弹性运动方程

$$\frac{\partial^2 u_1}{\partial x_1^2}=\frac{\alpha(3\lambda+2\mu)}{\lambda+2\mu}\cdot\frac{\partial\theta}{\partial x_1}+\frac{\rho}{\lambda+2\mu}\cdot\frac{\partial u_1}{\partial t^2}\tag{5.63}$$

方程(5.63)可由式(5.64)得到:

$$u_{i,jj}+\frac{1}{1-2\nu}u_{j,ji}+\frac{\rho_0}{\mu}f_i-\frac{2(1+\nu)}{1-2\nu}\alpha\theta_{,i}=\frac{\rho_0}{\mu}\ddot{u}_i\quad(i=1,2,3)\tag{5.64}$$

这个方程就是均质各向同性体的热弹性运动方程。

以∇^2表示拉普拉斯算子,即

$$\nabla^2=\frac{\partial^2}{\partial x_1^2}+\frac{\partial^2}{\partial x_2^2}+\frac{\partial^2}{\partial x_3^2}$$

并以 e 表示体积应变,即

$$e=\frac{\partial u_1}{\partial x_1}+\frac{\partial u_1}{\partial x_2}+\frac{\partial u_1}{\partial x_3}$$

那么,热弹性运动方程(5.64)又可写成

$$\nabla^2 u_i+\frac{1}{1-2\nu}e_{,i}+\frac{\rho_0}{\mu}f_i-\frac{2(1+\nu)}{1-2\nu}\alpha\theta_{,i}=\frac{\rho_0}{\mu}\ddot{u}_i\quad(i=1,2,3)\tag{5.65}$$

耦合热弹性问题的本构方程为

$$\left.\begin{aligned}\sigma_{11}&=(\lambda+2\mu)\frac{\partial u_1}{\partial x_1}-\frac{\alpha E}{1-2\nu}\theta\\ \sigma_{22}&=\sigma_{33}=\lambda\frac{\partial u_1}{\partial x_1}-\frac{\alpha E}{1-2\nu}\theta\end{aligned}\right\}\tag{5.66}$$

初始条件为

$$u_1(x_1,0)=\left.\frac{\partial u_1}{\partial t}\right|_{t=0}=\theta(x_1,0)=0 \tag{5.67}$$

边界条件为

$$\left.\frac{\partial u_1}{\partial x_1}\right|_{x=0}=0,\quad \theta(0,t)=\begin{cases}0 & (t\leqslant 0)\\ \theta_1 & (t>0)\end{cases} \tag{5.68}$$

式中 $\theta_1=T_A-T_0$,T_A 为突加的温度,T_0 为初始温度。

耦合热弹性问题的边界条件也可以取其他形式,此处所取的边界条件只是理想的热冲击状态下的边界条件。

引入无量纲变量 l、τ 和 η:

$$l=x_1\cdot\frac{v_e}{k_d},\quad \tau=t\cdot\frac{v_e^2}{k_d},\quad \eta=\frac{\theta}{T_0}$$

式中:$v_e=\sqrt{(\lambda+2\mu)/\rho}$;$T_0$ 是半空间的初始温度。以 $T_1(x_1,\tau)$ 表示半空间的温度场,则 $\theta=T-T_0$。另外,引入无量纲位移 u,有

$$u=u_1\cdot\frac{v_e}{k_d} \tag{5.69}$$

将这些无量纲变量代入热传导方程(5.62)和热弹性运动方程(5.63)中,整理后得

$$\eta''=\dot{\eta}+b\dot{u}' \tag{5.70}$$

$$u''=a\eta'+\ddot{u} \tag{5.71}$$

式中

$$a=\frac{(3\lambda+2\mu)}{\lambda+2\mu}\alpha T_0,\quad b=\frac{(3\lambda+2\mu)}{\rho c_\rho}\alpha$$

a 和 b 的乘积显然等于式(5.32)中的耦合系数 δ。式(5.70)和式(5.71)中“$'$”表示 $\partial/\partial l$,“·”表示 $\partial/\partial\tau$。

引入无量纲变量后,热弹性耦合问题的初始条件可写成

$$u(l,0)=\dot{u}(l,0)=\eta(l,0)=0 \tag{5.72}$$

用傅里叶变换法求解(5.70)和方程(5.71),以 $g(p,\tau)$ 表示傅里叶变换 $F_p[f(p,\tau)]$,考虑到半空间中,在 $l\to\infty$ 处有:

$$u(\infty,\tau)=u'(\infty,\tau)=\eta(\infty,\tau)=\eta'(\infty,\tau)=0$$

则傅里叶正弦变换式为

$$\left.\begin{aligned}F_p[f'(l,\tau)]&=-pg(p,\tau)\\ F_p[f''(l,\tau)]&=-p^2g(p,\tau)-pf(0,\tau)\end{aligned}\right\} \tag{5.73}$$

傅里叶余弦变换式为

$$\left.\begin{aligned}F_p[f'(l,\tau)]&=pg(p,\tau)-f(0,\tau)\\ F_p[f''(l,\tau)]&=-p^2g(p,\tau)-f'(0,\tau)\end{aligned}\right\} \tag{5.74}$$

以 $U(p,\tau)$ 表示 $F_p[u(l,\tau)]$，以 $V(p,\tau)$ 表示 $F_p[\eta(l,\tau)]$，然后对式(5.70)和式(5.71)分别进行傅里叶正弦和余弦变换，得

$$-bp\dot{U}+p^2V+\dot{V}=p\eta(0,\tau) \tag{5.75a}$$

$$\ddot{U}+p^2U+apV=a\eta(0,\tau)-u'(0,\tau) \tag{5.75b}$$

初始条件变换后写成

$$U(p,0)=\dot{U}(p,0)=V(p,0)=0 \tag{5.76}$$

式(5.75a)、式(5.75b)中均包含 U 和 V。由式(5.75)知

$$\dot{U}=\frac{p}{b}V+\frac{1}{bp}\dot{V}-\frac{\eta(0,\tau)}{b} \tag{5.77}$$

将它对 τ 取两次导数后得

$$\dddot{U}=\frac{p}{b}\ddot{V}+\frac{1}{bp}\dddot{V}-\frac{\ddot{\eta}(0,\tau)}{b} \tag{5.78}$$

再将式(5.75)和式(5.76)对 τ 取导数，并将式(5.77)和式(5.78)代入，就可得到不含 U 的方程：

$$\begin{aligned}&\dddot{V}+p^2\ddot{V}+p^2(1+\delta)\dot{V}+p^4V\\&=p\ddot{\eta}(0,\tau)+p\delta\dot{\eta}(0,\tau)+p^3\eta(0,\tau)-bp\dot{u}'(0,\tau)\end{aligned} \tag{5.79}$$

式中：$\delta=ab$。

类似地，也可以得到不含 V 的方程：

$$\dddot{U}+p^2\ddot{U}+p^2(1+\delta)\dot{U}+p^4U=a\dot{\eta}(0,\tau)-p^2u'(0,\tau)-u''(0,\tau) \tag{5.80}$$

由初始条件(见式(5.75))和式(5.76)，得到以下形式的初始条件：

$$\left.\begin{aligned}&V(p,0)=0\\&\dot{V}(p,0)=p\eta(0,0)\\&\ddot{V}(p,0)=p(\delta-p^2)\eta(0,0)-bpu'(0,0)+p\dot{\eta}(0,0)\end{aligned}\right\} \tag{5.81}$$

$$\left.\begin{aligned}&U(p,0)=0\\&\dot{U}(p,0)=p\eta(0,0)\\&\ddot{U}(p,0)=a\eta(0,0)-u'(0,0)\end{aligned}\right\} \tag{5.82}$$

以 V_1 和 U_1 表示方程(5.75)对应的齐次方程的解，它们可以取为

$$V_1=A\mathrm{e}^{m\tau},\quad U_1=B\mathrm{e}^{n\tau} \tag{5.83}$$

由式(5.83)，待定系数 A 和 B 之间的关系为

$$A=\frac{mnpB}{m+p^2} \tag{5.84}$$

方程(5.79)和特征方程(5.80)有相同的形式，即

$$m^3+p^2m^2+(1+\delta)p^2m+p^4=0 \tag{5.85}$$

当 $\delta\leqslant0.4$ 时，式(5.85)有一个负实根和两个共轭复数根，以 ε、ζ 和 ξ 表示实数，且 ε 为正数，式(5.85)的三个根为

$$\left.\begin{aligned}m_1&=-\varepsilon\\m_2&=-\zeta+\mathrm{i}\xi\\m_3&=-\zeta-\mathrm{i}\xi\end{aligned}\right\}\tag{5.86}$$

并且 ε、ζ 和 ξ 有以下关系：

$$\varepsilon+2\zeta=p^2,\quad \xi^2+\zeta^2+2\varepsilon\zeta=(1+\delta)p^2$$

因此，方程的齐次解（余函数）为

$$\left.\begin{aligned}V_1&=A_1\mathrm{e}^{-\varepsilon\tau}+A_2\mathrm{e}^{-\zeta\tau}\cos\xi\tau+A_3\mathrm{e}^{-\zeta\tau}\sin\xi\tau\\U_1&=B_1\mathrm{e}^{-\varepsilon\tau}+B_2\mathrm{e}^{-\zeta\tau}\cos\xi\tau+B_3\mathrm{e}^{-\zeta\tau}\sin\xi\tau\end{aligned}\right\}$$

式中：A_1、A_2、A_3 等需由初始条件确定。

由式(5.69)可得式(5.75a)的特解 V_2 和式(5.75b)的特解 U_2：

$$V_2=\frac{\theta_1}{p},\quad U_2=0\tag{5.87}$$

在确定常系数后，式(5.75a)和式(5.75b)的通解分别为

$$\frac{V(p,\tau)}{\theta_1}=\frac{1}{[(\varepsilon-\zeta)^2+\xi^2]}\left\{\frac{-(p^2+\varepsilon^2)\mathrm{e}^{-\varepsilon\tau}}{p}+\frac{p\,[2\zeta(1-\varepsilon)+\delta(\varepsilon+\zeta)\mathrm{e}^{-\zeta\tau}\sin\zeta\tau]}{\xi}+\frac{(4\varepsilon\zeta-\delta p^2)\mathrm{e}^{-\zeta\tau}\cos\zeta\tau}{9}\right\}+\frac{1}{p}\tag{5.88}$$

$$\frac{U(p,\tau)}{a\theta_1}=\frac{1}{[(\varepsilon-\zeta)^2+\xi^2]}\left(\mathrm{e}^{-\varepsilon\tau}+\mathrm{e}^{-\zeta\tau}\cos\zeta\tau+\frac{\varepsilon-\zeta}{\xi}\mathrm{e}^{-\zeta\tau}\sin\xi\tau\right)\tag{5.89}$$

为了得到耦合问题的最终解答，需对式(5.88)和式(5.89)进行傅里叶逆变换，以得到位移场和温度场随时间变化的表达式。

为此，应计算以下逆变换式：

$$\left.\begin{aligned}u(l,\tau)&=\frac{2}{\pi}\int_0^\infty U(p,\tau)\cos pl\,\mathrm{d}p\\\frac{\theta}{T_0}(l,\tau)&=\frac{2}{\pi}\int_0^\infty V(p,\tau)\sin pl\,\mathrm{d}p\end{aligned}\right\}\tag{5.90}$$

但是，进行逆变换一般都比较烦琐并有一定的困难。取 $\delta=0.03$，得到图 5-2 所示的反映温度 θ 变化的曲线和图 5-3 所示的反映应变 γ_{11}（$\gamma_{11}=\partial u_1/\partial x_1=\partial u/\partial l$）变化的曲线。

根据这些变化曲线及本构方程(5.66)，又可得到热应力 σ_{11} 的变化曲线。若边界条件为 $\sigma_{11}(0,t)=0$ 和跳跃的温度差，热应力变化曲线如图 5-4 所示，图中 $\sigma=\sigma_{11}/(\lambda+2\mu)$ 为无量纲的 x_1 方向热应力，$\tau=1$。通过分析可以知道，$\sigma/[\alpha(\theta_1/T_0)]$ 在 $l=\tau$ 处的跳跃值等于 $\mathrm{e}^{-\delta\tau/2}$。将耦合解与半空间非耦合解相比较，可知二者的差别：

(1) 非耦合解中应力跳跃的幅度是不变的，耦合解中应力跳跃的幅度随时间的增加按指数规律下降。

(2) 耦合解和非耦合解中，温度分布都是连续的。在耦合解中，温度的变化较非耦合解中的要缓和。

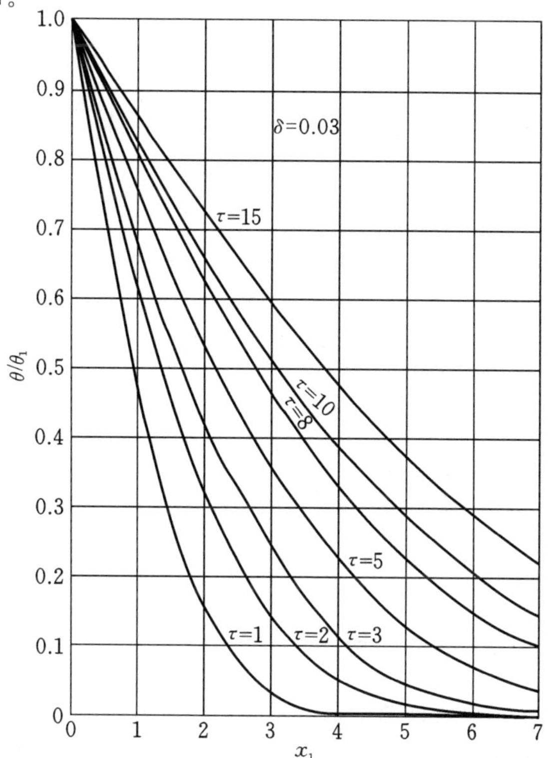

图 5-2　温度的分布

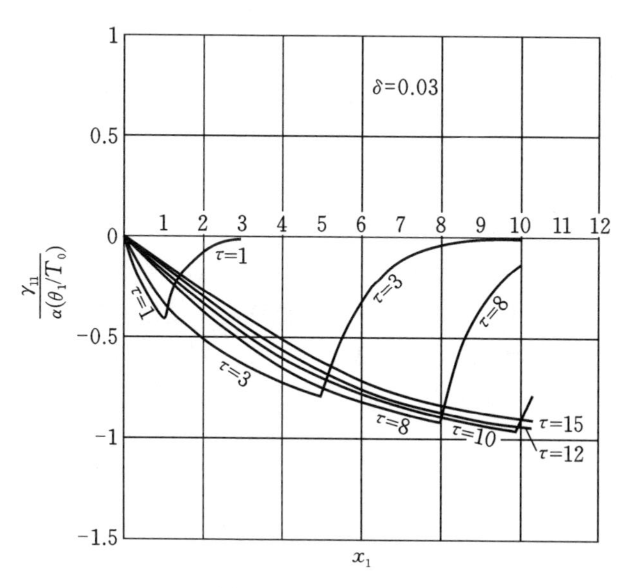

图 5-3　应变的分布

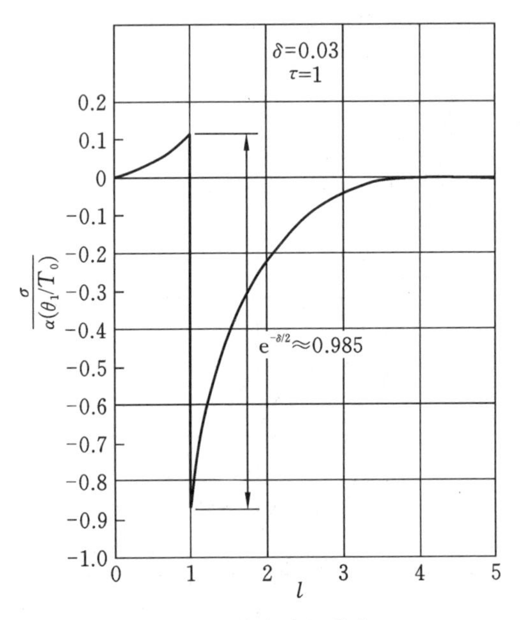

图 5-4　热应力的分布

5.3　耦合系数对热应力的影响

5.3.1　厚板与周围介质换热时耦合系数对热应力的影响

以上讨论的一维耦合热弹性问题中,所采用的热力学边界条件是温度的突然变化,它可以用阶梯函数来表示。这种情况在工程实际中很少。工程实际中半空间也是很少的。所以,可以说,5.1 和 5.2 节给出的是理想的力学模型。研究的目的在于说明耦合系数对热应力的影响。

本节讨论厚板与周围介质换热时耦合系数 δ 的影响。厚板与周围介质换热的情况比较符合实际,但是这类问题在数学分析上有一定困难。为此,采用拟静态的方法来处理,即略去控制方程中的动力项,只考虑方程中的耦合项的影响。然后将计算结果与 4.2 节中只考虑动力项的影响的厚板热应力进行比较。

设板的厚度为 $2b$,初始温度为 T_0;以 T_A 表示周围介质温度 T_B 与 T_0 之差,即 $T_A=T_B-T_0$;设板的周边沿 y 和 z 方向的位移是不受限制的。

以 u_x 表示 x 方向的位移,θ 表示温差 $T-T_0$,则热传导方程为

$$\frac{\partial^2\theta}{\partial x^2}-\frac{1}{k_{\mathrm{d}}}\cdot\frac{\partial\theta}{\partial t}=\frac{(3\lambda+2\mu)\alpha T_0}{k}\dot{\gamma}_{ii}\tag{5.91}$$

以符号 w_y 和 w_z 分别表示

$$w_y\equiv\gamma_{yy},\quad w_z\equiv\gamma_{zz}$$

则式(5.91)可写成

$$\frac{\partial^2\theta}{\partial x^2}-\frac{1}{k_d}\cdot\frac{\partial\theta}{\partial t}=\frac{(3\lambda+2\mu)\alpha T_0}{k}\cdot\frac{\partial}{\partial t}\left(\frac{\partial u_x}{\partial x}+w_y+w_z\right) \tag{5.92}$$

在热弹性运动方程

$$\nabla^2 u_i+\frac{1}{1-2\nu}e_{,i}-\frac{2(1+\nu)}{1-2\nu}\alpha\theta_{,i}=\frac{\rho}{\mu}\ddot{u}_i\quad(i=1,2,3) \tag{5.93}$$

中略去动力项，得到拟静态的热弹性方程

$$\frac{\partial^2 u_x}{\partial x^2}=\frac{1+\nu}{1-\nu}\alpha\cdot\frac{\partial\theta}{\partial x} \tag{5.94}$$

由 $E^{ijmn}u_{m,nj}+\rho_0 f_i-\beta_{ij}\theta_{,j}=\rho_0\ddot{u}_i(i=1,2,3)$得到本构方程

$$\left.\begin{aligned}
\sigma_{11}&\equiv\sigma_{xx}=\frac{(1-\nu)E}{(1+\nu)(1-2\nu)}\cdot\frac{\partial u_x}{\partial x}+\frac{\nu E(w_y+w_z)}{(1+\nu)(1-2\nu)}-\frac{\alpha E\theta}{1-2\nu}\\
\sigma_{22}&\equiv\sigma_{yy}=\frac{(1-\nu)E}{(1+\nu)(1-2\nu)}\cdot\left[w_y+\frac{\nu(w_z+\partial u_x/\partial x)}{1-\nu}\right]-\frac{\alpha E\theta}{1-2\nu}\\
\sigma_{33}&\equiv\sigma_{zz}=\frac{(1-\nu)E}{(1+\nu)(1-2\nu)}\cdot\left[w_z+\frac{\nu(w_y+\partial u_x/\partial x)}{1-\nu}\right]-\frac{\alpha E\theta}{1-2\nu}
\end{aligned}\right\} \tag{5.95}$$

板的热学边界条件为：

$$\left.\frac{\partial\theta}{\partial x}\right|_{x=\pm b}=\mp h(\theta-T_A) \tag{5.96}$$

力学边界条件为：

$$\int_{-b}^{b}\sigma_{yy}\,\mathrm{d}x=\int_{-b}^{b}\sigma_{zz}\,\mathrm{d}x=0,\quad \sigma_{xx}\big|_{x=\pm b}=0 \tag{5.97}$$

初始条件为

$$\theta\big|_{t=0}=0,\quad u_x\big|_{t=0}=w_y\big|_{t=0}=w_z\big|_{t=0}=0 \tag{5.98}$$

为了简化以上各方程，使之无量纲化，取与式(4.2)所示相同的无量纲变量：

$$X=\frac{x}{b},\quad Y=\frac{y}{b},\quad Z=\frac{z}{b},\quad \eta=\frac{\theta}{T_A},\quad \tau=t\frac{k_d}{b^2},\quad H=hb$$

并取无量纲变量 u_1、W_y、W_z、σ_1、σ_2、σ_3 等，有

$$\left.\begin{aligned}
u_1&=\frac{u_x}{b(1+\nu)\left(\frac{\alpha T_0}{1-\nu}\right)}\\
[W_y\quad W_z]^{\mathrm{T}}&=\frac{1}{(1+\nu)\left(\frac{\alpha T_0}{1-\nu}\right)}[w_y\quad w_z]^{\mathrm{T}}\\
[\sigma_1\quad\sigma_2\quad\sigma_3]^{\mathrm{T}}&=\frac{1}{E\left(\frac{\alpha T_A}{1-\nu}\right)}[\sigma_{xx}\quad\sigma_{yy}\quad\sigma_{zz}]^{\mathrm{T}}
\end{aligned}\right. \tag{5.99}$$

注意到耦合系数 δ 也是无量纲的，且

$$\delta=\frac{(3\lambda+2\mu)^2\alpha^2 T_0}{\rho^2 c_\rho v_e^2}=\frac{(1+\nu)E}{(1-\nu)(1-2\nu)}\cdot\frac{\alpha^2 T_0}{\rho c_\rho}$$

用无量纲变量 u_1、W_y、W_z、σ_1、σ_2、σ_3、δ 代换控制方程(5.92)、方程(5.93)和方程(5.95)中各变量,得到以下的各个无量纲方程:

热传导方程

$$\frac{\partial^2\eta}{\partial X^2}-\frac{\partial\eta}{\partial\tau}=\delta\frac{\partial}{\partial\tau}\left(\frac{\partial u_1}{\partial X}+W_y+W_z\right) \tag{5.100}$$

热弹性方程

$$\frac{\partial^2 u_1}{\partial X^2}=\frac{\partial\eta}{\partial X} \tag{5.101}$$

本构方程

$$\left.\begin{aligned}\sigma_1&=\frac{1-\nu}{1-2\nu}\cdot\left[\frac{\partial u_1}{\partial X}+\frac{\nu}{1-\nu}(W_y+W_z)-\eta\right]\\ \sigma_2&=\frac{1-\nu}{1-2\nu}\cdot\left[W_y+\frac{\nu}{1-\nu}\left(\frac{\partial u_1}{\partial X}+W_z\right)-\eta\right]\\ \sigma_3&=\frac{1-\nu}{1-2\nu}\cdot\left[W_z+\frac{\nu}{1-\nu}\left(W_y+\frac{\partial u_1}{\partial X}\right)-\eta\right]\end{aligned}\right\} \tag{5.102}$$

边界条件为

$$\left.\frac{\partial\eta}{\partial X}\right|_{X=\pm1}=\mp H(\eta-1) \tag{5.103}$$

$$\sigma_1\big|_{x=\pm1}=0,\quad \int_{-1}^{1}\sigma_2\mathrm{d}X=\int_{-1}^{1}\sigma_3\mathrm{d}X=0 \tag{5.104}$$

初始条件为

$$\eta\big|_{\tau=0}=0 \tag{5.105}$$

$$u_1\big|_{\tau=0}=W_y\big|_{\tau=0}=W_z\big|_{\tau=0}=0 \tag{5.106}$$

现在,应用拉普拉斯变换法求解以上方程。$\bar{u}_1$ 和 $\bar{\eta}$ 的表达式分别为

$$\bar{u}_1\equiv\bar{u}_1(X,s)=L\,[u_1(X,\tau)],\quad \bar{\eta}_1\equiv\bar{\eta}_1(X,s)=L\,[\eta_1(X,\tau)] \tag{5.107}$$

相应地其他变量的拉普拉斯变换以 $\overline{W}_y$、$\overline{W}_z$、$\bar{\sigma}_1$、$\bar{\sigma}_2$、$\bar{\sigma}_3$ 表示。考虑初始条件(式(5.105)和式(5.106))后,热传导方程(5.100)变换成

$$\frac{\partial^2\bar{\eta}}{\partial X^2}-s\bar{\eta}=\delta s\left(\frac{\mathrm{d}\bar{u}_1}{\mathrm{d}X}+\overline{W}_y+\overline{W}_z\right) \tag{5.108}$$

热弹性方程(5.101)变换成

$$\frac{\mathrm{d}^2\bar{u}_1}{\mathrm{d}X^2}=\frac{\mathrm{d}\bar{\eta}}{\mathrm{d}X} \tag{5.109}$$

将式(5.109)积分一次,并以 W 表示积分常数,得

$$\frac{\mathrm{d}\bar{u}_1}{\mathrm{d}X}=\bar{\eta}+W \tag{5.110}$$

将式(5.110)代入式(5.108),则热传导方程变形为

$$\frac{\partial^2 \bar{\eta}}{\partial X^2} - s(1+\delta)\bar{\eta} = \delta s(W + \overline{W}_y + \overline{W}_z) \tag{5.111}$$

令 $q=\sqrt{s(1+\delta)}$,方程(5.111)的齐次解可写成

$$\bar{\eta}_1(X,s) = A\cosh qX$$

式中 A 为常系数。方程(5.111)的特解 η_2 可写成

$$\bar{\eta}_2 = -\frac{\delta}{1+\delta}(W + \overline{W}_y + \overline{W}_z)\bar{\eta}$$

因此有

$$\bar{\eta}(X,s) = A\cosh qx - \frac{\delta}{1+\delta}(W + \overline{W}_y + \overline{W}_z) \tag{5.112}$$

将此式代入式(5.110),再积分一次,得

$$\bar{u}_1(X,s) = \frac{A}{q}\sinh qx - \frac{\delta}{1+\delta}X(\overline{W}_y + \overline{W}_z) + \frac{1}{1+\delta}WX \tag{5.113}$$

由式(5.112)和式(5.113),可以得到热应力的拉普拉斯变换式:

$$\left.\begin{aligned}
\bar{\sigma}_1 &= \frac{\nu}{1-2\nu}\cdot\left[\frac{1-\nu}{\nu}W + \overline{W}_y + \overline{W}_z\right] \\
\bar{\sigma}_2 &= -A\cosh qX + \frac{[1-\nu+(2-3\nu)\delta]}{(1-2\nu)(1+\delta)}\overline{W}_y + \frac{\nu+(1-\nu)\delta}{(1-2\nu)(1+\delta)}(\overline{W}_y + W) \\
\bar{\sigma}_3 &= -A\cosh qX + \frac{[1-\nu+(2-3\nu)\delta]}{(1-2\nu)(1+\delta)}\overline{W}_z + \frac{[\nu+(1-\nu)]\delta}{(1-2\nu)(1+\delta)}(\overline{W}_y + W)
\end{aligned}\right\} \tag{5.114}$$

边界条件的变换式为

$$\left.\begin{aligned}
&\left.\frac{d\bar{\eta}}{dX}\right|_{X=\pm1} = \mp H\left(\eta(\pm 1,s) - \frac{1}{s}\right) \\
&\bar{\sigma}_1\big|_{X=\pm1} = 0 \\
&\int_{-1}^{1}\bar{\sigma}_2 dX = \int_{-1}^{1}\bar{\sigma}_3 dX = 0
\end{aligned}\right\} \tag{5.115}$$

借助于这些条件,解出 A、W 和 $\overline{W}_y(\overline{W}_y=\overline{W}_z)$。于是得到

$$\left.\begin{aligned}
\bar{\eta}(X,s) &= Q\left(\cosh qX - R\,\frac{\sinh q}{q}\right) \\
\bar{u}_1(X,s) &= Q\left(\sinh q - PX\,\frac{\sinh q}{q}\right) \\
\bar{\sigma}_1(X,s) &= 0 \\
\bar{\sigma}_2(X,s) = \bar{\sigma}_3(X,s) &= Q\left(-\cosh qX + \frac{\sinh q}{q}\right)
\end{aligned}\right\} \tag{5.116}$$

式中

$$\left.\begin{aligned}&P=\frac{2[\nu+(1-\nu)\delta]}{1+\nu+3(1-\nu)\delta},\quad R=\frac{2(1-2\nu)\delta}{1+\nu+3(1-\nu)\delta}\\&Q=\frac{H}{s}\left(q\sinh q+H\cosh q-HR\ \frac{\sinh q}{q}\right)^{-1}\end{aligned}\right\}\tag{5.117}$$

应用留数定理进行逆变换，得到无量纲的温度场 $\eta(X,\tau)$、位移 $u_1(X,\tau)$，以及热应力 $\sigma_1(X,\tau)$、$\sigma_2(X,\tau)$和 $\sigma_3(X,\tau)$的表达式：

$$\left.\begin{aligned}&\eta(X,\tau)=1-\sum_{n=1}^{\infty}B_n\left[\cos(p_nX)-R\ \frac{\sin p_n}{p_n}\right]\mathrm{e}^{-p^2\tau(1+\delta)}\\&u_1(X,\tau)=\frac{1-\nu}{1+\nu}X-\sum_{n=1}^{\infty}B_n\left[\frac{\sin(p_nX)}{p_n}-PX\ \frac{\sin p_n}{p_n}\right]\mathrm{e}^{-p^2\tau(1+\delta)}\\&\sigma_1(X,\tau)=0\\&\sigma_2(X,\tau)=\sigma_3(X,\tau)=-\sum_{n=1}^{\infty}B_n\left[-\cos p_n\cdot X+\frac{\sin p_n}{p_n}\right]\mathrm{e}^{-p^2\tau(1+\delta)}\end{aligned}\right\}\tag{5.118}$$

式中：p_n 是方程

$$Hp_n\cos p_n-(p_n^2+HR)\sin p_n=0\quad(n=1,2,\cdots)\tag{5.119}$$

的第 n 个正根。B_n 表示

$$B_n=\frac{2p_n\sin p_n}{p_n^2+p_n\sin p_n\cos p_n-2R\ \sin^2 p_n}\tag{5.120}$$

取 $\nu=1/3$、$H=10$ 和 $\delta=0.1$ 进行计算，取这些数值比较符合实际情况。对于普通的合金，耦合系数 δ 取 0.1 是可行的。例如在室温 20℃(即 $T_0=293$ K)下，铅的耦合系数 $\delta=0.079$。

根据计算结果可绘出温度($\eta=\theta/T_A$)的变化曲线。图 5-5 为板的横截面($0\leqslant X\leqslant1$)上，温度在 $\tau=0.05$、0.2、0.4、0.7 时的变化曲线。图 5-6 为 $X=0$(中间层)，$X=0.7$ 和 $X=1.0$(边界面)处，温度随时间 τ 的变化曲线。横坐标 τ 采用了对数坐标。

图 5-7 为 y 方向无量纲热应力 σ_2 和 z 方向无量纲热应力 σ_3 在坐标 X 取不同值时随时间 τ 的变化曲线。时间坐标轴和图 5-7 一样，采用了对数坐标。

以上各图中，实线表示 $\delta=0.1$ 时的计算结果，虚线表示 $\delta=0$ 时的计算结果。比较图中实线和虚线，可以看出耦合系数对温度场和热应力场的影响。

(1) 耦合系数对温度场的影响：δ 可使温度降低。在边界面上，δ 的影响甚小。距边界面愈远，δ 的影响愈显著。由图 5-5 可看出，在 $X=0$ 处，当 $\tau=0.4$ 时，δ 使 η 降低 10%左右。因此可以认为，耦合系数对热流的传播有阻抗作用。

(2) 耦合系数对热应力的影响：在热应力未达到最大值(绝对值)之前，δ 使热应力减弱；在达到最大值之后，δ 使热应力增大。此外，δ 使热应力的最大值略有增大。

总之，耦合系数对温度场和热应力场的影响是显著的。

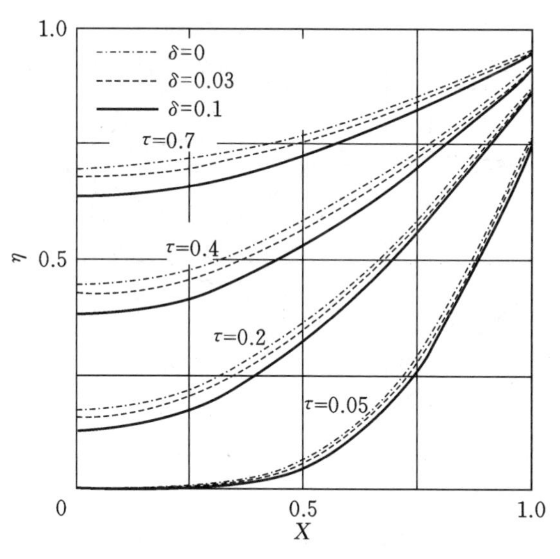

图 5-5　温度的分布

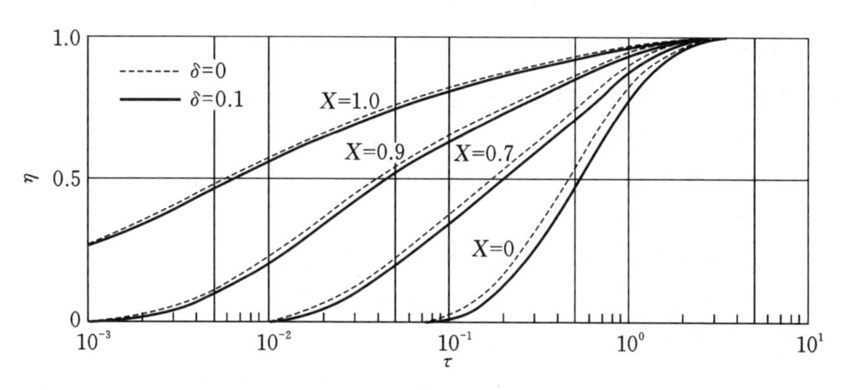

图 5-6　温度随时间的变化

如果将耦合热弹性问题中耦合项的影响与动力项的影响进行比较，那么由于热应力的值取决于 v 的值(见 4.2 节)，$v=v_e\cdot(b/k_d)$，计算中取 $v=100$。这个 v 值与实际情况相去甚远，所以不能用图 4-2、图 4-3、图 4-4 与图 5-7 直接做比较。设 $b=1\text{cm}$，对于钢料，可算出 $v=5.18\times10^6$。这样一来，动态热应力的值与拟静态热应力的值就会很接近。也就是说，在 v 值很大的情况下，热应力动态值与拟静态值的比值等于 1。因此，动力项的影响可以略去。

综上所述，可以得出结论：因为对于一般的金属，耦合效应远大于动力效应，所以在热冲击问题中，考虑耦合效应比考虑动力效应更为重要。

根据这个结论，在实际的热冲击问题中，可以应用拟静态的热弹性方程，但对于热传导方程需考虑耦合项。

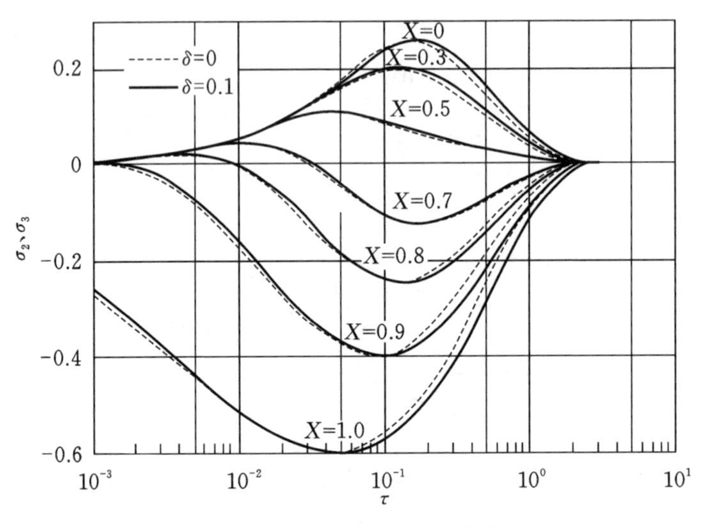

图 5-7　热应力随时间的变化

5.3.2　圆筒在不对称受热时的耦合热应力

1. 问题描述

圆筒在不对称受热时的热弹性问题是一个二维平面应变问题，它一般应用极坐标来求解。根据 5.3.1 节的结论，略去热弹性运动方程中的动力项，用拟静态的方法来处理，同时保留热传导时方程中的耦合项，这样，就可以用数学分析方法得到问题的精确解。

Y.Takeuti 和 Y.Tanigawa 提出的附加函数法就是一种数学分析方法，可以方便地将热传导方程与热弹性方程分离开，然后单独地解这两个方程。这种方法可推广到采用其他坐标系的二维或三维问题上。

设圆筒内、外径为 a 和 b，在外壁的 $2\varphi_0$ 范围内受到温度为 T_A 的介质的对流换热作用，如图 5-8 所示。由于圆筒很长，不会产生沿轴向的位移，所以此时的热弹性问题是二维的热弹性问题。

以 T_0 表示初始温度，$T(r,\varphi,t)$ 表示截面上的温度场，$\theta=T-T_0$，则热传导方程可写成：

$$\frac{\partial^2\theta}{\partial r^2}+\frac{1}{r}\cdot\frac{\partial\theta}{\partial r}+\frac{1}{r^2}\cdot\frac{\partial^2\theta}{\partial\varphi^2}=\frac{1}{k_d}\frac{\partial\theta}{\partial t}+T_0\beta\frac{\partial e}{\partial t} \tag{5.121}$$

式中

$$\beta=\alpha(3\lambda+2\mu)=\alpha E/(1-2\nu)$$

以 u_r 和 u_φ 分别表示径向和环向的位移，则在极坐标系中圆筒的体积应变为

$$e=\frac{1}{r}\frac{\partial}{\partial r}(r\partial u_r)+\frac{1}{r}\frac{\partial u_\varphi}{\partial\varphi} \tag{5.122}$$

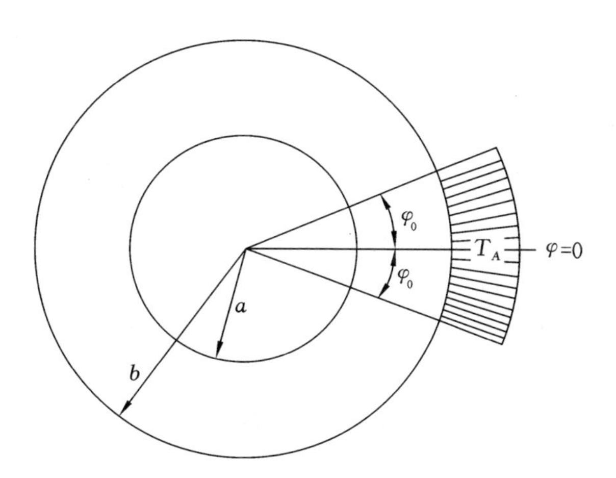

图 5-8　圆筒部分外表面受热作用的情况

拟静态的热弹性运动方程略去动力项可写成

$$
\begin{aligned}
&(\lambda+2\mu)\frac{\partial e}{\partial r}-2\mu\left\{\frac{1}{r}\frac{\partial}{\partial\varphi}\left[\frac{1}{2}\left(\frac{\partial u_\varphi}{\partial r}+\frac{u_\varphi}{r}\right)-\frac{1}{2r}\frac{\partial u_r}{\partial\varphi}\right]\right\}=\beta\frac{\partial\theta}{\partial r}\\
&(\lambda+2\mu)\frac{1}{r}\cdot\frac{\partial e}{\partial\varphi}+2\mu\left\{\frac{\partial}{\partial r}\left[\frac{1}{2}\left(\frac{\partial u_\varphi}{\partial r}+\frac{u_\varphi}{r}\right)-\frac{1}{2r}\frac{\partial u_r}{\partial\varphi}\right]\right\}=\beta\cdot\frac{1}{r}\cdot\frac{\partial\theta}{\partial\varphi}
\end{aligned}
\tag{5.123}
$$

为了将式(5.121)、式(5.122)和式(5.123)写成无量纲的形式,引入以下无量纲变量:

$$
\left.\begin{aligned}
&l=r\cdot\frac{1}{a},\quad \tau=t\cdot\frac{k_{\mathrm{d}}}{a^2},\quad \eta=\frac{\theta}{T_A}\\
&[v_r\quad v_\varphi]^{\mathrm{T}}=\frac{1}{a\dfrac{\alpha T_A}{1-\nu}}[u_r\quad u_\varphi]^{\mathrm{T}},\quad \varepsilon=e\cdot\frac{\alpha T_A}{1-\nu}
\end{aligned}\right\}
\tag{5.124}
$$

式中:v_r 和 v_φ 分别是径向和环向的无量纲位移;ε 是无量纲的体积应变。

耦合系数 δ 仍由式(5.32)定义,将以上各无量纲变量引入热传导方程,则方程的无量纲形式为

$$
\frac{\partial^2\eta}{\partial l^2}+\frac{1}{l}\frac{\partial\eta}{\partial l}+\frac{1}{l^2}\frac{\partial^2\eta}{\partial\varphi^2}=\frac{\partial\eta}{\partial\tau}+\frac{\delta}{1+\nu}\cdot\frac{\partial\varepsilon}{\partial\tau}
\tag{5.125}
$$

这个方程也可写成

$$
\nabla^2\eta=\frac{\partial\eta}{\partial\tau}+\frac{\delta}{1+\nu}\cdot\frac{\partial\varepsilon}{\partial\tau}
\tag{5.126}
$$

式中∇^2是极坐标系下的拉普拉斯算子,即

$$
\nabla^2=\frac{\partial^2}{\partial l^2}+\frac{1}{l}\cdot\frac{\partial}{\partial l}+\frac{1}{l^2}\frac{\partial^2}{\partial\varphi^2}
\tag{5.127}
$$

同样可以得到热弹性方程(5.123)的无量纲形式

$$\frac{2(1-\nu)}{1-2\nu}\cdot\frac{\partial\varepsilon}{\partial l}+\frac{1}{l^2}\cdot\frac{\partial^2 v_r}{\partial\varphi^2}-\frac{1}{l}\cdot\frac{\partial^2 v_\varphi}{\partial l\partial\varphi}-\frac{1}{l^2}\cdot\frac{\partial v_\varphi}{\partial\varphi}=\frac{2(1-\nu^2)}{1-2\nu}\cdot\frac{\partial\eta}{\partial l} \tag{5.128}$$

$$\frac{2(1-\nu)}{1-2\nu}\cdot\frac{1}{l}\cdot\frac{\partial\varepsilon}{\partial\varphi}+\frac{\partial^2 v_\varphi}{\partial l^2}-\frac{1}{l}\cdot\frac{\partial^2 v_r}{\partial l\partial\varphi}-\frac{1}{l^2}\cdot\frac{\partial v_r}{\partial\varphi}+\frac{1}{l}\frac{\partial v_\varphi}{\partial l}-\frac{1}{l^2}v_\varphi=\frac{2(1-\nu^2)}{1-2\nu}\cdot\frac{1}{l}\cdot\frac{\partial\eta}{\partial\varphi} \tag{5.129}$$

无量纲的换热边界条件可以由$-k\dfrac{\partial T}{\partial n}=\zeta(T-T_A)$得到：

$$\left.\begin{aligned}&\left.\frac{\partial\eta}{\partial l}\right|_{l=1}-H_a\eta(1,\tau)=0,\quad r=a\\&\left.\frac{\partial\eta}{\partial l}\right|_{l=\frac{b}{a}}+H_b\eta\left(\frac{b}{a},\tau\right)=H_b f(\varphi),\quad r=b\end{aligned}\right\} \tag{5.130}$$

式中：H_a 和 H_b 分别为 $r=a$ 和 b 处介质与圆筒的相对换热系数(无量纲形式)。若以 ζ 为换热系数，则 $H=a\zeta/k$；圆筒内介质温度保持为 T_0，圆筒外介质温度为 $T_A f(\varphi)$。

2. 附加调和函数法

热弹性运动方程为

$$\nabla^2 u_i+\frac{1}{1-2\nu}e_{,i}=2\cdot\frac{1+\nu}{1-2\nu}\alpha\theta_{,i}\quad(i=1,2,3)$$

将这一组方程分别对相应的坐标 x_i 取导数，然后相加，得到：

$$\nabla^2 u_{i,i}+\frac{1}{1-2\nu}e_{,ii}=2\cdot\frac{1+\nu}{1-2\nu}\alpha\theta_{,ii}\quad(i=1,2,3)$$

由于$\nabla^2 u_{i,i}\equiv\nabla^2 e$ 及 $e_{,ii}\equiv\nabla^2 e$，所以

$$\nabla^2 e=\frac{1+\nu}{1-\nu}\alpha\,\nabla^2\theta \tag{5.131}$$

将无量纲的 ε 和 η 代入，式(5.131)变为

$$\nabla^2\varepsilon=(1+\nu)\nabla^2\eta \tag{5.132}$$

将此式用于极坐标系中时，符号∇^2由式(5.127)定义。

引入一个无量纲的调和函数 Φ，即

$$\nabla^2\Phi=0 \tag{5.133}$$

则式(5.132)可简化成

$$\varepsilon=(1+\nu)(\eta+\Phi) \tag{5.134}$$

将此式代入方程(5.126)，得

$$\nabla^2\eta=(1+\delta)\frac{\partial\eta}{\partial\tau}+\delta\frac{\partial\Phi}{\partial\tau} \tag{5.135}$$

若将式(5.134)代入式(5.128)和式(5.129)，则得：

$$\frac{2(1-\nu^2)}{1-2\nu}\cdot\frac{\partial\Phi}{\partial l}+\frac{1}{l^2}\cdot\frac{\partial^2 v_r}{\partial\varphi^2}-\frac{1}{l^2}\cdot\frac{\partial^2}{\partial l\partial\varphi}(lv_\varphi)=0 \tag{5.136}$$

$$\frac{2(1-\nu^2)}{1-2\nu}\cdot\frac{1}{l}\cdot\frac{\partial\Phi}{\partial\varphi}+\frac{\partial}{\partial l}\left[\frac{1}{l}\frac{\partial}{\partial l}(lv_\varphi)\right]-\frac{\partial^2}{\partial l\partial\varphi}\left(\frac{v_r}{l}\right)=0 \tag{5.137}$$

由式(5.135)、式(5.136)和式(5.137)可见，在添加了调和函数 Φ 后，温度场(η)和位移场(v_r、v_φ)被分离。

设 $\tau=0$ 时，初始应变为零。由式(5.134)得到 Φ 的初始条件。如果能够找出 Φ 的表达式，式(5.135)、式(5.136)和式(5.137)就可以求解，从而将耦合的热弹性问题化为非耦合的问题来求解。

对于圆筒的情况，为使求解简化并不失一般性，可以取

$$f(\varphi)=f(-\varphi) \tag{5.138}$$

对方程(5.135)进行拉普拉斯变换，考虑到 η 和 Φ 的初始条件，得

$$\nabla^2\bar{\eta}-(1+\delta)s\bar{\eta}=\delta s\bar{\Phi} \tag{5.139}$$

式中

$$\bar{\eta}(l,\varphi,s)=L[\eta(l,\varphi,\tau)]$$

$$\bar{\Phi}=L[\Phi]$$

由于$\nabla^2\Phi=0$，故有$\nabla^2\bar{\Phi}=0$。对于一些简单函数 $g(l,\varphi)$(如 $\ln l$、l^n 与 l^{-n} 的组合函数)，$\cos n\varphi$、$\sin n\varphi$($n=1,2,\cdots$)等均能满足$\nabla^2 g(l,\varphi)=0$。为此取 $\bar{\Phi}$ 为

$$\bar{\Phi}=A_0+A'_0\ln l+\sum_{n=1}^{\infty}(A_n l^n+A'_n l^{-n})\cos n\varphi \tag{5.140}$$

式中 A_0、A_n、A'_0、A'_n 为常系数。将它们代入式(5.139)，即可解出 $\bar{\eta}(l,\varphi,s)$：

$$\bar{\eta}(l,\varphi,s)=\sum_{n=0}^{\infty}[B_n I_n(ql)+B'_n K_n(ql)]\cos n\varphi-\delta\bar{\Phi}/(1+\delta) \tag{5.141}$$

式中：I_n 和 K_n 分别为 n 阶第一类和第二类的修正贝塞尔函数，且

$$q=\sqrt{(1+\delta)s} \tag{5.142}$$

B_n、B'_n 以及 $\bar{\Phi}$ 中的 A_n、A'_n($n=0,1,2,\cdots$)为积分常数，由边界条件确定。

由式(5.122)的无量纲形式

$$\varepsilon=\frac{1}{l}\frac{\partial}{\partial l}(lv_r)+\frac{1}{l}\frac{\partial v_\varphi}{\partial\varphi}$$

和式(5.134)，可得以下关系式：

$$\frac{\partial v_r}{\partial l}+\frac{v_r}{l}+\frac{1}{l}\frac{\partial v_\varphi}{\partial\varphi}=(1+\nu)(\eta+\Phi) \tag{5.143}$$

对此式做拉普拉斯变换，并将 $\bar{\eta}$ 和 $\bar{\Phi}$ 的表达式代入，就得到热弹性方程的拉普拉斯变换式之一，即

$$\frac{1}{l}\cdot\frac{\partial}{\partial l}(l\bar{v}_r)-\frac{1}{l^2}\cdot\frac{\partial}{\partial\varphi}(l\bar{v}_\varphi)=(1+\nu)\left\{\sum_{n=0}^{\infty}[B_n I_n(ql)+B'_n K_n(ql)]\cos n\varphi\right.$$
$$\left.+\frac{1}{1+\delta}\left[A_0+\sum_{n=1}^{\infty}(A_n l^n+A'_n l^{-n})\cos n\varphi\right]\right\} \tag{5.144}$$

热弹性方程的另一个变换式可以通过将式(5.140)代入做拉普拉斯变换后的式(5.136)和式(5.137)后整理而求得，即

$$\frac{1}{l^2}\frac{\partial}{\partial\varphi}(l\bar{v}_r)+\frac{1}{l}\frac{\partial}{\partial l}(l\bar{v}_\varphi)=-\frac{2(1-\nu^2)}{1-2\nu}\sum_{n=1}^{\infty}(A_n l^n-A'_n l^{-n})\sin n\varphi \quad (5.145)$$

对式(5.144)和式(5.145)分别以 $\partial/\partial l$ 和 $\partial/\partial\varphi$ 求导，即可消去 $\bar{v}_r$ 或 $\bar{v}_\varphi$。消去 v_φ，得到

$$\begin{aligned}\nabla^2(l\bar{v}_r)=(1+\nu)\Bigg(&\sum_{n=1}^{\infty}\Big\{B_n[(n+2)I_n(ql)+qlI_{n+1}(ql)]\\&+B'_n[(n+2)K_n(ql)-qlK_{n+1}(ql)]\Big\}\cos n\varphi+\frac{2A_0}{1+\delta}\\&+\sum_{n=1}^{\infty}\left\{A_n l^n\left[\frac{n+2}{1+\delta}-\frac{2n(1-\nu)}{1-2\nu}\right]-A'_n l^{-n}\left[\frac{n+2}{1+\delta}-\frac{2n(1-\nu)}{1-2\nu}\right]\right\}\cos n\varphi\Bigg)\end{aligned} \quad (5.146)$$

解此二阶微分方程，得到 $\bar{v}_r$ 的表达式：

$$\begin{aligned}\bar{v}_r=&\frac{C_0}{l}+C'_0\frac{\ln l}{l}+\sum_{n=1}^{\infty}\left(C_n l^{n-1}+\frac{C'_n}{l^{n+1}}\right)\cos n\varphi+(1+v)\Bigg(\sum_{n=1}^{\infty}\frac{1}{q}\Big\{B_n\left[\frac{n}{ql}I_n(ql)+I_{n+1}(ql)\right]\\&+B'_n\left[\frac{n}{ql}K_n(ql)-K_{n+1}(ql)\right]\Big\}\cos n\varphi+A_0\frac{1}{2(1+\delta)}+\Big\{A_1 l^2\left[\frac{3}{1+\delta}-\frac{2(1-\nu)}{1-2\nu}\right]\cdot\frac{1}{8}\\&+A'_1(1-2\ln l)\left[-\frac{1}{1+\delta}-\frac{2(1-\nu)}{1-2\nu}\right]\Big\}\frac{\cos\varphi}{4}+\sum_{n=2}^{\infty}\Big[A_n l^{n+1}\left(\frac{n+2}{1+\delta}-2n\cdot\frac{1-\nu}{1-2\nu}\right)\\&\cdot\frac{1}{4(n+1)}+A'_n\cdot\frac{1}{l^{n-1}}\left(\frac{n-2}{1+\delta}-2n\cdot\frac{1-\nu}{1-2\nu}\right)\cdot\frac{1}{4(n-1)}\Big]\cos n\varphi\Bigg)\end{aligned} \quad (5.147)$$

将此表达式代入式(5.145)，积分后得到 $\bar{v}_\varphi$ 的表达式：

$$\begin{aligned}\bar{v}_\varphi=&-\sum_{n=1}^{\infty}\left(C_n l^{n-1}-\frac{C'_n}{l^{n+1}}\right)\sin n\varphi-(1+v)\Bigg(\sum_{n=1}^{\infty}\frac{n}{q^2 l}[B_nI_n(ql)+B'_nK_n(ql)]\sin n\varphi\\&+\Big\{A_1 l^2\left[\frac{1}{1+\delta}-\frac{6(1-\nu)}{1-2\nu}\right]\cdot\frac{1}{8}+A'_1\Big[-\frac{3}{4(1+\delta)}+\frac{1-\nu}{2(1-2\nu)}+\left(\frac{1}{1+\delta}+2\frac{1-\nu}{1-2\nu}\right)\\&\cdot\frac{\ln l}{2}\Big]\Big\}\sin\varphi+\sum_{n=2}^{\infty}\Big\{A_n l^{n+1}\left[\frac{n}{1+\delta}-2(n+2)\frac{1-\nu}{1-2\nu}\right]\cdot\frac{1}{4(n+1)}-A'_n\cdot\frac{1}{l^{n-1}}\\&\cdot\left[\frac{n}{1+\delta}-2(n-2)\frac{1-\nu}{1-2\nu}\right]\Big\}\Bigg)\sin n\varphi\end{aligned} \quad (5.148)$$

式中：C_n 和 C'_n 是积分常数。

对式(5.141)、式(5.147)和式(5.148)进行拉普拉斯逆变换，得到 $\theta(r,\varphi,t)$、$u_r(r,\varphi,t)$ 和 $u_\varphi(r,\varphi,t)$ 的表达式，然后根据换热边界条件及圆筒内、外壁上径向应力和剪应力均等于 0 的条件确定积分常数。

令 $f(\varphi)$ 为阶梯函数，即

$$f(\varphi)=H(\varphi_0-|\varphi|) \tag{5.149}$$

式中：φ_0 为给定的幅角。取 $b/a=2.0$，$H_a=1.0$，$H_b=10.0$，$\varphi_0=\pi/2$，$\nu=0.3$，$\delta=0$ 和 0.1，绘出变化曲线。

图 5-9 反映了 $\varphi=0$ 时温度沿半径的分布。图 5-10 反映了 $\varphi=0$ 时不同点的温度随时间的变化。图中实线和虚线分别是耦合系数 $\delta=0$ 和 $\delta=0.1$ 时的计算结果。

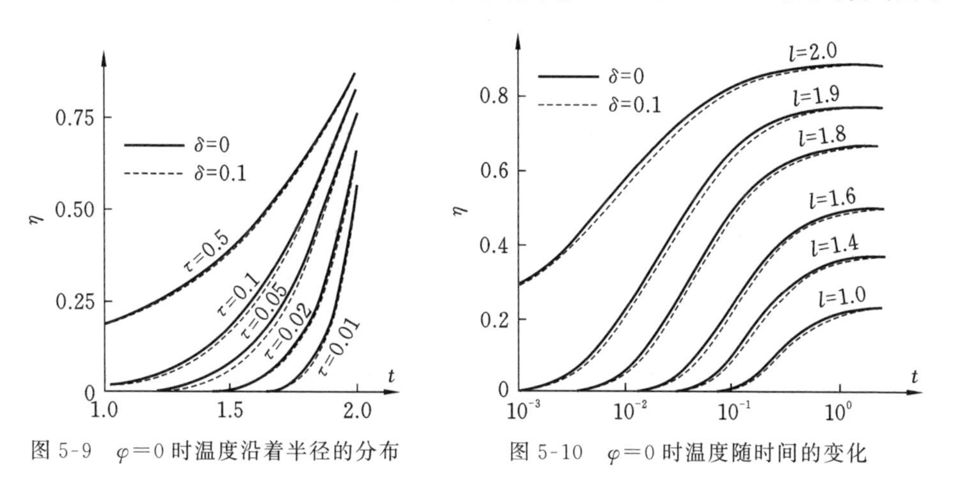

图 5-9　$\varphi=0$ 时温度沿着半径的分布　　图 5-10　$\varphi=0$ 时温度随时间的变化

由图 5-9 和图 5-10 可见，耦合系数增大会使温度降低。内、外壁与介质相接触处，耦合系数对温度的影响很小。在内、外径的中间部分，耦合系数对温度的影响较大。和 5.3.1 节的结论一样，可以说耦合系数 δ 的存在延缓了热流的传播。随着的时间延长，这种影响则会消失。

图 5-11 是 $\varphi=0$ 时环向应力 $\sigma_{\varphi\varphi}$ 沿半径的分布曲线。图 5-12 是 $\varphi=0$ 时环向应力 $\sigma_{\varphi\varphi}$ 随时间 τ 变化的曲线。

图 5-11 和图 5-12 表明，应力未达到最大值前，耦合系数的存在使应力值稍有减小，越过最大值后，耦合系数的存在使应力值略有增大。随着时间的延长，耦合效应消失。

由以上讨论的耦合热弹性问题(动态的和拟静态的)的求解方法，可以看出求解此类问题在数学分析方面较困难，对于工程实际问题则困难更大。因此，一些研究

人员采用了各种近似方法，如摄动法、扩展的里兹法、有限元法、级数法等来求解此类问题。

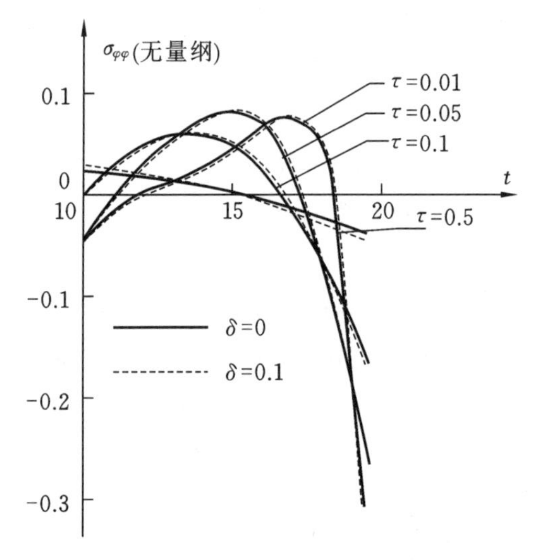

图 5-11　$\varphi=0$ 时环向应力沿半径的分布

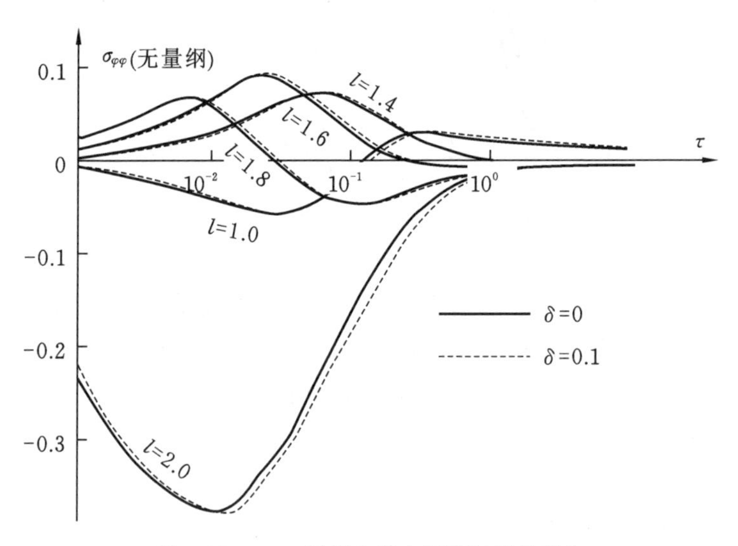

图 5-12　$\varphi=0$ 时环向应力随着时间的变化

第 6 章　热塑性变形基本问题

6.1　塑性变形中的热耗散

6.1.1　功与能量的平衡关系

能量平衡表明系统任何部分的能量都受该部分所做的功和流入该部分的热量控制。如果 $\dot{W}$ 表示在该部分所做的功，$\dot{Q}$ 表示流入该部分的热量，E 表示这部分的内能，K 表示这部分的动能，那么功与能量的平衡关系可表示为

$$\dot{W}+\dot{Q}=\frac{\mathrm{d}}{\mathrm{d}t}(E+K) \tag{6.1}$$

如图 6-1 所示，施加的外力可以对杆和杆中的热源做功，其中做功可通过施加在杆侧面上的轴向载荷和牵引力完成。每个作用力的做功速率即为其功率，功率值可以通过作用力与在作用点处速度的标量积得到。因此，施加在如图 6-1 所示部分的力的做功速率为

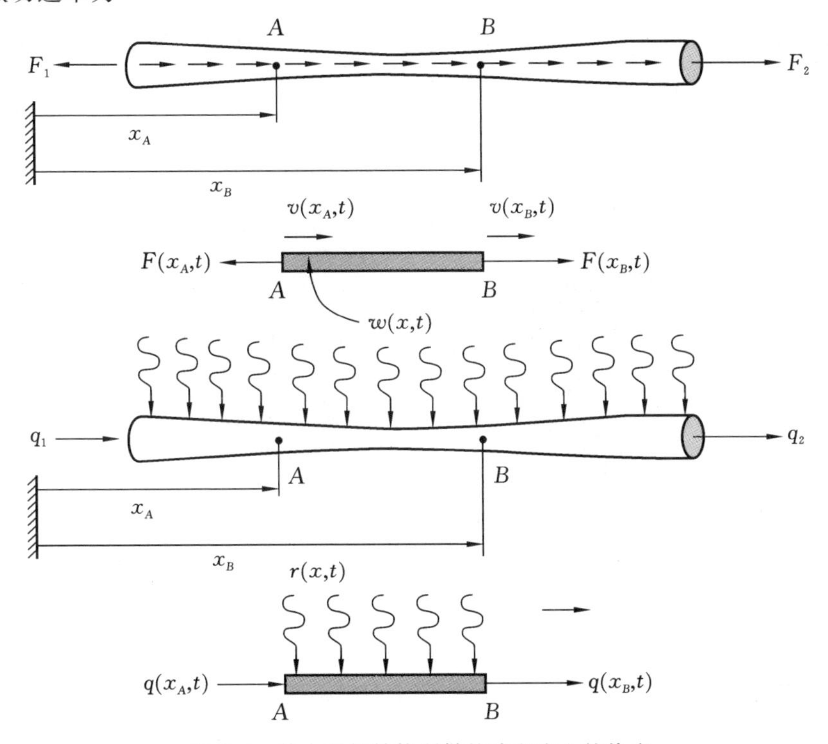

图 6-1　外力对杆结构所做的功和流入的热流

$$\dot{W} \equiv F(x_B, t)v(x_B, t) - F(x_A, t)v(x_A, t) + \int_{V(t)} w(x, t)v(x, t)\mathrm{d}x \tag{6.2}$$

式中:$V(x)$表示杆的体积。

热量可以沿着杆的轴线或通过其侧面流动。沿杆轴向的热流用 q 表示。通过热生成、热辐射或热对流,由侧面流入杆中的热流率(按杆的单位长度计算)用 r 表示。热量进入杆中的总速率可以通过计算系统中所有部分的热源之和得到:

$$\dot{Q} \equiv q(x_A, t) - q(x_B, t) + \int_{V(t)} r(x, t)\mathrm{d}x \tag{6.3}$$

则杆的功与能量平衡关系式的一般形式可以写为

$$\begin{aligned} & F(x_B, t)v(x_B, t) - F(x_A, t)v(x_A, t) + \int_{V(t)} w(x, t)v(x, t)\mathrm{d}x \\ & + q(x_A, t) - q(x_B, t) + \int_{V(t)} r(x, t)\mathrm{d}x \\ & = \frac{\mathrm{d}}{\mathrm{d}t}\left[\int_{V(t)} e(x, t)\rho(x, t)\mathrm{d}x + \int_{V(t)} \frac{v^2(x, t)}{2}\rho(x, t)\mathrm{d}x\right] \end{aligned} \tag{6.4}$$

如果轴向力与速度的乘积(Fv)和热通量(q)都是连续的,并且假设积分中的参数足够连续,那么能量平衡关系式的微分形式为

$$\rho(x, t)\frac{\mathrm{d}e}{\mathrm{d}t}(x, t) = F(x, t)L(x, t) - \frac{\partial q(x, t)}{\partial x} + r(x, t) \tag{6.5}$$

功和能量平衡定律指出,热量流入系统的速率与外力在该系统上做功的速率之和等于系统动能与内能的变化速率之和,如图 6-2 所示。

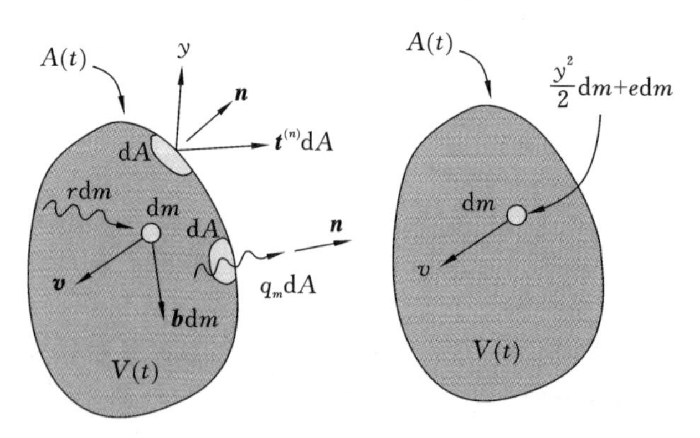

图 6-2　物体的热流、外力做功及动能和内能

系统的总动能计算式为

$$K = \frac{1}{2}\int_V \boldsymbol{v} \cdot \boldsymbol{v}\,\mathrm{d}m \tag{6.6}$$

系统的总内能计算式为

$$E=\int_{V} e\,\mathrm{d}m \tag{6.7}$$

式中：e 是系统单位质量的内能，即比内能。

对系统做功的速率 $\dot{W}$ 是由系统表面上的牵引力和体力做功的速率决定的。由于外力做功的功率是作用力与力作用点处速度的点积，因而系统功率的计算式为

$$\dot{W}=\int_{A(t)} \boldsymbol{t}^{(n)}\cdot\boldsymbol{v}\,\mathrm{d}A+\int_{V}\boldsymbol{b}\cdot\boldsymbol{v}\,\mathrm{d}m \tag{6.8}$$

热量流入系统的速率为

$$\dot{Q}=-\int_{A(t)}\boldsymbol{q}\cdot\boldsymbol{n}\,\mathrm{d}A+\int_{V} r\,\mathrm{d}m \tag{6.9}$$

式中：$\boldsymbol{q}$ 是热流矢量，$q_n=\boldsymbol{q}\cdot\boldsymbol{n}$ 是流出系统的净热流；r 是系统单位质量的热量增加速率。热量增加是由热流 $\boldsymbol{q}$ 以外的其他热源的热量(包括辐射热和生成热)流向系统造成的。

可以将功与能量平衡关系表示为

$$\dot{W}+\dot{Q}=\frac{\mathrm{d}}{\mathrm{d}t}(E+K) \tag{6.10}$$

也可以写成

$$-\int_{A(t)}\boldsymbol{q}\cdot\boldsymbol{n}\,\mathrm{d}A+\int_{V} r\,\mathrm{d}m+\int_{A(t)}\boldsymbol{t}^{(n)}\cdot\boldsymbol{v}\,\mathrm{d}A+\int_{V}\boldsymbol{b}\cdot\boldsymbol{v}\,\mathrm{d}m=\frac{\mathrm{d}}{\mathrm{d}t}\int_{V}\left(\frac{1}{2}\boldsymbol{v}\cdot\boldsymbol{v}\right)\mathrm{d}m \tag{6.11}$$

而功与能量平衡关系式的微分形式可以写为

$$-\boldsymbol{\nabla}\cdot\boldsymbol{q}+\rho r+\boldsymbol{\nabla}\cdot(\boldsymbol{v}\,\boldsymbol{T}^{\mathrm{T}})+\rho\boldsymbol{b}\cdot\boldsymbol{v}=\rho\frac{\mathrm{d}}{\mathrm{d}t}\left(\frac{1}{2}\boldsymbol{v}\cdot\boldsymbol{v}+e\right) \tag{6.12}$$

由于$\boldsymbol{\nabla}\cdot(\boldsymbol{v}\,\boldsymbol{T}^{\mathrm{T}})=\mathrm{tr}(\boldsymbol{TL})+\boldsymbol{v}\cdot\boldsymbol{\nabla}\cdot\boldsymbol{T}^{\mathrm{T}}$，则有

$$-\boldsymbol{\nabla}\cdot\boldsymbol{q}+\rho r+\mathrm{tr}(\boldsymbol{TL})+\boldsymbol{v}\cdot[\boldsymbol{\nabla}\cdot\boldsymbol{T}^{\mathrm{T}}+\rho\boldsymbol{b}-\rho\boldsymbol{a}]=\rho\dot{e} \tag{6.13}$$

由于线性动量平衡，式(6.13)中方括号内的项始终等于零，因而功与能量平衡关系式的最终形式为

$$-\boldsymbol{\nabla}\cdot\boldsymbol{q}+\rho r+\mathrm{tr}(\boldsymbol{TL})=\rho\dot{e} \tag{6.14}$$

又因为$\boldsymbol{\nabla}_x\cdot\boldsymbol{q}=[\boldsymbol{\nabla}\cdot\boldsymbol{q}^{\mathrm{T}}]^{\mathrm{T}}=\boldsymbol{\nabla}\cdot\boldsymbol{q}$，则功与能量平衡关系式的微分形式也可以写为

$$-\boldsymbol{\nabla}_x\cdot\boldsymbol{q}+\rho r+\mathrm{tr}(\boldsymbol{TL})=\rho\dot{e} \tag{6.15}$$

使用工程应力$\boldsymbol{T}_0$、工程热通量向量$\boldsymbol{q}_0$ 和关系式 $\mathrm{d}m=\rho_0\mathrm{d}V_0$，则功与能量的平衡关系式(6.11)可以变形为

$$\begin{aligned}&-\int_{A_0}\boldsymbol{q}_0\cdot\hat{\boldsymbol{N}}\,\mathrm{d}A_0+\int_{V_0} r\rho_0\,\mathrm{d}V_0+\int_{A_0}\boldsymbol{t}_0^{(n)}\cdot\boldsymbol{v}\,\mathrm{d}A_0+\int_{V_0}\boldsymbol{b}\cdot\boldsymbol{v}\rho_0\,\mathrm{d}V_0\\&=\frac{\mathrm{d}}{\mathrm{d}t}\int_{V_0}\left(\frac{1}{2}\boldsymbol{v}\cdot\boldsymbol{v}+e\right)\rho_0\,\mathrm{d}V_0\end{aligned} \tag{6.16}$$

引入$\boldsymbol{t}_0^{(N)}=\boldsymbol{T}_0^{\mathrm{T}}\hat{\boldsymbol{N}}$，则有

$$-\nabla \cdot \boldsymbol{q}_0+\rho_0 r+\nabla \cdot (\boldsymbol{v}\,\boldsymbol{T}_0^{\mathrm{T}})+\rho_0 \boldsymbol{b}\cdot \boldsymbol{v}=\rho_0\frac{\mathrm{d}}{\mathrm{d}t}\left(\frac{1}{2}\boldsymbol{v}\cdot\boldsymbol{v}+e\right) \tag{6.17}$$

利用关系式$\nabla \cdot (\boldsymbol{v}\,\boldsymbol{T}_0^{\mathrm{T}})=\mathrm{tr}\ (\boldsymbol{T}_0\dot{\boldsymbol{F}})+\boldsymbol{v}\cdot\nabla\cdot(\boldsymbol{T}_0^{\mathrm{T}})$，得出功和能量的平衡关系式为

$$-\nabla\cdot\boldsymbol{q}_0+\rho_0 r+\mathrm{tr}\ (\boldsymbol{T}_0\boldsymbol{F})=\rho_0 e \tag{6.18}$$

或

$$-\nabla_x\cdot(\boldsymbol{q}_0)+\rho_0 r+\mathrm{tr}\ (\boldsymbol{T}_0\ \boldsymbol{F})=\rho_0\dot{e} \tag{6.19}$$

而对于热塑性材料，有

$$\rho_0\dot{\psi}-\boldsymbol{\sigma}:\boldsymbol{\varepsilon}+\rho_0\eta\dot{\theta}=-(\boldsymbol{\sigma}^{\mathrm{e}}-\boldsymbol{\sigma}^{\mathrm{b}}):\dot{\boldsymbol{\varepsilon}}^{\mathrm{p}}+\rho_0\partial_\xi(\psi):\dot{\xi} \tag{6.20}$$

功与能量的平衡关系式为

$$\rho_0\dot{\psi}+\rho_0\dot{\eta}\theta=\rho_0 r-\nabla\cdot\boldsymbol{q}_0+\boldsymbol{\sigma}:\boldsymbol{\varepsilon}$$

因此，热塑性材料的功和能量平衡关系可以表示为

$$\rho_0\dot{h}=-\Delta\boldsymbol{\sigma}:\dot{\boldsymbol{\varepsilon}}^{\mathrm{p}}+\rho_0\partial_\xi(\psi):\dot{\xi}+\rho_0\dot{\eta}\theta \tag{6.21}$$

式中：$\rho_0\dot{h}$ 表示通过热传导和热辐射进入单位体积点的热流速率，$\rho_0\dot{h}=\rho_0 r-\nabla\cdot\boldsymbol{q}_0$，其中$\Delta\boldsymbol{\sigma}\equiv\boldsymbol{\sigma}^{\mathrm{e}}-\boldsymbol{\sigma}^{\mathrm{b}}=\boldsymbol{\sigma}-\boldsymbol{\sigma}^{\mathrm{b}}$ 是过应力。同时根据克劳修斯-杜安不等式

$$-(\boldsymbol{\sigma}^{\mathrm{e}}-\boldsymbol{\sigma}^{\mathrm{b}}):\dot{\boldsymbol{\varepsilon}}^{\mathrm{p}}+\rho_0\partial_\xi(\psi):\dot{\xi}\leqslant 0$$

可知，对于任何过程都有

$$\rho_0\dot{h}-\rho_0\dot{\eta}\theta=-\Delta\boldsymbol{\sigma}:\dot{\boldsymbol{\varepsilon}}^{\mathrm{p}}+\rho_0\partial_\xi(\psi):\dot{\xi}\leqslant 0 \tag{6.22}$$

对于等温过程，可以通过对 $\rho_0\dot{h}$ 积分得到

$$\rho_0\Delta h=\rho_0\theta(\eta-\eta_0)-\int_{t_0}^{t}\Delta\boldsymbol{\sigma}:\dot{\boldsymbol{\varepsilon}}^{\mathrm{p}}\mathrm{d}t+\rho_0\int_{t_0}^{t}\partial_\xi(\psi):\dot{\xi}\mathrm{d}t \tag{6.23}$$

可以看出，对于等温过程，有

$$\rho_0\Delta h-\rho_0\theta(\eta-\eta_0)\leqslant 0 \tag{6.24}$$

这也类似于说明：

$$-\int_{t_0}^{t}\Delta\boldsymbol{\sigma}:\dot{\boldsymbol{\varepsilon}}^{\mathrm{p}}\mathrm{d}t+\rho_0\int_{t_0}^{t}\partial_\xi(\psi):\dot{\xi}\mathrm{d}t\leqslant 0 \tag{6.25}$$

对于等熵过程(具有恒定熵的过程)，$-\Delta\boldsymbol{\sigma}:\dot{\boldsymbol{\varepsilon}}^{\mathrm{p}}+\rho_0\partial_\xi(\psi):\dot{\xi}$ 表示需要通过热辐射和热传导去除的能量(去除能量以使熵保持恒定)。从这两项的热力学约束中可以看出，对于等熵过程，总是有

$$\rho_0\dot{h}=-\Delta\boldsymbol{\sigma}:\dot{\boldsymbol{\varepsilon}}^{\mathrm{p}}+\rho_0\partial_\xi(\psi):\xi\leqslant 0 \tag{6.26}$$

这表明需要有净热流或正热流流出该点以维持恒定熵的条件。等熵过程的表达式可通过对时间积分得到：

$$\rho_0\Delta h=-\int_{t_0}^{t}\Delta\boldsymbol{\sigma}:\dot{\boldsymbol{\varepsilon}}^{\mathrm{p}}\mathrm{d}t+\rho_0\int_{t_0}^{t}\partial_\xi(\psi):\dot{\xi}\mathrm{d}t\leqslant 0 \tag{6.27}$$

对于绝热过程，熵的变化率由式(6.28)给出：

$$\dot{\eta}=\frac{1}{\rho_0\theta}\left[\Delta\boldsymbol{\sigma}:\dot{\boldsymbol{\varepsilon}}^{\mathrm{p}}-\rho_0\partial_{\xi}(\psi):\dot{\xi}\right]\geqslant 0 \tag{6.28}$$

对式(6.28)积分可得

$$\eta-\eta_0=\frac{1}{\rho_0}\int_{t_0}^{t}\frac{1}{\theta}\left[\Delta\boldsymbol{\sigma}:\dot{\boldsymbol{\varepsilon}}^{\mathrm{p}}-\rho_0\partial_{\xi}(\psi):\dot{\xi}\right]\mathrm{d}t\geqslant 0 \tag{6.29}$$

功与能量平衡关系式的另一种形式为

$$\rho_0\dot{h}=-\Delta\boldsymbol{\sigma}:\dot{\boldsymbol{\varepsilon}}^{\mathrm{p}}+\rho_0\dot{\eta}\theta \tag{6.30}$$

式中过应力 $\Delta\boldsymbol{\sigma}=\boldsymbol{\sigma}-\boldsymbol{\sigma}^{\mathrm{b}}$，且具有由式(6.31)给出的热力学约束：

$$\Delta\boldsymbol{\sigma}:\dot{\boldsymbol{\varepsilon}}^{\mathrm{p}}\geqslant 0 \tag{6.31}$$

对于等温过程，由方程(6.23)可知，有：

$$\rho_0\Delta h=\rho_0\theta(\eta-\eta_0)-\int_{t_0}^{t}\Delta\boldsymbol{\sigma}:\dot{\boldsymbol{\varepsilon}}^{\mathrm{p}}\mathrm{d}t \tag{6.32}$$

对于等熵过程，由方程(6.30)可知，有：

$$\rho_0\Delta h=-\int_{t_0}^{t}\Delta\boldsymbol{\sigma}:\dot{\boldsymbol{\varepsilon}}^{\mathrm{p}}\mathrm{d}t\leqslant 0 \tag{6.33}$$

等熵过程的温度变化率由 $\dot{\eta}=0$ 计算得出。

假设 $\boldsymbol{E}$ 和$\boldsymbol{E}^{\mathrm{b}}$ 的热膨胀系数 $\boldsymbol{\alpha}$ 为常数，且与温度成线性关系，则 $\dot{\eta}$ 的表达式为

$$\dot{\eta}=-\frac{\mathrm{d}^2\psi^{\theta}}{\mathrm{d}\theta^2}\dot{\theta}-\frac{1}{\rho_0}\boldsymbol{\varepsilon}^{\mathrm{e}}:\frac{\mathrm{d}\boldsymbol{E}}{\mathrm{d}\theta}:\dot{\boldsymbol{\varepsilon}}^{\mathrm{e}}-\frac{1}{\rho_0}\boldsymbol{\varepsilon}^{\mathrm{p}}:\frac{\mathrm{d}\boldsymbol{E}^{\mathrm{b}}}{\mathrm{d}\theta}:\dot{\boldsymbol{\varepsilon}}^{\mathrm{p}}+\frac{1}{\rho_0}\dot{\boldsymbol{\sigma}}:\boldsymbol{\alpha} \tag{6.34}$$

式中：

$$\dot{\boldsymbol{\sigma}}=\boldsymbol{E}:\dot{\boldsymbol{\varepsilon}}^{\mathrm{e}}+\frac{\mathrm{d}\boldsymbol{E}}{\mathrm{d}\theta}:\boldsymbol{\varepsilon}^{\mathrm{e}}\dot{\theta} \tag{6.35}$$

对于等熵过程，可以通过令 $\dot{\eta}=0$ 来计算温度变化，得到

$$\dot{\theta}=\frac{1}{\rho_0\dfrac{\mathrm{d}^2\psi^{\theta}}{\mathrm{d}\theta^2}-\boldsymbol{\alpha}:\dfrac{\mathrm{d}\boldsymbol{E}}{\mathrm{d}\theta}:\varepsilon^{\mathrm{e}}}\left(-\boldsymbol{\varepsilon}^{\mathrm{e}}:\frac{\mathrm{d}\boldsymbol{E}}{\mathrm{d}\theta}:\dot{\boldsymbol{\varepsilon}}^{\mathrm{e}}-\boldsymbol{\varepsilon}^{\mathrm{p}}:\frac{\mathrm{d}\boldsymbol{E}^{\mathrm{b}}}{\mathrm{d}\theta}:\dot{\boldsymbol{\varepsilon}}^{\mathrm{p}}+\dot{\boldsymbol{\varepsilon}}^{\mathrm{e}}:\boldsymbol{E}:\boldsymbol{\alpha}\right) \tag{6.36}$$

则能量平衡关系式可以写成：

$$\rho_0\dot{h}=-\Delta\boldsymbol{\sigma}:\dot{\boldsymbol{\varepsilon}}^{\mathrm{p}}-\theta\boldsymbol{\varepsilon}^{\mathrm{e}}:\frac{\mathrm{d}\boldsymbol{E}}{\mathrm{d}\theta}:\dot{\boldsymbol{\varepsilon}}^{\mathrm{e}}-\theta\boldsymbol{\varepsilon}^{\mathrm{p}}:\frac{\mathrm{d}\boldsymbol{E}^{\mathrm{b}}}{\mathrm{d}\theta}:\dot{\boldsymbol{\varepsilon}}^{\mathrm{p}}-\rho_0\theta\frac{\mathrm{d}^2\psi^{\theta}}{\mathrm{d}\theta^2}\dot{\theta}+\theta\dot{\boldsymbol{\sigma}}:\boldsymbol{\alpha} \tag{6.37}$$

对于绝热过程，则 $\dot{h}=0$，因此有：

$$\begin{aligned}0=&-\Delta\boldsymbol{\sigma}:\dot{\boldsymbol{\varepsilon}}^{\mathrm{p}}-\theta\boldsymbol{\varepsilon}^{\mathrm{e}}:\frac{\mathrm{d}\boldsymbol{E}}{\mathrm{d}\theta}:\dot{\boldsymbol{\varepsilon}}^{\mathrm{e}}-\theta\boldsymbol{\varepsilon}^{\mathrm{p}}:\frac{\mathrm{d}\boldsymbol{E}^{\mathrm{b}}}{\mathrm{d}\theta}:\dot{\boldsymbol{\varepsilon}}^{\mathrm{p}}\\&-\rho_0\theta\frac{\mathrm{d}^2\psi^{\theta}}{\mathrm{d}\theta^2}\dot{\theta}+\theta\dot{\boldsymbol{\varepsilon}}^{\mathrm{e}}:\boldsymbol{E}:\boldsymbol{\alpha}+\theta\boldsymbol{\varepsilon}^{\mathrm{e}}:\frac{\mathrm{d}\boldsymbol{E}}{\mathrm{d}\theta}:\boldsymbol{\alpha}\dot{\theta}\end{aligned} \tag{6.38}$$

温度变化计算如下：

$$\dot{\theta}=\frac{1}{\rho_0\ \dfrac{\mathrm{d}^2\psi^{\theta}}{\mathrm{d}\theta^2}-\theta\,\boldsymbol{\varepsilon}^{\mathrm{e}}:\dfrac{\mathrm{d}\boldsymbol{E}}{\mathrm{d}\theta}:\boldsymbol{\alpha}}\left(-\Delta\boldsymbol{\sigma}:\dot{\boldsymbol{\varepsilon}}^{\mathrm{p}}-\theta\,\boldsymbol{\varepsilon}^{\mathrm{e}}:\frac{\mathrm{d}\boldsymbol{E}}{\mathrm{d}\theta}:\dot{\boldsymbol{\varepsilon}}^{\mathrm{e}}-\theta\,\boldsymbol{\varepsilon}^{\mathrm{p}}:\frac{\mathrm{d}\boldsymbol{E}^{\mathrm{b}}}{\mathrm{d}\theta}:\dot{\boldsymbol{\varepsilon}}^{\mathrm{p}}+\theta\dot{\boldsymbol{\varepsilon}}^{\mathrm{e}}:\boldsymbol{E}:\boldsymbol{\alpha}\right) \tag{6.39}$$

6.1.2 热生成与热流动

塑性流动会产生大量热量，这些热量要么耗散掉，要么会使材料的温度提高。下面将利用功和能量的平衡关系来研究塑性流动对材料内产生热量或材料内热流的影响。相应的能量平衡关系由以下等式给出：

$$\rho\dot{e}=FL+r-\frac{\partial q}{\partial x} \tag{6.40}$$

式(6.40)中等号右边的后两项是由于辐射和热流而流入材料的热量速率。

定义：

$$\rho\dot{h}\equiv r-\frac{\partial q}{\partial x} \tag{6.41}$$

式中：$\dot{h}$ 表示进入材料的比热速率。由能量平衡关系式可以得到：

$$\dot{h}=\dot{e}-\frac{1}{\rho}FL \tag{6.42}$$

在 $t_0 \sim t$ 的时间间隔内对式(6.42)进行积分，得到

$$\Delta h=e-e_0-\int_{t_0}^{t}\frac{1}{\rho}FL\,\mathrm{d}t \tag{6.43}$$

式中：Δh 是在给定的时间间隔内添加到材料的净热量；e_0 是 t_0 时刻的比内能。引入关系式 $e=\psi+\eta\theta$，得到

$$\Delta h=\psi-\psi_0+\eta\theta-\eta_0\theta_0-\int_{t_0}^{t}\frac{1}{\rho}FL\,\mathrm{d}t \tag{6.44}$$

式中：ψ_0、η_0 和 θ_0 分别是初始时刻 t_0 的比自由能、比熵和温度。对式(6.44)求时间导数，可得

$$\dot{h}=\dot{\psi}+\dot{\eta}\theta+\eta\dot{\theta}-\frac{1}{\rho}FL \tag{6.45}$$

假设式(6.45)中的比自由能由以下函数给出：

$$\psi(X,t)=\psi^{\dagger}[X,\varepsilon,\varepsilon^{\mathrm{p}},\varepsilon^{\theta},\xi,\theta] \tag{6.46}$$

则

$$\rho\dot{\psi}+\rho\eta\dot{\theta}-FL=\left(\rho\frac{\partial\psi}{\partial\varepsilon}-\frac{F}{\lambda}\right)\dot{\varepsilon}+\rho\left(\eta+\frac{\partial\psi}{\partial\theta}+\frac{\partial\psi}{\partial\varepsilon_{\theta}}\lambda^{\theta}\alpha\right)\dot{\theta}+\rho\frac{\partial\psi}{\partial\varepsilon^{\mathrm{p}}}\dot{\varepsilon}^{\mathrm{p}}+\rho\frac{\partial\psi}{\partial\xi}\dot{\xi} \tag{6.47}$$

式中用到了 $\dot{\varepsilon}^{\theta}=\alpha\lambda^{\theta}\dot{\theta}$。由克劳修斯-杜安不等式知：

$$F=\rho_0\frac{\partial\psi}{\partial\varepsilon},\quad \eta=-\frac{\partial\psi}{\partial\theta}-\frac{\partial\psi}{\partial\varepsilon^{\theta}}\lambda^{\theta}\alpha \tag{6.48}$$

因此，方程(6.47)中括号内的项加起来等于零，得到：

$$\dot{\psi}+\eta\dot{\theta}-\frac{1}{\rho}FL=\frac{\partial\psi}{\partial\varepsilon^{\mathrm{p}}}\dot{\varepsilon}^{\mathrm{p}}+\frac{\partial\psi}{\partial\xi}\dot{\xi} \tag{6.49}$$

因此式(6.45)可以写成

$$\dot{h}=\dot{\eta}\theta+\frac{\partial\psi}{\partial\varepsilon^{\mathrm{p}}}\dot{\varepsilon}^{\mathrm{p}}+\frac{\partial\psi}{\partial\xi}\dot{\xi} \tag{6.50}$$

该方程可用于研究热流与温度变化之间的关系。例如，在研究绝热条件时，可以设置 $\dot{h}=0$ 并计算 $\dot{\theta}$；又如在研究维持等温条件所需的热流时，可以设置 $\dot{\theta}=0$ 并求解 $\dot{h}$。在等温的条件下，可以对这个表达式进行积分，以得到在给定点上产生的热量：

$$\Delta h=\theta(\eta-\eta_0)+\int_{t_0}^{t}\left(\frac{\partial\psi}{\partial\varepsilon^{\mathrm{p}}}\dot{\varepsilon}^{\mathrm{p}}+\frac{\partial\psi}{\partial\xi}\dot{\xi}\right)\mathrm{d}t \tag{6.51}$$

式中：η_0 是 t_0 时刻的熵。对于等熵过程(即熵为常数的过程)，在该点处产生的热量可由式(6.52)给出：

$$\Delta h=\int_{t_0}^{t}\left(\frac{\partial\psi}{\partial\varepsilon^{\mathrm{p}}}\dot{\varepsilon}^{\mathrm{p}}+\frac{\partial\psi}{\partial\xi}\dot{\xi}\right)\mathrm{d}t \tag{6.52}$$

考虑一个令 $\varepsilon=\varepsilon^{\mathrm{e}}+\varepsilon^{\mathrm{p}}+\varepsilon^{\theta}$ 且 $\dot{\varepsilon}^{\theta}\approx\alpha\dot{\theta}$ 的特殊例子。比自由能为

$$\psi=\frac{1}{2\rho_0}AE\varepsilon^{\mathrm{e}2}+\psi^{\theta} \tag{6.53}$$

式中：A 是初始横截面积；E 是弹性模量；ψ^{θ} 是弹性应变为零时的比自由能。在式(6.53)中，A 和 ρ_0 是常数，并且假设 E 和 ψ^{θ} 取决于温度，则有：

$$\frac{\partial\psi}{\partial\varepsilon}=\frac{1}{\rho_0}AE\varepsilon^{\mathrm{e}},\quad \frac{\partial\psi}{\partial\varepsilon^{\mathrm{p}}}=-\frac{1}{\rho_0}AE\varepsilon^{\mathrm{e}},\quad \frac{\partial\psi}{\partial\varepsilon^{\theta}}=-\frac{1}{\rho_0}AE\varepsilon^{\mathrm{e}}$$

$$\frac{\partial\psi}{\partial\xi}=0,\quad \frac{\partial\psi}{\partial\theta}=\frac{1}{2\rho_0}A\frac{\mathrm{d}E}{\mathrm{d}\theta}\varepsilon^{\mathrm{e}2}+\frac{\mathrm{d}\psi^{\theta}}{\mathrm{d}\theta} \tag{6.54}$$

由此得到

$$F=AE\varepsilon^{\mathrm{e}} \tag{6.55}$$

$$\eta=-\frac{1}{2\rho_0}A\frac{\mathrm{d}E}{\mathrm{d}\theta}\varepsilon^{\mathrm{e}2}-\frac{\mathrm{d}\psi^{\theta}}{\mathrm{d}\theta}+\frac{1}{\rho_0}AE\varepsilon^{\mathrm{e}}\alpha \tag{6.56}$$

$$\frac{\partial\psi}{\partial\varepsilon^{\mathrm{p}}}=-\frac{F}{\rho_0} \tag{6.57}$$

假设热膨胀系数 α 为温度的函数，比熵的变化率由式(6.58)给出：

$$\begin{aligned}\dot{\eta} &= -\frac{A}{\rho_0}\frac{\mathrm{d}E}{\mathrm{d}\theta}\varepsilon^{e}\dot{\varepsilon}^{e} - \frac{A}{2\rho_0}\frac{\mathrm{d}^2E}{\mathrm{d}\theta^2}\varepsilon^{e2}\dot{\theta} - \frac{\mathrm{d}^2\psi^{\theta}}{\mathrm{d}\theta^2}\dot{\theta} + \frac{A}{\rho_0}\frac{\mathrm{d}E}{\mathrm{d}\theta}\varepsilon^{e}\alpha\dot{\theta} + \frac{A}{\rho_0}E\alpha\dot{\varepsilon}^{e} + \frac{A}{\rho_0}E\varepsilon^{e}\frac{\mathrm{d}\alpha}{\mathrm{d}\theta}\dot{\theta} \\ &= -\frac{F}{\rho_0 E}\frac{\mathrm{d}E}{\mathrm{d}\theta}\dot{\varepsilon}^{e} - \frac{F^2}{2\rho_0 AE^2}\frac{\mathrm{d}^2E}{\mathrm{d}\theta^2}\dot{\theta} - \frac{\mathrm{d}^2\psi^{\theta}}{\mathrm{d}\theta^2}\dot{\theta} + \frac{F}{\rho_0 E}\frac{\mathrm{d}E}{\mathrm{d}\theta}\alpha\dot{\theta} + \frac{A}{\rho_0}E\alpha\dot{\varepsilon}^{e} + \frac{F}{\rho_0}\frac{\mathrm{d}\alpha}{\mathrm{d}\theta}\dot{\theta} \\ &= \left(\frac{F}{\rho_0 E}\frac{\mathrm{d}E}{\mathrm{d}\theta} - \frac{A}{\rho_0}E\alpha\right)(\dot{\varepsilon}^{p} - \dot{\varepsilon}) - \left(\frac{F^2}{2\rho_0 AE^2}\frac{\mathrm{d}^2E}{\mathrm{d}\theta^2} + \frac{\mathrm{d}^2\psi^{\theta}}{\mathrm{d}\theta^2} - \frac{F}{\rho_0}\frac{\mathrm{d}\alpha}{\mathrm{d}\theta} + \frac{AE\alpha^2}{\rho_0} - \frac{2F\alpha}{\rho_0 E}\frac{\mathrm{d}E}{\mathrm{d}\theta}\right)\dot{\theta}\end{aligned} \tag{6.58}$$

由此可得出

$$\begin{aligned}\dot{h} = &-\frac{\theta}{\rho_0}\left(\frac{F}{E}\frac{\mathrm{d}E}{\mathrm{d}\theta} - AE\alpha\right)\dot{\varepsilon} + \frac{1}{\rho_0}\left(\frac{\theta F}{E}\frac{\mathrm{d}E}{\mathrm{d}\theta} - \theta AE\alpha - F\right)\dot{\varepsilon}^{p} \\ &-\frac{\theta}{\rho_0}\left(\frac{F^2}{2AE^2}\frac{\mathrm{d}^2E}{\mathrm{d}\theta^2} + \rho_0\frac{\mathrm{d}^2\psi^{\theta}}{\mathrm{d}\theta^2} - F\frac{\mathrm{d}\alpha}{\mathrm{d}\theta} + AE\alpha^2 - \frac{2F\alpha}{E}\frac{\mathrm{d}E}{\mathrm{d}\theta}\right)\dot{\theta}\end{aligned} \tag{6.59}$$

在弹性范围内,可以令 $\dot{\varepsilon}^{p}=0$。可通过设置 $\dot{h}=0$ 得到在绝热过程中的热弹性温度变化:

$$\dot{\theta} = \frac{\dfrac{F}{E}\dfrac{\mathrm{d}E}{\mathrm{d}\theta} - AE\alpha}{\dfrac{F^2}{2AE^2}\dfrac{\mathrm{d}^2E}{\mathrm{d}\theta^2} + \rho_0\dfrac{\mathrm{d}^2\psi^{\theta}}{\mathrm{d}\theta^2} - F\dfrac{\mathrm{d}\alpha}{\mathrm{d}\theta} + AE\alpha^2 - \dfrac{2F\alpha}{E}\dfrac{\mathrm{d}E}{\mathrm{d}\theta}} \tag{6.60}$$

同时,可通过设置 $\dot{\theta}=0$ 得到热弹性系统保持等温条件的热流:

$$\dot{h} = -\frac{\theta}{\rho_0}\left(\frac{F}{E}\frac{\mathrm{d}E}{\mathrm{d}\theta} - AE\alpha\right)\dot{\varepsilon} \tag{6.61}$$

在塑性流动过程中,可以由 $\dot{\varepsilon}^{p}=\beta_{\dot{\varepsilon}}\dot{\varepsilon}+\beta_{\dot{\theta}}\dot{\theta}$ 得到:

$$\begin{aligned}\dot{h} = &-\frac{1}{\rho_0}\left[\theta\left(\frac{F}{E}\frac{\mathrm{d}E}{\mathrm{d}\theta} - AE\alpha\right)(1-\beta_{\dot{\varepsilon}}) + \beta_{\dot{\varepsilon}}F\right]\dot{\varepsilon} - \frac{1}{\rho_0}\left[\frac{1}{\rho_0}\theta\left(\frac{F^2}{2AE^2}\frac{\mathrm{d}^2E}{\mathrm{d}\theta^2}\right.\right. \\ &\left.\left.+\rho_0\frac{\mathrm{d}^2\psi^{\theta}}{\mathrm{d}\theta^2} - F\frac{\mathrm{d}\alpha}{\mathrm{d}\theta} + AE\alpha^2 - \frac{2F\alpha}{E}\frac{\mathrm{d}E}{\mathrm{d}\theta}\right) - \beta_{\dot{\varepsilon}}\left(\frac{\theta F}{E}\frac{\mathrm{d}E}{\mathrm{d}\theta} - \theta AE\alpha - F\right)\right]_{\dot{\theta}}\end{aligned} \tag{6.62}$$

同样,由于绝热条件而产生的温升可由式(6.63)给出:

$$\dot{\theta} = -\frac{\theta\left(\dfrac{F}{E}\dfrac{\mathrm{d}E}{\mathrm{d}\theta} - AE\alpha\right)(1-\beta_{\dot{\varepsilon}}) + \beta_{\dot{\varepsilon}}F}{\theta\left(\dfrac{F^2}{2AE^2}\dfrac{\mathrm{d}^2E}{\mathrm{d}\theta^2} + \rho_0\dfrac{\mathrm{d}^2\psi^{\theta}}{\mathrm{d}\theta^2} - F\dfrac{\mathrm{d}\alpha}{\mathrm{d}\theta} + AE\alpha^2 - \dfrac{2F\alpha}{E}\dfrac{\mathrm{d}E}{\mathrm{d}\theta}\right) - \beta_{\dot{\varepsilon}}\left(\dfrac{\theta F}{E}\dfrac{\mathrm{d}E}{\mathrm{d}\theta} - \theta AE\alpha - F\right)}\dot{\varepsilon} \tag{6.63}$$

另一方面,使系统保持等温条件所需的热流由式(6.64)给出:

$$\dot{h} = -\frac{1}{\rho_0}\left[\theta\left(\frac{F}{E}\frac{\mathrm{d}E}{\mathrm{d}\theta} - AE\alpha\right)(1-\beta_{\dot{\varepsilon}}) + \beta_{\dot{\varepsilon}}F\right]\dot{\varepsilon} \tag{6.64}$$

应注意的是,自由能和熵都只是关于弹性应变和温度的函数。由于载荷是根据弹性应变给出的，任何在相同载荷和温度下开始和结束的过程都将具有相同的初始自由能和最终自由能，以及相同的初始熵和最终熵。因此，方程(6.44)可以写成：

$$\Delta h = -\int_{t_0}^{t_f} \frac{FL}{\rho} \mathrm{d}t \tag{6.65}$$

式中：Δh 是经历了相同的初始和最终载荷以及相同的初始和最终温度的特殊过程而在给定点处产生的净热流。由于 $L = \dot{\varepsilon}/\lambda$ 且质量守恒，知道 $\rho\lambda = \rho_0$，对于这个特殊过程，式(6.65)也可以写成：

$$\Delta h = -\frac{1}{\rho_0} \int_{t_0}^{t_f} F\dot{\varepsilon}\, \mathrm{d}t \tag{6.66}$$

式中积分表示载荷所做的功。这个方程表明，对于特殊的模型，比自由能仅是关于弹性应变和温度的函数，在任何以相同的载荷和温度值开始和结束的热力学过程中，单位长度产生的净热量都是从同一点流出的，且等于在这一过程中力所做的功。如图 6-3 所示，功的表达式与载荷-应变图下的面积等效。

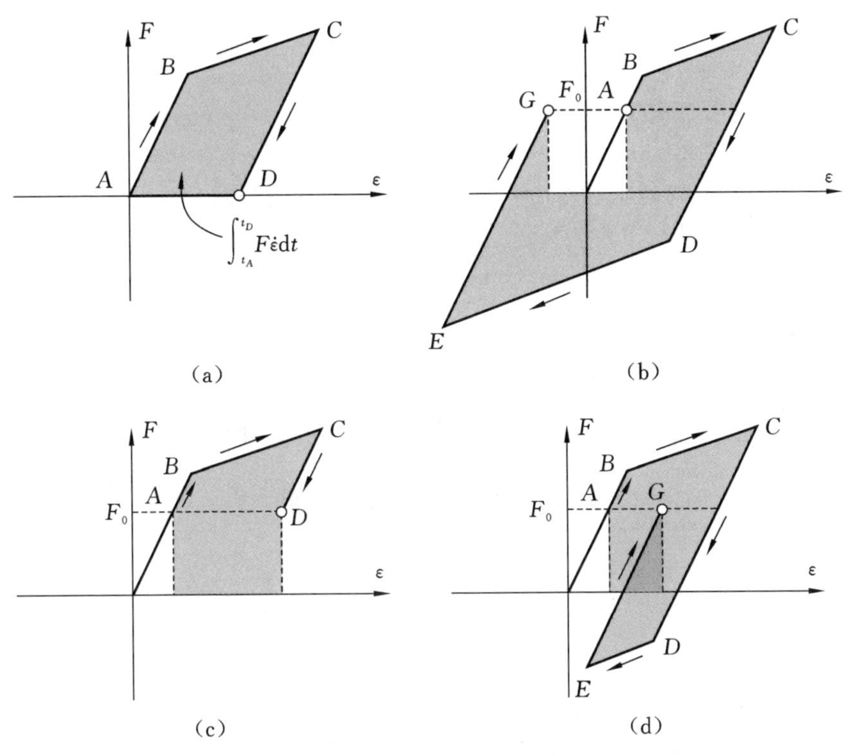

图 6-3　外力所做的功

对于塑性问题，功与能量平衡关系式(见 6.1.1 节)为

$$\rho_0 \dot{h} = -\Delta\boldsymbol{\sigma} : \dot{\boldsymbol{\varepsilon}}^{\mathrm{p}} + \rho_0 \dot{\eta}\theta$$

式中：过应力 $\Delta\boldsymbol{\sigma}=\boldsymbol{\sigma}-\boldsymbol{\sigma}^{\mathrm{b}}$，另外热力学约束为

$$\Delta\boldsymbol{\sigma}:\dot{\boldsymbol{\varepsilon}}^{\mathrm{p}}\geqslant 0$$

对于等温过程，由方程(6.23)可知：

$$\rho_0\Delta h=\rho_0\theta(\eta-\eta_0)-\int_{t_0}^{t}\Delta\boldsymbol{\sigma}:\dot{\boldsymbol{\varepsilon}}^{\mathrm{p}}\mathrm{d}t$$

对于等熵过程，由方程(6.27)可知：

$$\rho_0\Delta h=-\int_{t_0}^{t}\Delta\boldsymbol{\sigma}:\dot{\boldsymbol{\varepsilon}}^{\mathrm{p}}\mathrm{d}t\leqslant 0$$

其中等熵过程的温度变化率由 $\dot{\eta}=0$ 计算得出。

假设 $\boldsymbol{\alpha}$、$\boldsymbol{E}$ 为常系数，$\dot{\eta}$ 的计算如下：

$$\dot{\eta}=-\frac{\mathrm{d}^2\psi^{\theta}}{\mathrm{d}\theta^2}\dot{\theta}+\frac{1}{\rho_0}\dot{\boldsymbol{\sigma}}:\boldsymbol{\alpha} \tag{6.67}$$

式中：$\dot{\boldsymbol{\sigma}}=\boldsymbol{E}:\dot{\boldsymbol{\varepsilon}}^{\mathrm{p}}$。

对于纯热力学加热过程，可以假设应力为零，单位质量恒定零应力下的热容为

$$c_{\mathrm{p}}=\frac{\dot{h}}{\dot{\theta}}=-\frac{\mathrm{d}^2\psi^{\theta}}{\mathrm{d}\theta^2}\theta \tag{6.68}$$

则一般的功与能量平衡关系式可为

$$\rho_0\dot{h}=-\Delta\boldsymbol{\sigma}:\dot{\boldsymbol{\varepsilon}}^{\mathrm{p}}+\rho_0 c_{\mathrm{p}}\dot{\theta}+\theta\dot{\boldsymbol{\sigma}}:\boldsymbol{\alpha} \tag{6.69}$$

对于等熵过程，可以通过令 $\dot{\eta}=0$ 来计算温度变化，得到：

$$\rho_0\frac{\mathrm{d}^2\psi^{\theta}}{\mathrm{d}\theta^2}\dot{\theta}=\dot{\boldsymbol{\sigma}}:\boldsymbol{\alpha} \tag{6.70}$$

功与能量平衡关系式可写为

$$\rho_0\dot{h}=-\Delta\boldsymbol{\sigma}:\dot{\boldsymbol{\varepsilon}}^{\mathrm{p}}-\rho_0\theta\frac{\mathrm{d}^2\psi^{\theta}}{\mathrm{d}\theta^2}\dot{\theta}+\theta\dot{\boldsymbol{\sigma}}:\boldsymbol{\alpha}=-\Delta\boldsymbol{\sigma}:\dot{\boldsymbol{\varepsilon}}^{\mathrm{p}} \tag{6.71}$$

对于绝热过程，有 $\dot{h}=0$，因此温度变化可由式(6.72)计算：

$$0=-\Delta\boldsymbol{\sigma}:\dot{\boldsymbol{\varepsilon}}^{\mathrm{p}}-\rho_0\theta\frac{\mathrm{d}^2\psi^{\theta}}{\mathrm{d}\theta^2}\dot{\theta}+\theta\dot{\boldsymbol{\sigma}}:\boldsymbol{\alpha} \tag{6.72}$$

从而得到：

$$\rho_0\theta\frac{\mathrm{d}^2\psi^{\theta}}{\mathrm{d}\theta^2}\dot{\theta}=-\Delta\boldsymbol{\sigma}:\dot{\boldsymbol{\varepsilon}}^{\mathrm{p}}+\theta\dot{\boldsymbol{\sigma}}:\boldsymbol{\alpha} \tag{6.73}$$

或

$$\rho_0 c_{\mathrm{p}}\dot{\theta}=\Delta\boldsymbol{\sigma}:\dot{\boldsymbol{\varepsilon}}^{\mathrm{p}}-\theta\dot{\boldsymbol{\sigma}}:\boldsymbol{\alpha} \tag{6.74}$$

这表明，对于一个孤立的系统，过应力的塑性功会使温度升高，因为总是有 $\Delta\boldsymbol{\sigma}:\dot{\boldsymbol{\varepsilon}}^{\mathrm{p}}\geqslant 0$，而增加应力可以降低温度。

功与能量平衡关系式的一般形式为

$$\dot{h}=\dot{\psi}+\dot{\eta}\theta+\eta\dot{\theta}-\frac{1}{\rho}\mathrm{tr}(\boldsymbol{TL})$$

式中：$\dot{h}$ 是由于热传导和热辐射材料给定点的热量增加的速率。要计算 $\dot{h}$，首先应考虑已经计算过的项。也就是说，可以证明，对于热力学特性一致的热塑性材料，有

$$\rho\dot{\psi}+\rho\eta\dot{\theta}-\mathrm{tr}(\boldsymbol{TL})=-\nabla^2\boldsymbol{T}^{\mathrm{T}}:\boldsymbol{L}^{\mathrm{p}} \tag{6.75}$$

因此，热量变化率的表达式可以写成：

$$\dot{h}=\begin{cases}\dot{\eta}\theta-\dfrac{1}{\rho}\nabla^2\boldsymbol{T}^{\mathrm{T}}:\boldsymbol{L}^{\mathrm{p}} & (f=0,\hat{f}>0)\\ \dot{\eta}\theta & (\text{其他情况})\end{cases} \tag{6.76}$$

$\dot{\eta}$ 的方程可以写成：

$$\dot{\eta}=\dot{\eta}_{\boldsymbol{L}}:\boldsymbol{L}+\dot{\eta}_{\dot{\theta}}\dot{\theta}+\dot{\eta}_{\boldsymbol{L}^{\mathrm{p}}}:\boldsymbol{L}^{\mathrm{p}} \tag{6.77}$$

式中：

$$\begin{aligned}&\dot{\eta}_L\equiv\partial_{\boldsymbol{F}^{\mathrm{e}}}(\eta)\boldsymbol{F}^{\mathrm{eT}}\\&\dot{\eta}_{\dot{\theta}}\equiv\partial_{\theta}(\eta)+[\partial_{\boldsymbol{F}^{\theta}}(\eta)\boldsymbol{F}^{\theta\mathrm{T}}-\boldsymbol{F}^{\mathrm{pT}}\boldsymbol{F}^{\mathrm{eT}}\partial_{\boldsymbol{F}^{\theta}}(\eta)(\boldsymbol{F}^{p\mathrm{T}})^{-1}]:\boldsymbol{\alpha}\\&\dot{\eta}_{\boldsymbol{L}^{\mathrm{p}}}\equiv\partial_{\boldsymbol{F}^{\mathrm{p}}}(\eta)\boldsymbol{F}^{\mathrm{pT}}-\boldsymbol{F}^{\mathrm{eT}}\partial_{\boldsymbol{F}^{\mathrm{e}}}(\eta)+\partial_{\xi}(\eta)\boldsymbol{A}\end{aligned} \tag{6.78}$$

不难看出，$\dot{\eta}$ 包含受塑性流动影响的项。因此，$\dot{h}$ 的表达式为

$$\dot{h}=\begin{cases}\theta\dot{\eta}_{\boldsymbol{L}}:\boldsymbol{L}+\theta\dot{\eta}_{\dot{\theta}}\dot{\theta}+\theta\dot{\eta}_{\boldsymbol{L}^{\mathrm{p}}}:\boldsymbol{L}^{\mathrm{p}}-\dfrac{1}{\rho}\nabla^2\boldsymbol{T}^{\mathrm{T}}:\boldsymbol{L}^{\mathrm{p}} & (f=0,\hat{f}>0)\\ \theta\dot{\eta}_{\boldsymbol{L}}:\boldsymbol{L}+\theta\dot{\eta}_{\dot{\theta}}\dot{\theta} & (\text{其他情况})\end{cases} \tag{6.79}$$

塑性流动通常有利于温度的升高和热量在给定点处的流动。如果考虑一个绝热过程(即对给定点进行热隔离)，那么 $\dot{h}$ 必须设置为 0，并且得到温升。在绝热情况下的塑性流动过程中，则有

$$0=\theta\dot{\eta}_{\boldsymbol{L}}:\boldsymbol{L}+\theta\dot{\eta}_{\dot{\theta}}\dot{\theta}+\theta\dot{\eta}_{\boldsymbol{L}^{\mathrm{p}}}:\boldsymbol{L}^{\mathrm{p}}-\frac{1}{\rho}\nabla^2\boldsymbol{T}^{\mathrm{T}}:\boldsymbol{L}^{\mathrm{p}} \tag{6.80}$$

因此，在绝热条件下塑性流动导致的温升速率计算式为

$$\dot{\theta}=\frac{1}{\theta\dot{\eta}_{\dot{\theta}}}\left[\frac{1}{\rho}\nabla^2\boldsymbol{T}^{\mathrm{T}}:\boldsymbol{L}^{\mathrm{p}}-\theta\dot{\eta}_{\boldsymbol{L}}:\boldsymbol{L}-\theta\dot{\eta}_{\boldsymbol{L}^{\mathrm{p}}}:\boldsymbol{L}^{\mathrm{p}}\right] \tag{6.81}$$

另一方面，如果该过程是在等温条件下发生的，则可以计算必须从该点流出的热量。这是通过设置 $\dot{\theta}=0$ 来得到的：

$$\dot{h}=\begin{cases}\theta\dot{\eta}_{\boldsymbol{L}}:\boldsymbol{L}+\theta\dot{\eta}_{\boldsymbol{L}^{\mathrm{p}}}:\boldsymbol{L}^{\mathrm{p}}-\dfrac{1}{\rho}\nabla^2\boldsymbol{T}^{\mathrm{T}}:\boldsymbol{L}^{\mathrm{p}} & (f=0,\hat{f}>0)\\ \theta\dot{\eta}_{\boldsymbol{L}}:\boldsymbol{L} & (\text{其他情况})\end{cases} \tag{6.82}$$

而等熵过程中的熵是恒定的，因此必须有热量流入物体，使给定点处的热量恒定。有

$$\dot{h}=\begin{cases}-\dfrac{1}{\rho}\nabla^2\boldsymbol{T}^{\mathrm{T}}:\boldsymbol{L}^{\mathrm{p}} & (f=0,\hat{f}>0)\\ 0 & (\text{其他情况})\end{cases} \tag{6.83}$$

6.2 热对塑性变形的影响

6.2.1 具有温度依赖性的塑性变形

总应变包括弹性应变、塑性应变和热应变，从而有

$$\varepsilon=\varepsilon^{e}+\varepsilon^{p}+\varepsilon^{\theta}+\varepsilon^{p}\varepsilon^{e}+\varepsilon^{e}\varepsilon^{\theta}+\varepsilon^{p}\varepsilon^{\theta}+\varepsilon^{e}\varepsilon^{p}\varepsilon^{\theta} \tag{6.84}$$

对于小的弹性应变、塑性应变和热应变，式(6.84)可以近似为

$$\varepsilon\approx\varepsilon^{e}+\varepsilon^{p}+\varepsilon^{\theta} \tag{6.85}$$

总应变的另一种分解方式基于对数应变，有：

$$\varepsilon_{1}\approx\varepsilon_{1}^{e}+\varepsilon_{1}^{p}+\varepsilon_{1}^{\theta} \tag{6.86}$$

热塑性理论包括屈服函数、流动法则、硬化模型、计算载荷和热应变的关系式等。用于热膨胀的标准应变模型为

$$\dot{\varepsilon}^{\theta}=\alpha\lambda^{\theta}\dot{\theta} \tag{6.87}$$

式中：α 是线膨胀系数。在固体力学中，由于考虑的热膨胀系数和温度范围通常都很小，使用该模型的近似形式则为

$$\dot{\varepsilon}^{\theta}\approx\alpha\dot{\theta} \tag{6.88}$$

通过式(6.89)对热应变速率积分，就可以计算热应变：

$$\varepsilon^{\theta}=\int_{t_0}^{t}\dot{\varepsilon}^{\theta}\mathrm{d}t=\int_{\theta_0}^{\theta}\alpha\lambda^{\theta}\mathrm{d}\theta \tag{6.89}$$

式中：θ_0 是热应变为零时的参考温度。显然，如果关注小热应变(即 $\lambda^{\theta}\approx1$)，并将 α 设为常数，则可以将式(6.89)积分，得到：

$$\varepsilon^{\theta}=\alpha(\theta-\theta_0) \tag{6.90}$$

轴向载荷计算遵循的基本思想是：轴向载荷的大小取决于弹性应变、塑性应变、热应变、温度和一个/多个硬化参数。轴向载荷可表示为

$$F=F^{\dagger}(X,\varepsilon^{e},\varepsilon^{p},\varepsilon^{\theta},\theta,\xi_i) \tag{6.91}$$

式中 $F^{\dagger}$ 表示 F 的数学模型。该模型由参考构形中的位置、弹性应变、塑性应变、热应变、温度和由 ξ_i 表示的诸多硬化参数确定。这种模型的一个典型例子是：

$$F=AE\varepsilon^{e} \tag{6.92}$$

式中：A 是参考构形中的横截面面积；E 是弹性模量。A 的大小可能取决于 X，而模量可能取决于 X、θ、ε^{p} 和任意数量的硬化参数。

屈服函数也是与载荷参数相同的函数，用于评估弹性响应的当前范围。对于等温塑性变形，假设在每个加载阶段，只有弹性应变发生变化时，材料才会发生一定范围的变形。因此在当前的弹性范围内，塑性应变或硬化参数没有变化。在非等温塑性变形中，采用相同的假设，但考虑当前热弹性范围内的弹性应变和热应变，在纯热弹性响应期间，塑性应变和硬化参数没有变化。在每个温度下，通过选择适当的屈服函数 $f(X,\varepsilon^{e},\varepsilon^{p},\varepsilon^{\theta},\theta,\xi_i)$ 及其约束，

$$f(X,\varepsilon^{e},\varepsilon^{p},\varepsilon^{\theta},\theta,\xi_i)\leqslant0 \tag{6.93}$$

必须始终成立。屈服面(即当前热弹性范围的界限)通过将屈服函数设置为零给出(即 $f=0$ 定义了当前屈服面)。当 $f=0$ 时,变形发生在屈服面上;当 $f<0$ 时,变形发生在屈服面内。在屈服面内($f<0$)所有变形都不会引起塑性应变和硬化参数的变化。在屈服面上($f=0$),根据下一次加载增量的性质,在试验过程中存在塑性流动、中性加载和卸载到热弹性范围内三种情况。塑性流动时塑性应变必然发生变化,否则将违反约束 $f\leqslant 0$。屈服面上的中性载荷是指沿屈服面移动的载荷增量,在中性载荷下无须对塑性应变和硬化参数进行任何更改。加载从屈服面($f=0$)开始,并且最终在屈服面内结束加载,即卸载。卸载发生时,塑性应变和硬化参数没有任何变化。在屈服面上,假设塑性应变和硬化参数不变,通过评估下一个增量对屈服函数值的影响来确定下一个载荷增量的性质。也就是说,如果载荷增量可以在不违反约束 $f\leqslant 0$ 的情况下完全由热弹性响应调节,则不应存在塑性流动,且塑性应变和硬化参数应保持不变。正如前文所述,屈服函数的一个模型可以写成:

$$f=|F-F_{\mathrm{c}}|-F_{\mathrm{iso}} \tag{6.94}$$

式中:F_{c} 是运动硬化的结果;F_{iso} 反映各向同性硬化。F_{c} 和 F_{iso} 都可能取决于塑性应变、硬化参数和温度。塑性流动过程中的一致性条件要求 $\dot{f}=0$,因此必须有:

$$\frac{\partial f}{\partial \varepsilon^{\mathrm{e}}}\dot{\varepsilon}^{\mathrm{e}}+\frac{\partial f}{\partial \varepsilon^{\mathrm{p}}}\dot{\varepsilon}^{\mathrm{p}}+\frac{\partial f}{\partial \varepsilon^{\theta}}\dot{\varepsilon}^{\theta}+\frac{\partial f}{\partial \theta}\dot{\theta}+\sum_{i=1}^{n}\frac{\partial f}{\partial \xi_i}\dot{\xi}_i=0 \tag{6.95}$$

在塑性力学中,确定下一次加载增量是否会出现塑性流动对于建立流动法则至关重要,这时可能会出现许多不同的情况,尤其是需要考虑温度效应的情况。一个值得注意的例子是,当变形处于屈服面($f=0$)上时,增加载荷可以使材料在等温过程中发生塑性流动。然而,如果屈服面因为温度变化而增大,那么在随后的加载过程中不仅不会出现塑性流动,而且由于温度变化,变形将远离屈服面,最终进入屈服面内部(即 $f<0$)。由于屈服面的收缩,在卸载过程中材料出现塑性流动时,也可能发生相反的情况。显然,考虑温度后出现了一系列需要考虑的新问题。为了避免单独考虑所有可能的特殊条件,选取与力学理论相同的准则:

如果加载增量足够小,不会引起塑性流动(即加载增量后 $f\leqslant 0$),则不需要在增量中考虑塑性流动;如果忽略塑性流动导致 $f>0$,则在加载增量结束 $f\leqslant 0$ 时材料发生塑性流动。在后一种情况下,如果加载增量足够小,则在增量结束时 $f=0$。

以上规则与力学理论中应用的规则的唯一区别是此处的加载增量是指应变或温度的增量。此法则仅限于小加载增量情况。

至于力学理论,将再次使用上标"ˆ"来表示保持塑性应变和硬化参数不变的时间导数。例如,在没有塑性流动和硬化的情况下,由于应用应变率 $\dot{\varepsilon}$ 和温度变化率 $\dot{\theta}$,屈服函数的变化率由式(6.96)给出:

$$\hat{f}=\frac{\partial f}{\partial \varepsilon^{\mathrm{e}}}\hat{\varepsilon}^{\mathrm{e}}+\frac{\partial f}{\partial \varepsilon^{\theta}}\dot{\varepsilon}^{\theta}+\frac{\partial f}{\partial \theta}\dot{\theta} \tag{6.96}$$

式中

$$\hat{\varepsilon}^{e}=\frac{\dot{\varepsilon}-(1+\varepsilon^{e}+\varepsilon^{p}+\varepsilon^{e}\varepsilon^{p})\dot{\varepsilon}^{\theta}}{1+\varepsilon^{\theta}+\varepsilon^{p}+\varepsilon^{e}\varepsilon^{p}} \tag{6.97}$$

对于小的弹性、塑性和热应变，式(6.97)可以近似改写为

$$\hat{\varepsilon}^{e}=\dot{\varepsilon}-\dot{\varepsilon}^{\theta}$$

显然，如果 $f=0$ 且 $\hat{f}>0$，纯热弹性加载步将导致 $f>0$，从而违反约束 $f\leqslant 0$。因此，当 $f=0$ 和 $\hat{f}>0$ 时，应假设材料发生塑性流动弹性响应。例如，如果 $f=0$ 且 $\hat{f}\leqslant 0$，则纯热弹性载荷增量将导致 $f\leqslant 0$(如果 $\hat{f}=0$，则 $f=0$；如果 $\hat{f}<0$，则 $f<0$)。又如，如果 $f>0$ 和 $\hat{f}>0$，那么足够小的纯热弹性加载增量将使得 $f\leqslant 0$。根据以上分析，则可以将塑性应变的流动法则表示为：

$$\dot{\varepsilon}^{p}=\begin{cases}\beta_{\dot{\theta}}\dot{\theta}+\beta_{\dot{\varepsilon}}\dot{\varepsilon} & (f=0,\hat{f}>0)\\ 0 & (\text{其他情况})\end{cases} \tag{6.98}$$

式中：$\beta_{\dot{\varepsilon}}$ 和 $\beta_{\dot{\theta}}$ 是关于 X、ε^{e}、ε^{p}、ε^{θ}、θ 和 ξ_i 的函数；$\beta_{\dot{\theta}}\dot{\theta}$ 表示温度变化对塑性流动的贡献；$\beta_{\dot{\varepsilon}}\dot{\varepsilon}$ 表示应变变化对塑性流动的贡献。对于每个硬化参数，通常会选择类似的表达式，将硬化与 $\dot{\varepsilon}^{p}$(而不是 $\dot{\varepsilon}$)联系起来，比如：

$$\dot{\xi}_i=\omega_i\dot{\varepsilon}^{p} \tag{6.99}$$

同样，每个 ω_i 都是关于 X、ε^{e}、ε^{p}、ε^{θ}、θ 和 ξ_i 的函数。由此，显然可以得出结论：

$$\hat{\xi}_i=0$$

对于无穷小应变的情况，塑性流动过程中的一致性条件(即 $\dot{f}=0$)可以表示为

$$\frac{\partial f}{\partial\varepsilon^{e}}(\dot{\varepsilon}-\dot{\varepsilon}^{p}-\dot{\varepsilon}^{\theta})+\frac{\partial f}{\partial\varepsilon^{p}}\dot{\varepsilon}^{p}+\frac{\partial f}{\partial\varepsilon^{\theta}}\dot{\varepsilon}^{\theta}+\frac{\partial f}{\partial\theta}\dot{\theta}+\sum_{i=1}^{n}\frac{\partial f}{\partial\xi_i}\dot{\xi}_i=0 \tag{6.100}$$

令 $\dot{\varepsilon}^{\theta}=\alpha\dot{\theta}$、$\dot{\xi}_i=\omega_i\dot{\varepsilon}^{p}$，则有

$$\dot{\varepsilon}^{p}\left(\frac{\partial f}{\partial\varepsilon^{e}}-\frac{\partial f}{\partial\varepsilon^{p}}-\sum_{i=1}^{n}\frac{\partial f}{\partial\xi_i}\omega_i\right)=\dot{\theta}\left(\frac{\partial f}{\partial\theta}+\alpha\frac{\partial f}{\partial\varepsilon^{\theta}}-\frac{\partial f}{\partial\varepsilon^{e}}\alpha\right)+\frac{\partial f}{\partial\varepsilon^{e}}\dot{\varepsilon} \tag{6.101}$$

将式(6.101)与流动法则表达式(6.98)进行比较可知，应有：

$$\beta_{\dot{\theta}}=\frac{\dfrac{\partial f}{\partial\theta}+\alpha\dfrac{\partial f}{\partial\varepsilon^{\theta}}-\dfrac{\partial f}{\partial\varepsilon^{e}}\alpha}{\dfrac{\partial f}{\partial\varepsilon^{e}}-\dfrac{\partial f}{\partial\varepsilon^{p}}-\displaystyle\sum_{i=1}^{n}\frac{\partial f}{\partial\xi_i}\omega_i} \tag{6.102}$$

和

$$\beta_{\dot{\varepsilon}}=\frac{\dfrac{\partial f}{\partial\varepsilon^{e}}}{\dfrac{\partial f}{\partial\varepsilon^{e}}-\dfrac{\partial f}{\partial\varepsilon^{p}}-\displaystyle\sum_{i=1}^{n}\frac{\partial f}{\partial\xi_i}\omega_i} \tag{6.103}$$

显然，式(6.102)和式(6.103)仅在分母不等于0时成立。

对于考虑 $\varepsilon(t)$(应变函数)和 $\theta(t)$(温度函数)的一般热塑性问题，根据 $\varepsilon(t)$ 和 $\theta(t)$，可以计算相应的速率 $\dot{\varepsilon}(t)$ 和 $\dot{\theta}(t)$。初始条件是：

$$t=0,\quad \varepsilon^{p}=0,\quad \xi=0,\quad F_{\mathrm{iso}}=F_{\mathrm{y0}},\quad F_{\mathrm{c}}=0$$

用于对响应进行积分的算法由以下步骤给出：

(1) 计算当前应变和温度 $\varepsilon_i=\varepsilon(t_i)$ 和 $\theta_i=\theta(t_i)$。

(2) 计算模量的当前值：

$$E=E(\theta_i),\qquad \frac{\mathrm{d}E}{\mathrm{d}\theta}=\frac{\mathrm{d}E}{\mathrm{d}\theta}(\theta_i)$$

$$\frac{\partial F_{\mathrm{iso}}}{\partial\theta}=\frac{\partial F_{\mathrm{iso}}}{\partial\theta}(\xi_i,\theta_i),\qquad \frac{\partial F_{\mathrm{iso}}}{\partial\varepsilon^{\mathrm{p}}}=\frac{\partial F_{\mathrm{iso}}}{\partial\varepsilon^{\mathrm{p}}}(\xi_i,\theta_i)$$

$$\frac{\partial F_{\mathrm{c}}}{\partial\theta}=\frac{\partial F_{\mathrm{c}}}{\partial\theta}(\varepsilon_i^{\mathrm{p}},\theta_i),\qquad \frac{\partial F_{\mathrm{c}}}{\partial\varepsilon^{\mathrm{p}}}=\frac{\partial F_{\mathrm{c}}}{\partial\varepsilon^{\mathrm{p}}}(\varepsilon_i^{\mathrm{p}},\theta_i)$$

(3) 计算当前负载：

$$F_i=AE(\varepsilon_i-\varepsilon_i^{\mathrm{p}}-\varepsilon_i^{\theta})$$

(4) 存储 t_i、ε_i、θ_i 和 F_i。

(5) 计算屈服函数 $f=|F_i-F_{ci}|-F_{\mathrm{iso}i}$。

(6) 计算当前应变率和温度变化速率 $\dot{\varepsilon}_i=\dot{\varepsilon}(t_i)$ 和 $\dot{\theta}_i=\dot{\theta}(t_i)$。

(7) 计算热膨胀率 $\dot{\varepsilon}_i^{\theta}\approx\alpha(\theta_i)\dot{\theta}_i$。

(8) 如果 $f\geqslant0$，根据下式计算 $\hat{f}$：

$$\hat{f}=\mathrm{sgn}(F_i-F_{ci})\left[AE(\dot{\varepsilon}-\alpha\dot{\theta}_i)+A\frac{\mathrm{d}E}{\mathrm{d}\theta}(\varepsilon_i-\varepsilon_i^{\mathrm{p}}-\varepsilon_i^{\theta})\theta_i-\frac{\partial F_{\mathrm{c}}}{\partial\theta}\dot{\theta}_i\right]-\frac{\partial F_{\mathrm{iso}}}{\partial\theta}\dot{\theta}_i$$

(9) 计算塑性应变率和硬化参数的变化率。

如果 $f\geqslant0$ 和 $\hat{f}=0$，那么

$$\dot{\varepsilon}_i^{\mathrm{p}}=\frac{AE\dot{\varepsilon}_i+\left[-AE\alpha+A\dfrac{\mathrm{d}E}{\mathrm{d}\theta}(\varepsilon_i-\varepsilon_i^{\mathrm{p}}-\varepsilon_i^{\theta})-\dfrac{\partial F_{\mathrm{c}}}{\partial\theta}-\mathrm{sgn}(F_i-F_{ci})\dfrac{\partial F_{\mathrm{iso}}}{\partial\theta}\right]\dot{\theta}_i}{AE+\dfrac{\partial F_{\mathrm{c}}}{\partial\varepsilon^{\mathrm{p}}}+\dfrac{\partial F_{\mathrm{iso}}}{\partial\xi}}$$

$$\dot{\xi}_i=\frac{\mathrm{d}\xi}{\mathrm{d}\varepsilon^{\mathrm{p}}}\dot{\varepsilon}_i^{\mathrm{p}}$$

否则

$$\dot{\varepsilon}_i^{\mathrm{p}}=0,\qquad \dot{\xi}_i=0$$

(10) 更新变量：

$$\varepsilon_{i+1}^{\mathrm{p}}=\varepsilon_i^{\mathrm{p}}+\dot{\varepsilon}_i^{\mathrm{p}}\Delta t,\qquad \xi_{i+1}=\xi_i+\dot{\xi}_i\Delta t$$

$$F_{\mathrm{c}(i+1)}=F_{ci}+\frac{\partial F_{\mathrm{c}}}{\partial\varepsilon^{\mathrm{p}}}\dot{\varepsilon}_i^{\mathrm{p}}\Delta t+\frac{\partial F_{\mathrm{c}}}{\partial\theta}\dot{\theta}_i\Delta t$$

$$F_{\mathrm{iso}(i+1)}=F_{\mathrm{iso}i}+\frac{\partial F_{\mathrm{iso}}}{\partial\xi}\dot{\xi}_i\Delta t+\frac{\partial F_{\mathrm{iso}}}{\partial\theta}\dot{\theta}_i\Delta t$$

$$t_{i+1}=t_i+\Delta t$$

(11) 增加 i 并返回第一步。

如前所述，一旦步长减小到零，这里显示的算法将收敛到精确响应值。因此，该

算法在理论上是可行的,但需要使用非常小的步长,尤其是当弹性响应的斜率远大于塑性响应的斜率时。其原因是弹性响应必须控制步长,以使材料的屈服载荷不会明显超出屈服极限。由图 6-4 可以看出,如果步长太大,算法将使屈服载荷超出屈服极限的幅度相当大,并且由于算法无法将载荷返回到屈服面上,因此在剩余的加载过程中,过冲将会导致永久性误差。如图 6-5 所示,采用较大的步长也可能在卸载过程中引入较大的误差。与之前一样,可以修改所提出的算法以解决这些问题。可通过引入热弹性/热弹塑性预测器和热弹性校正器,创建一个与上述弹性返回算法一致的算法(在本例中为热弹性返回算法)。必要时,可通过引入热弹性预测器和塑性校正器创建一个与塑性回归算法一致的算法。

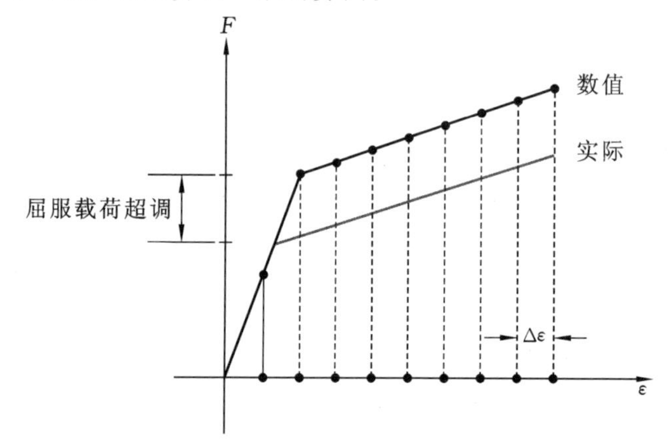

图 6-4 步长太大时数值结果和实际情况的对比

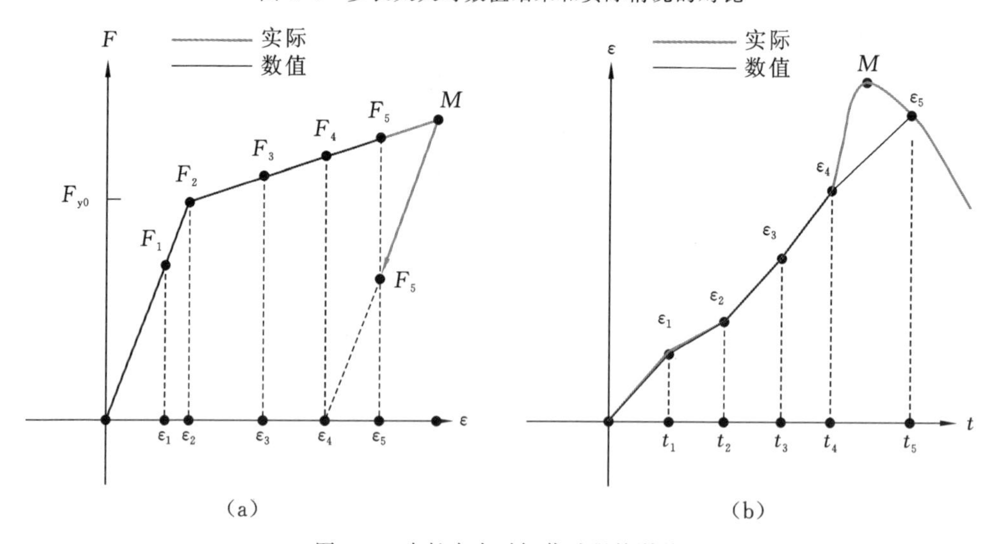

图 6-5 步长太大时卸载过程的误差

另外，还可根据本构模型对比自由能、比熵、载荷和热流的函数依赖性来定义具有温度依赖性的塑性变形。假设对于温度相关塑性，每个本构函数由参考位置、应变、塑性应变、热应变、硬化参数、温度和温度梯度确定：

$$\begin{aligned}\psi&=\psi^{\dagger}(X,\varepsilon,\varepsilon^{p},\varepsilon^{\theta},\theta,\xi,g)\\F&=F^{\dagger}(X,\varepsilon,\varepsilon^{p},\varepsilon^{\theta},\theta,\xi,g)\\\eta&=\eta^{\dagger}(X,\varepsilon,\varepsilon^{p},\varepsilon^{\theta},\theta,\xi,g)\\q&=q^{\dagger}(X,\varepsilon,\varepsilon^{p},\varepsilon^{\theta},\theta,\xi,g)\end{aligned}\tag{6.104}$$

则比自由能的物质时间导数由式(6.105)给出：

$$\dot{\psi}=\frac{\partial\psi}{\partial\varepsilon}\dot{\varepsilon}+\frac{\partial\psi}{\partial\varepsilon^{p}}\dot{\varepsilon}^{p}+\frac{\partial\psi}{\partial\varepsilon^{\theta}}\dot{\varepsilon}^{\theta}+\frac{\partial\psi}{\partial\xi}\dot{\xi}+\frac{\partial\psi}{\partial\theta}\dot{\theta}+\frac{\partial\psi}{\partial g}\dot{g}\tag{6.105}$$

令 $L=\dot{\varepsilon}/\lambda,\dot{\varepsilon}^{\theta}=\alpha\lambda^{\theta}\dot{\theta}$，并将其代入克劳修斯-杜安不等式，则有

$$\left[\rho\frac{\partial\psi}{\partial\varepsilon}-\frac{F}{\lambda}\right]\dot{\varepsilon}+\rho\left[\eta+\frac{\partial\psi}{\partial\theta}+\frac{\partial\psi}{\partial\varepsilon^{\theta}}\lambda^{\theta}\alpha\right]\dot{\theta}+\rho\frac{\partial\psi}{\partial g}\dot{g}+\rho\left[\frac{\partial\psi}{\partial\varepsilon^{p}}\dot{\varepsilon}^{p}+\frac{\partial\psi}{\partial\xi}\dot{\xi}\right]+\frac{1}{\theta}qg\leqslant0$$

考虑当前热弹性范围内的响应，即 $\dot{\varepsilon}^{p}=0$ 和 $\dot{\xi}=0$。如上所述，可以认为，系数与速率无关，速率彼此独立，如果这一点对所有过程都成立，则有：

$$F=\rho_0\frac{\partial\psi}{\partial\varepsilon},\quad\eta=-\frac{\partial\psi}{\partial\theta}-\frac{\partial\psi}{\partial\varepsilon^{\theta}}\lambda^{\theta}\alpha,\quad\frac{1}{\theta}qg\leqslant0\tag{6.106}$$

自由能不依赖于温度梯度，表明载荷和熵也不依赖于温度梯度。由于屈服面上的每个点都接近弹性点，也可以说，如果响应函数有足够的连续性，那么由纯热弹性响应得到的关系也可以延伸到塑性流动区域。因此还需要满足一个条件：

$$\rho\left[\frac{\partial\psi}{\partial\varepsilon^{p}}\dot{\varepsilon}^{p}+\frac{\partial\psi}{\partial\xi}\dot{\xi}\right]\leqslant0\tag{6.107}$$

现在考虑一个例子。已知比自由能为

$$\psi=\frac{AE}{2\rho_0}\varepsilon^{e2}+\psi^{\theta}$$

在这种情况下，有

$$\psi=\frac{AE}{2\rho_0}(\varepsilon-\varepsilon^{p}-\varepsilon^{\theta})^2+\psi^{\theta}$$

因此有

$$F=AE(\varepsilon-\varepsilon^{p}-\varepsilon^{\theta})=AE\varepsilon^{e}$$

$$\eta=-\frac{A}{2\rho_0}\frac{dE}{d\theta}\varepsilon^{e2}+\frac{AE\alpha}{\rho_0}\varepsilon^{e}-\frac{d\psi^{\theta}}{d\theta}=-\frac{F^2}{2\rho_0AE^2}\frac{dE}{d\theta}+\frac{F\alpha}{\rho_0}-\frac{d\psi^{\theta}}{d\theta}$$

式中应用了 $\lambda^{\theta}\approx1$ 这一近似条件，与小应变假设一致。则式(6.107)可以改写为

$$-\rho\frac{AE}{\rho_0}\varepsilon^{e}\dot{\varepsilon}^{p}=-\frac{F}{\lambda}\dot{\varepsilon}^{p}\leqslant0$$

可见塑性功的速率($F\dot{\varepsilon}^{p}$)必须始终为零或为正值。

接下来讨论应变的非线性关系，也就是说，考虑当 $\lambda=\lambda^{e}\lambda^{p}\lambda^{\theta}$ 时的情况。此时有

$$\varepsilon^{e}=\frac{1+\varepsilon}{(1+\varepsilon^{p})(1+\varepsilon^{e})}-1$$

对于这种情况，可以看到

$$\frac{\partial\varepsilon^{e}}{\partial\varepsilon}=\frac{1}{(1+\varepsilon^{p})(1+\varepsilon^{\theta})}$$

$$\frac{\partial\varepsilon^{e}}{\partial\varepsilon^{p}}=\frac{1+\varepsilon}{(1+\varepsilon^{p})^{2}(1+\varepsilon^{\theta})}$$

$$\frac{\partial\varepsilon^{e}}{\partial\varepsilon^{\theta}}=\frac{1+\varepsilon}{(1+\varepsilon^{p})(1+\varepsilon^{\theta})^{2}}$$

因此，载荷的结果表达式为

$$F=AE\varepsilon^{e}\frac{\partial\varepsilon^{e}}{\partial\varepsilon}=\frac{AE}{(1+\varepsilon^{p})(1+\varepsilon^{\theta})}\varepsilon^{e}=\frac{AE}{\lambda^{p}\lambda^{\theta}}\varepsilon^{e}=\frac{AE\lambda^{e}}{\lambda}\varepsilon^{e}$$

熵的表达式由下式给出：

$$\eta=-\frac{A}{2\rho_{0}}\frac{\mathrm{d}E}{\mathrm{d}\theta}\varepsilon^{e2}+\frac{AE\alpha}{\rho_{0}}\frac{1+\varepsilon}{(1+\varepsilon^{p})(1+\varepsilon^{\theta})}\varepsilon^{e}-\frac{\mathrm{d}\psi^{\theta}}{\mathrm{d}\theta}=-\frac{(\lambda^{p}\lambda^{\theta}F)^{2}}{2AE^{2}\rho_{0}}\frac{\mathrm{d}E}{\mathrm{d}\theta}+\frac{F\lambda\alpha}{\rho_{0}}-\frac{\mathrm{d}\psi^{\theta}}{\mathrm{d}\theta}$$

对塑性应变速率的限制变为

$$-\rho\frac{AE}{\rho_{0}}\frac{1+\varepsilon}{(1+\varepsilon^{p})^{2}(1+\varepsilon^{\theta})}\varepsilon^{e}\dot{\varepsilon}^{p}=-F\frac{\dot{\varepsilon}^{p}}{\lambda^{p}}=-FL^{p}\leqslant 0$$

这就再次要求 $F\dot{\varepsilon}^{p}$ 为零或为正值。

也可以直接用弹性应变代替本构函数参数中的总应变来建立一个热塑性模型。尽管这样并不会改变模型的性质，但会完全改变自由能偏导数的意义。在这种情况下的本构假设可以写成：

$$\begin{aligned}\psi&=\psi^{\dagger}(X,\varepsilon^{e},\varepsilon^{p},\varepsilon^{\theta},\theta,\xi,g)\\F&=F^{\dagger}(X,\varepsilon^{e},\varepsilon^{p},\varepsilon^{\theta},\theta,\xi,g)\\\eta&=\eta^{\dagger}(X,\varepsilon^{e},\varepsilon^{p},\varepsilon^{\theta},\theta,\xi,g)\\q&=q^{\dagger}(X,\varepsilon^{e},\varepsilon^{p},\varepsilon^{\theta},\theta,\xi,g)\end{aligned}\tag{6.108}$$

因此有比自由能的物质时间导数：

$$\dot{\psi}=\frac{\partial\psi}{\partial\varepsilon^{e}}\dot{\varepsilon}^{e}+\frac{\partial\psi}{\partial\varepsilon^{p}}\dot{\varepsilon}^{p}+\frac{\partial\psi}{\partial\varepsilon^{\theta}}\dot{\varepsilon}^{\theta}+\frac{\partial\psi}{\partial\xi}\dot{\xi}+\frac{\partial\psi}{\partial\theta}\dot{\theta}+\frac{\partial\psi}{\partial g}\dot{g}$$

外部可控速率为 $(\dot{\varepsilon},\dot{\theta},\dot{g})$，所以利用 $\lambda=\lambda^{e}\lambda^{p}\lambda^{\theta}$，可通过下式替换 $\dot{\varepsilon}^{e}$：

$$\dot{\varepsilon}=\dot{\varepsilon}^{\theta}\lambda^{e}\lambda^{p}+\dot{\varepsilon}^{e}\lambda^{\theta}\lambda^{p}+\dot{\varepsilon}^{p}\lambda^{e}\lambda^{\theta}$$

则有：

$$\frac{\dot{\varepsilon}}{\lambda}=\frac{\dot{\varepsilon}^{\theta}}{\lambda^{\theta}}+\frac{\dot{\varepsilon}^{e}}{\lambda^{e}}+\frac{\dot{\varepsilon}^{p}}{\lambda^{p}}\tag{6.109}$$

用模型替换热应变率：

$$\dot{\varepsilon}^{\theta}=\alpha\lambda^{\theta}\dot{\theta}$$

将其引入克劳修斯-杜安不等式中，得到以下结果：

$$\left(\rho\frac{\partial\psi}{\partial\varepsilon^{\mathrm{e}}}\lambda^{\mathrm{e}}-F\right)\frac{\dot{\varepsilon}}{\lambda}+\rho\left[\eta+\frac{\partial\psi}{\partial\theta}+\frac{\alpha}{\rho}\left(\rho\frac{\partial\psi}{\partial\varepsilon^{\theta}}\lambda^{\theta}-\rho\frac{\partial\psi}{\partial\varepsilon^{\mathrm{e}}}\lambda^{\mathrm{e}}\right)\right]\dot{\theta}$$
$$+\left(\rho\frac{\partial\psi}{\partial\varepsilon^{\mathrm{p}}}\lambda^{\mathrm{p}}-\rho\frac{\partial\psi}{\partial\varepsilon^{\mathrm{e}}}\lambda^{\mathrm{e}}\right)\frac{\dot{\varepsilon}^{\mathrm{p}}}{\lambda^{\mathrm{p}}}+\rho\frac{\partial\psi}{\partial\xi}\dot{\xi}+\rho\frac{\partial\psi}{\partial g}\dot{g}+\frac{1}{\theta}qg\leqslant 0 \tag{6.110}$$

则有：

$$F=\rho\frac{\partial\psi}{\partial\varepsilon^{\mathrm{e}}}\lambda^{\mathrm{e}},\quad \eta=-\frac{\partial\psi}{\partial\theta}+\frac{\alpha}{\rho}(F-F^{\theta})$$
$$\rho\frac{\partial\psi}{\partial g}=0,\quad \frac{1}{\theta}qg\leqslant 0 \tag{6.111}$$

式中

$$F^{\theta}\equiv\rho\frac{\partial\psi}{\partial\varepsilon^{\theta}}\lambda^{\theta} \tag{6.112}$$

假设这些函数在扩展到当前屈服面时是连续的，则可得

$$-(F-F^{\mathrm{b}})\frac{\dot{\varepsilon}^{\mathrm{p}}}{\lambda^{\mathrm{p}}}+\rho\frac{\partial\psi}{\partial\xi}\dot{\xi}\leqslant 0 \tag{6.113}$$

式中：F^{b} 是与自由能对塑性应变的导数相关的载荷，定义为

$$F^{\mathrm{b}}=\rho\frac{\partial\psi}{\partial\varepsilon^{\mathrm{p}}}\lambda^{\mathrm{p}} \tag{6.114}$$

这种热力学载荷有时与材料中的背应力有关。背应力是驱使材料发生运动硬化的热力学应力。

可以基于该式，使用不依赖于硬化参数的自由能模型，构建一个通用的运动硬化模型。对于此类模型，克劳修斯-杜安不等式对塑性流动速率的约束可以表示为

$$-\Delta F\dot{\varepsilon}^{\mathrm{p}}\leqslant 0 \tag{6.115}$$

式中：ΔF 是大于与运动硬化相关的载荷的增量，$\Delta F\equiv F-F^{\mathrm{b}}$。不难看出，$\dot{\varepsilon}^{\mathrm{p}}$ 和 ΔF 的正负号必须相同，以使得在大于 F_{b} 的载荷下塑性流动为正向的，在小于 F_{b} 的载荷下塑性流动为负向的。只要载荷小于 F_{b}，就可能有负向塑性流动。考虑一个关于弹性和塑性应变二次型的自由能模型，该模型由下式给出：

$$\psi=\frac{AE}{2\rho_0}\varepsilon^{\mathrm{e}2}+\frac{AE^{\mathrm{b}}}{2\rho_0}\varepsilon^{\mathrm{p}2}+\psi^{\theta} \tag{6.116}$$

式中：E、E^{b} 和 ψ^{θ} 取决于温度。采用这个模型时，有

$$F=\frac{AE\lambda^{\mathrm{e}}}{\lambda}\varepsilon^{\mathrm{e}},\quad F^{\mathrm{b}}=\frac{AE^{\mathrm{b}}\lambda^{\mathrm{p}}}{\lambda}\varepsilon^{\mathrm{p}}$$
$$\eta=-\frac{\lambda^{\theta 2}}{2\rho_0 A}\left[\lambda^{\mathrm{p}2}\left(\frac{F}{E}\right)^2\frac{\mathrm{d}E}{\mathrm{d}\theta}+\lambda^{\mathrm{e}2}\left(\frac{F^{\mathrm{b}}}{E^{\mathrm{b}}}\right)^2\frac{\mathrm{d}E^{\mathrm{b}}}{\mathrm{d}\theta}\right]-\frac{\mathrm{d}\psi^{\theta}}{\mathrm{d}\theta}+\frac{\alpha}{\rho}F \tag{6.117}$$

可以选择以下形式的屈服函数：

$$f=|F-F^{\mathrm{b}}|-F_{\mathrm{iso}} \tag{6.118}$$

式中：F_{iso}表示各向同性硬化效应，并假定其为温度和硬化参数ξ的函数。不难看出，热力学模型中的F^{b}与力学模型中的F_{c}具有类似的作用，因为它对应弹性范围的中心位置。该参数相应的加工硬化规则可表示为：

$$\dot{\xi}=\Delta F\dot{\varepsilon}^{\mathrm{p}} \tag{6.119}$$

由于克劳修斯-杜安不等式的限制，$\dot{\xi}$的值总为正值。

而变化率相关塑性的克劳修斯-杜安不等式与温度相关塑性相同，但塑性应变率不依赖于任何速率，这样就不需要单独研究热弹性响应，然后利用函数的连续性来扩展热弹性结果以考虑塑性流动。

目前有几种方法可以用来在运动学上引入热效应。一种方法是直接将热效应纳入塑性变形，使塑性变形也随温度变化而变化。

如果需要明确热膨胀情况，则可以引入热变形梯度。如图 6-6 所示：可以先考虑热变形梯度，再考虑塑性变形梯度，也可以先考虑塑性变形梯度，再考虑热变形梯度。如果$\boldsymbol{F}^{\theta}$和$\overline{\boldsymbol{F}}^{\theta}$代表选择这两种方式时的热变形梯度，可以将总变形梯度表示为

$$\boldsymbol{F}=\boldsymbol{F}^{\mathrm{e}}\boldsymbol{F}^{\mathrm{p}}\boldsymbol{F}^{\theta}=\boldsymbol{F}^{\mathrm{e}}\overline{\boldsymbol{F}}^{\theta}\overline{\boldsymbol{F}}^{\mathrm{p}} \tag{6.120}$$

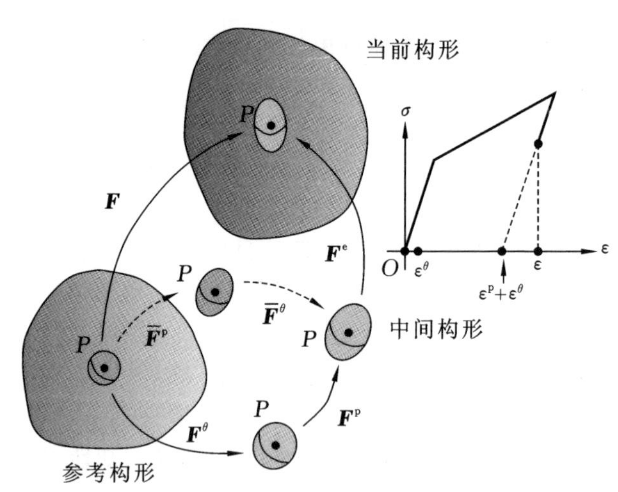

图 6-6　参考构形、中间构形和当前构形

这就要求有：

$$\boldsymbol{F}^{\mathrm{p}}\boldsymbol{F}^{\theta}=\overline{\boldsymbol{F}}^{\theta}\overline{\boldsymbol{F}}^{\mathrm{p}} \tag{6.121}$$

对于无穷小的变形，取$\|\boldsymbol{H}^{\mathrm{e}}\|\leqslant 1$，$\|\boldsymbol{H}^{\mathrm{p}}\|\leqslant 1$以及$\|\boldsymbol{H}^{\theta}\|\leqslant 1$，其中

$$\boldsymbol{F}^{\mathrm{e}}=\boldsymbol{I}+\boldsymbol{H}^{\mathrm{e}},\quad \boldsymbol{F}^{\mathrm{p}}=\boldsymbol{I}+\boldsymbol{H}^{\mathrm{p}},\quad \boldsymbol{F}^{\theta}=\boldsymbol{I}+\boldsymbol{H}^{\theta}$$

这就使得

$$\boldsymbol{H}\approx\boldsymbol{H}^{\mathrm{e}}+\boldsymbol{H}^{\mathrm{p}}+\boldsymbol{H}^{\theta} \tag{6.122}$$

由此可知 $\boldsymbol{H}$ 也很小。左、右柯西拉伸张量分别表示为

$$\begin{aligned}\boldsymbol{C} &= \boldsymbol{F}^{\mathrm{T}}\boldsymbol{F} = (\boldsymbol{I}+\boldsymbol{H}^{\theta\mathrm{T}})(\boldsymbol{I}+\boldsymbol{H}^{\mathrm{pT}})(\boldsymbol{I}+\boldsymbol{H}^{\mathrm{eT}})(\boldsymbol{I}+\boldsymbol{H}^{\mathrm{e}})(\boldsymbol{I}+\boldsymbol{H}^{\mathrm{p}})(\boldsymbol{I}+\boldsymbol{H}^{\theta}) \\ &\approx I + 2\boldsymbol{\varepsilon}^{\mathrm{e}} + 2\boldsymbol{\varepsilon}^{\mathrm{p}} + 2\boldsymbol{\varepsilon}^{\theta} \\ \boldsymbol{B} &= \boldsymbol{F}\boldsymbol{F}^{\mathrm{T}} = (\boldsymbol{I}+\boldsymbol{H}^{\mathrm{e}})(\boldsymbol{I}+\boldsymbol{H}^{\mathrm{p}})(\boldsymbol{I}+\boldsymbol{H}^{\theta})(\boldsymbol{I}+\boldsymbol{H}^{\theta\mathrm{T}})(\boldsymbol{I}+\boldsymbol{H}^{\mathrm{pT}})(\boldsymbol{I}+\boldsymbol{H}^{\mathrm{eT}}) \\ &\approx \boldsymbol{I} + 2\boldsymbol{\varepsilon}^{\mathrm{e}} + 2\boldsymbol{\varepsilon}^{\mathrm{p}} + 2\boldsymbol{\varepsilon}^{\theta}\end{aligned} \tag{6.123}$$

式中：无穷小的热应变 $\boldsymbol{\varepsilon}^{\theta}$ 通常由以下关系式定义：

$$\boldsymbol{\varepsilon}^{\theta} = \frac{1}{2}(\boldsymbol{H}^{\theta} + \boldsymbol{H}^{\theta\mathrm{T}}) \tag{6.124}$$

也就是说

$$\boldsymbol{\varepsilon} = \boldsymbol{\varepsilon}^{\mathrm{e}} + \boldsymbol{\varepsilon}^{\mathrm{p}} + \boldsymbol{\varepsilon}^{\theta} \tag{6.125}$$

若一开始就明确引入热变形梯度，基于一阶梯度热力学材料本构理论，将塑性作为状态变量，通过包括塑性变形梯度等在内的多个状态变量引入塑性流动的影响，并通过克劳修斯-杜安不等式引入热力学约束，最终可提供柯西应力和熵关于特定自由能的解析表达式和其他限制条件等。因而在这里提出的热塑性模型是一般性的一阶梯度热力学材料模型的特例。为了构建该模型，可将变形梯度 $\boldsymbol{F}$ 分解为三部分：弹性变形梯度 $\boldsymbol{F}^{\mathrm{e}}$、塑性变形梯度 $\boldsymbol{F}^{\mathrm{p}}$ 和热变形梯度 $\boldsymbol{F}^{\theta}$。通过以下方程给出变形梯度：

$$\boldsymbol{F}(t) = \boldsymbol{F}^{\mathrm{e}}(t)\boldsymbol{F}^{\mathrm{p}}(t)\boldsymbol{F}^{\theta}(t) \tag{6.126}$$

变形梯度的分解方式不是唯一的，也可以将 $\boldsymbol{F}^{\theta}$ 整合到 $\boldsymbol{F}^{\mathrm{p}}$ 中，但这就要求塑性变形梯度随温度变化，即使对热弹性响应也是如此。引入一个标量硬化参数 ξ；材料的当前状态用 S 表示，并由以下一组变量给出：

$$S(t) = \{\boldsymbol{F}^{\mathrm{e}}(t), \boldsymbol{F}^{\mathrm{p}}(t), \boldsymbol{F}^{\theta}(t), \xi(t), \theta(t), \boldsymbol{G}(t)\} \tag{6.127}$$

假设响应取决于材料状态，则有：

$$R(\boldsymbol{X}, t) = R^{\dagger}[\boldsymbol{X}, S(t)] \tag{6.128}$$

$$\begin{aligned}\psi(\boldsymbol{X}, t) &= \psi^{\dagger}(\boldsymbol{X}, \boldsymbol{F}^{\mathrm{e}}(t), \boldsymbol{F}^{\mathrm{p}}(t), \boldsymbol{F}^{\theta}(t), \theta(t), \xi(t), \boldsymbol{G}(t)) \\ \eta(\boldsymbol{X}, t) &= \eta^{\dagger}(\boldsymbol{X}, \boldsymbol{F}^{\mathrm{e}}(t), \boldsymbol{F}^{\mathrm{p}}(t), \boldsymbol{F}^{\theta}(t), \theta(t), \xi(t), \boldsymbol{G}(t)) \\ \boldsymbol{T}(\boldsymbol{X}, t) &= \boldsymbol{T}^{\dagger}(\boldsymbol{X}, \boldsymbol{F}^{\mathrm{e}}(t), \boldsymbol{F}^{\mathrm{p}}(t), \boldsymbol{F}^{\theta}(t), \theta(t), \xi(t), \boldsymbol{G}(t)) \\ \boldsymbol{q}(\boldsymbol{X}, t) &= \boldsymbol{q}^{\dagger}(\boldsymbol{X}, \boldsymbol{F}^{\mathrm{e}}(t), \boldsymbol{F}^{\mathrm{p}}(t), \boldsymbol{F}^{\theta}(t), \theta(t), \xi(t), \boldsymbol{G}(t))\end{aligned} \tag{6.129}$$

6.2.2　热塑性的无穷小理论

温度变化会对材料的负载响应产生多种影响。对于大多数材料，随着温度的升高，弹性模量和屈服强度会相应地减小。另外，众所周知，热膨胀会导致应变增加。当材料受到热力学载荷时，需要同时考虑所有这些影响。和 6.2.1 节一样，把应变分为弹性应变、塑性应变和热应变。同时重点关注无穷小的应变，则有：

$$\varepsilon = \varepsilon^{\mathrm{e}} + \varepsilon^{\mathrm{p}} + \varepsilon^{\theta} \tag{6.130}$$

如图 6-7 所示，为了描述热应变，选择了一个参考温度 θ_0，在该温度下将热应变设为

零。当改变温度时,热应变可按照下式来计算:

$$\dot{\varepsilon}^{\theta}=\alpha\dot{\theta} \tag{6.131}$$

式中:α 是热膨胀系数。

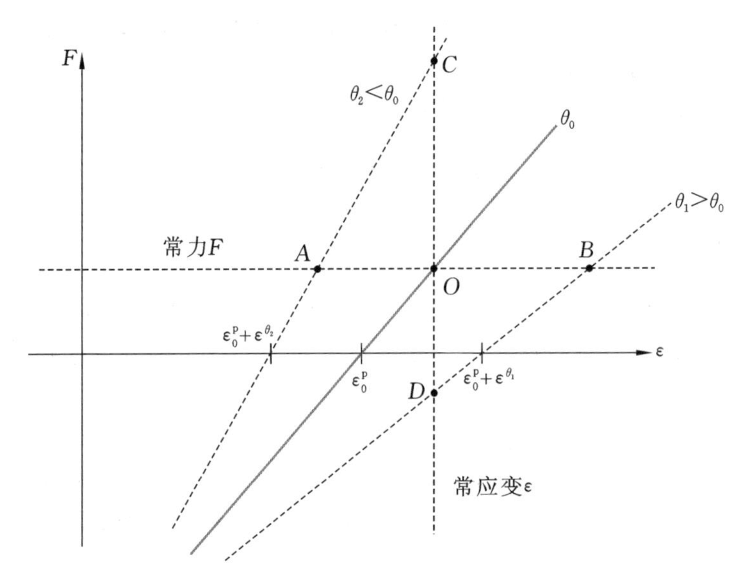

图 6-7　恒定应变和恒定外力条件下的热弹响应

对式(6.131)进行积分,得

$$\varepsilon^{\theta}=\int_{t_0}^{t}\dot{\varepsilon}^{\theta}\,\mathrm{d}t=\int_{\theta_0}^{\theta}\alpha\,\mathrm{d}\theta \tag{6.132}$$

如果热膨胀系数是恒定值,则由式(6.132)可以得到

$$\varepsilon^{\theta}=\alpha(\theta-\theta_0) \tag{6.133}$$

在继续研究与温度相关的塑性之前,先考虑一下热弹性。只有当纯热弹性响应迫使屈服函数变为正值时,塑性流动才会产生。图 6-7 显示了三种温度下的弹性响应。首先,在参考温度 θ_0 下,热应变为零,因此加载曲线与应变轴的截距表示当前的塑性应变($\varepsilon_0^{\mathrm{p}}$)。如果温度升高到温度 θ_1,那么材料就会发生热膨胀,迫使加载曲线与应变轴的截距向右移动至 $\varepsilon_0^{\mathrm{p}}+\varepsilon^{\theta_1}$。此外,弹性模量降低,会使加载曲线的斜率降低。如图 6-7 所示,如果考虑在温度为 θ_0 时从加载曲线上的 O 点开始,在恒定应变条件下将温度高到 θ_1,那么外力将从 O 点(温度为 θ_0)下降到 D 点(温度为 θ_1)。另一方面,如果力保持不变,那么应变将从 O 点开始增大,直至达到 B 点。类似地,如果温度从 θ_0 降低到 θ_2,加载曲线与应变轴的截距将向左移动至 $\varepsilon_0^{\mathrm{p}}+\varepsilon^{\theta_2}$,斜率将增大。在这种情况下,恒定的应变会导致力从 O 点增加到 C 点,而恒定的力会导致应变从 O 点减小到 A 点。

图 6-8 显示了三种温度下的弹塑性响应。当温度为 θ_0 时从加载曲线上的 O 点

开始将温度提高到 θ_1，对于恒定应变，再次在 D 点结束加载，材料只经历热弹性卸载。另一方面，在恒定的外力下，应变会从 O 移动到 B'，而不是 B。显然，如果假设是纯热弹性加载，则材料的热膨胀会在温度为 θ_1 时的屈服面上方的 B 点结束，并导致 $f>0$，这表明需要引入塑性流动。如图 6-8 所示，塑性应变增量为 $\Delta\varepsilon_1^p$ 时应变才能到达当前屈服面。当温度从 θ_0 降低到 θ_2 时也会出现类似的情况。在恒定应变下，材料经历纯热弹性变形，应变到达 C 点，但由于 C 点高于屈服面，因而最终到达 C'点。同样，塑性应变的增量 $\Delta\varepsilon_2^p$ 的存在是实现这一点的必要条件。在这种情况下，恒定外力条件可以通过改变纯热弹性响应(从 O 点到 A 点)来调节。

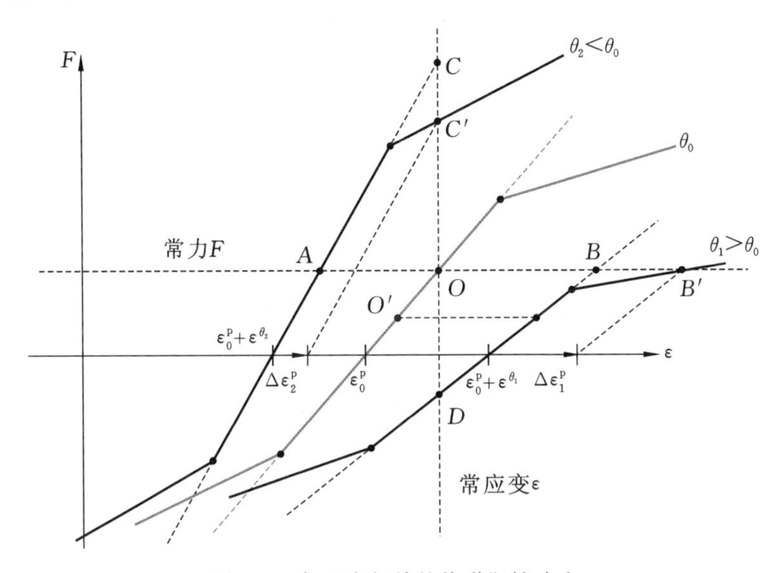

图 6-8　与温度相关的热弹塑性响应

为了更好地理解材料的纯热弹性响应，考虑图 6-9 所示的恒定应变过程。该过程从温度为 θ_0 的 O 点开始，然后，温度循环到较低的温度 θ_2，然后回到 θ_0，在这期间应变保持恒定。可以看出，当温度降低到 θ_2 时，纯热弹性响应会使材料的应变到达 C 点，但由于 C 点在温度为 θ_2 处的屈服面之上，最终在 C'点处产生诱导塑性应变增量 $\Delta\varepsilon_2^p$。当温度升高到 θ_0 时，由于诱导塑性应变增量为 $\Delta\varepsilon_2^p$，当前弹性响应向右偏移 $\Delta\varepsilon_2^p$，导致力从当前弹性响应曲线上的 C'点下降到 D 点。

在大多数情况下，材料不限于保持应变恒定或外力恒定。因此，研究的模型不仅需要能够适用于上述示例，还需要能在任意加载情况下使用。为了便于讨论，将通过温度和应变随时间的变化来描述加载历史，因此，选择温度和应变作为自变量，力作为因变量。

在每个温度下，弹性响应将由以下线性关系式确定：

$$F=AE\varepsilon^e=AE(\varepsilon-\varepsilon^p-\varepsilon^\theta) \tag{6.134}$$

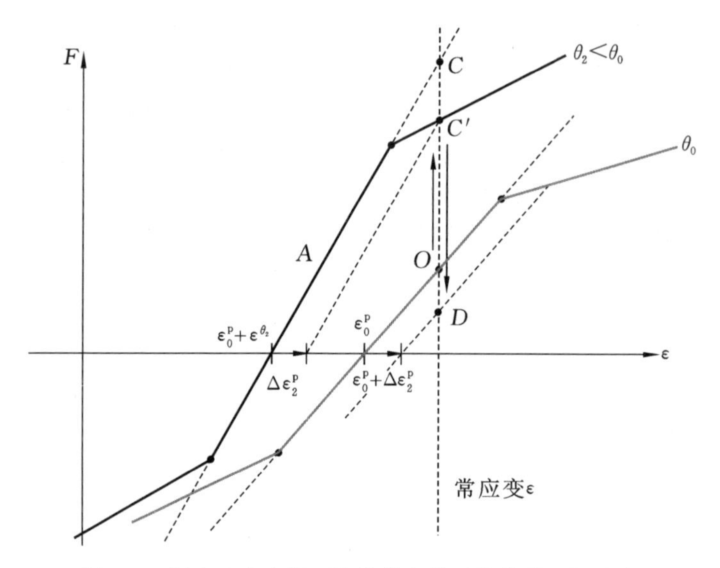

图 6-9　恒定应变和循环热载荷条件下的热弹塑性响应

假设式中弹性模量 E 取决于温度。选择适用于任意硬化形式的一般屈服函数,以使

$$f=|F-F_c|-F_{iso} \tag{6.135}$$

式中:F_c 取决于塑性应变和温度;F_{iso}是硬化参数和温度的函数。因此,屈服函数的变化率由下式给出:

$$\dot{f}=\begin{cases}\dot{F}-\dot{F}_c-\dot{F}_{iso} & (F-F_c\geqslant 0)\\ -\dot{F}+\dot{F}_c-\dot{F}_{iso} & (F-F_c<0)\end{cases} \tag{6.136}$$

$$\dot{f}=\begin{cases}AE(\dot{\varepsilon}-\dot{\varepsilon}^p-\alpha\dot{\theta})+A\dfrac{dE}{d\theta}(\varepsilon-\varepsilon^p-\varepsilon^\theta)\dot{\theta}-\dfrac{\partial F_c}{\partial\theta}\dot{\theta}-\dfrac{\partial F_c}{\partial\varepsilon^p}\dot{\varepsilon}^p-\dfrac{\partial F_{iso}}{\partial\theta}\dot{\theta}-\dfrac{\partial F_{iso}}{\partial\xi}\dot{\xi} & (F-F_c\geqslant 0)\\ -AE(\dot{\varepsilon}-\dot{\varepsilon}^p-\alpha\dot{\theta})-A\dfrac{dE}{d\theta}(\varepsilon-\varepsilon^p-\varepsilon^\theta)\dot{\theta}+\dfrac{\partial F_c}{\partial\theta}\dot{\theta}+\dfrac{\partial F_c}{\partial\varepsilon^p}\dot{\varepsilon}^p-\dfrac{\partial F_{iso}}{\partial\theta}\dot{\theta}-\dfrac{\partial F_{iso}}{\partial\xi}\dot{\xi} & (F-F_c<0)\end{cases}$$

假设在热弹性响应期间无塑性流动或硬化,将得到:

$$\hat{f}=\begin{cases}AE(\dot{\varepsilon}-\alpha\dot{\theta})+A\dfrac{dE}{d\theta}(\varepsilon-\varepsilon^\theta)\dot{\theta}-\dfrac{\partial F_c}{\partial\theta}\dot{\theta}-\dfrac{\partial F_{iso}}{\partial\theta}\dot{\theta} & (F-F_c\geqslant 0)\\ -AE(\dot{\varepsilon}-\alpha\dot{\theta})-A\dfrac{dE}{d\theta}(\varepsilon-\varepsilon^\theta)\dot{\theta}+\dfrac{\partial F_c}{\partial\theta}\dot{\theta}-\dfrac{\partial F_{iso}}{\partial\theta}\dot{\theta} & (F-F_c<0)\end{cases} \tag{6.137}$$

塑性流动法则可表示为

$$\dot{\varepsilon}^p=\begin{cases}\beta_{\dot{\theta}}\dot{\theta}+\beta_{\dot{\varepsilon}}\dot{\varepsilon} & (f=0,\hat{f}>0)\\ 0 & (\text{其他情况})\end{cases} \tag{6.138}$$

并且材料所发生的硬化将被视为塑性应变硬化,因此有

$$\xi=|\dot{\varepsilon}^p|$$

可以把屈服函数的变化率写成

$$\dot{f}=\begin{cases}\hat{f}-AE\dot{\varepsilon}^{\mathrm{p}}-\dfrac{\partial F_{\mathrm{c}}}{\partial\varepsilon^{\mathrm{p}}}\dot{\varepsilon}^{\mathrm{p}}-\dfrac{\partial F_{\mathrm{iso}}}{\partial\xi}|\dot{\varepsilon}^{\mathrm{p}}| & (F-F_{\mathrm{c}}\geqslant 0)\\ \hat{f}+AE\dot{\varepsilon}^{\mathrm{p}}+\dfrac{\partial F_{\mathrm{c}}}{\partial\varepsilon^{\mathrm{p}}}\dot{\varepsilon}^{\mathrm{p}}-\dfrac{\partial F_{\mathrm{iso}}}{\partial\xi}|\dot{\varepsilon}^{\mathrm{p}}| & (F-F_{\mathrm{c}}<0)\end{cases} \tag{6.139}$$

因此,在构建 $\dot{f}$ 时,无须重新评估用于计算 $\hat{f}$ 的所有项。假设大于 F_{c} 的载荷会使材料发生正塑性流动,小于 F_{c} 的载荷会使其发生负塑性流动,因此,当载荷大于 F_{c} 时,塑性流动的一致性条件($f=0$ 和 $\hat{f}>0$)为

$$AE(\dot{\varepsilon}-\dot{\varepsilon}^{\mathrm{p}}-\alpha\dot{\theta})+A\frac{\mathrm{d}E}{\mathrm{d}\theta}(\varepsilon-\varepsilon^{\mathrm{p}}-\varepsilon^{\theta})\dot{\theta}-\frac{\partial F_{\mathrm{c}}}{\partial\theta}\dot{\theta}-\frac{\partial F_{\mathrm{c}}}{\partial\varepsilon^{\mathrm{p}}}\dot{\varepsilon}^{\mathrm{p}}-\frac{\partial F_{\mathrm{iso}}}{\partial\theta}\dot{\theta}-\frac{\partial F_{\mathrm{iso}}}{\partial\xi}\dot{\varepsilon}^{\mathrm{p}}=0$$

则有

$$\left(AE+\frac{\partial F_{\mathrm{c}}}{\partial\varepsilon^{\mathrm{p}}}+\frac{\partial F_{\mathrm{iso}}}{\partial\xi}\right)\dot{\varepsilon}^{\mathrm{p}}=AE\dot{\varepsilon}+\left[-AE\alpha+A\frac{\mathrm{d}E}{\mathrm{d}\theta}(\varepsilon-\varepsilon^{\mathrm{p}}-\varepsilon^{\theta})-\frac{\partial F_{\mathrm{c}}}{\partial\theta}-\frac{\partial F_{\mathrm{iso}}}{\partial\theta}\right]\dot{\theta} \tag{6.140}$$

将式(6.140)与式(6.138)相比较,得关系式

$$\beta_{\dot{\theta}}=\frac{-AE\alpha+A\dfrac{\mathrm{d}E}{\mathrm{d}\theta}(\varepsilon-\varepsilon^{\mathrm{p}}-\varepsilon^{\theta})-\dfrac{\partial F_{\mathrm{c}}}{\partial\theta}-\operatorname{sgn}(F-F_{\mathrm{c}})\dfrac{\partial F_{\mathrm{iso}}}{\partial\theta}}{AE+\dfrac{\partial F_{\mathrm{c}}}{\partial\varepsilon^{\mathrm{p}}}+\dfrac{\partial F_{\mathrm{iso}}}{\partial\xi}} \tag{6.141}$$

和

$$\beta_{\dot{\varepsilon}}=\frac{AE}{AE+\dfrac{\partial F_{\mathrm{c}}}{\partial\varepsilon^{\mathrm{p}}}+\dfrac{\partial F_{\mathrm{iso}}}{\partial\xi}} \tag{6.142}$$

式中 $\operatorname{sgn}(F-F_{\mathrm{c}})$ 已添加到 $\beta_{\dot{\theta}}$ 的分子最后一项,以满足 $F-F_{\mathrm{c}}>0$ 的条件。sgn 函数定义为

$$\operatorname{sgn}\phi=\begin{cases}1 & (\phi\geqslant 0)\\ -1 & (\phi<0)\end{cases} \tag{6.143}$$

另外,可以通过对力学理论的修改或对热力学一致性框架理论的完善将热效应引入无穷小理论。可首先关注修改后的力学理论,使其与温度相关,继而研究基于热力学的模型。

首先要引入的是热膨胀引起的应变。可使用 ε^{θ} 来表示热应变,并假设总应变由弹性应变、塑性应变和热应变组成,因此有

$$\boldsymbol{\varepsilon}=\boldsymbol{\varepsilon}^{\mathrm{e}}+\boldsymbol{\varepsilon}^{\mathrm{p}}+\boldsymbol{\varepsilon}^{\theta}$$

假设热应变率与温度变化率成正比,有

$$\boldsymbol{\varepsilon}^{\dot{\theta}}=\boldsymbol{\alpha}\dot{\theta} \tag{6.144}$$

式中:$\boldsymbol{\alpha}$ 是表示线性热膨胀系数的二阶张量。对于各向同性材料,线性热膨胀系数可

以表示为

$$\boldsymbol{\alpha}=\alpha\boldsymbol{I} \tag{6.145}$$

式中：α 是温度的标量函数，表示热膨胀线性系数。对于横向的各向同性材料，横向的各向同性轴沿单位向量 $\hat{\boldsymbol{h}}$ 给出，$\boldsymbol{\alpha}$ 的表达式为

$$\boldsymbol{\alpha}=\alpha_1\boldsymbol{I}+\alpha_2\hat{\boldsymbol{h}}\otimes\hat{\boldsymbol{h}} \tag{6.146}$$

式中：α_1 和 α_2 是温度的标量函数。对于正交各向异性材料，正交各向异性方向由正交基 $\hat{\boldsymbol{h}}$ 给出，$\boldsymbol{\alpha}$ 由下式给出：

$$\boldsymbol{\alpha}=\alpha_1\hat{\boldsymbol{h}}_1\otimes\hat{\boldsymbol{h}}_1+\alpha_2\hat{\boldsymbol{h}}_2\otimes\hat{\boldsymbol{h}}_2+\alpha_3\hat{\boldsymbol{h}}_3\otimes\hat{\boldsymbol{h}}_3 \tag{6.147}$$

式中：α_i 是温度的标量函数。

通过在计算弹性应变的运动学关系式中引入热应变，并使弹性模量与温度相关，可以在塑性模型中引入温度相关性。塑性模型与纯力学模型的主要区别在于塑性流动条件和塑性流动法则不同。一个考虑温度依赖性的典型模型可以由以下各式共同表示：

$$\boldsymbol{\varepsilon}=\boldsymbol{\varepsilon}^{\mathrm{e}}+\boldsymbol{\varepsilon}^{\mathrm{p}}+\boldsymbol{\varepsilon}^{\theta}$$

$$\boldsymbol{\sigma}=\boldsymbol{E}:\boldsymbol{\varepsilon}^{\mathrm{e}}=\boldsymbol{E}:(\boldsymbol{\varepsilon}-\boldsymbol{\varepsilon}^{\mathrm{p}}-\boldsymbol{\varepsilon}^{\theta})$$

$$f=\left|\sqrt{\frac{3}{2}\Delta\boldsymbol{S}:\Delta\boldsymbol{S}}\right|-\sigma_{\mathrm{iso}}$$

$$\Delta\boldsymbol{\sigma}=\boldsymbol{\sigma}-\boldsymbol{\sigma}^{\mathrm{b}}$$

$$\Delta\boldsymbol{S}=\Delta\boldsymbol{\sigma}-\Delta\sigma_{\mathrm{ave}}\boldsymbol{I}$$

$$\boldsymbol{\sigma}^{\mathrm{b}}=\boldsymbol{E}^{\mathrm{b}}:\boldsymbol{\varepsilon}^{\mathrm{p}}$$

$$\sigma_{\mathrm{iso}}=\sigma_{\mathrm{y0}}+\frac{\mathrm{d}\sigma_{\mathrm{iso}}}{\mathrm{d}\xi}\xi$$

$$\dot{\xi}=\Delta\boldsymbol{\sigma}:\dot{\boldsymbol{\varepsilon}}^{\mathrm{p}}$$

$$\dot{\boldsymbol{\varepsilon}}^{\theta}=\alpha\dot{\theta}$$

$$\dot{\boldsymbol{\varepsilon}}^{\mathrm{p}}=\begin{cases}\beta\Delta\boldsymbol{S} & (f=0,\hat{f}>0)\\ 0 & (\text{其他情况})\end{cases}$$

式中：$\Delta\sigma_{\mathrm{ave}}$为应力增量张量的特征值；材料系数 $\boldsymbol{E}$、$\boldsymbol{E}^{\mathrm{b}}$、$\sigma_{\mathrm{iso}}$、$\sigma_{\mathrm{y0}}$、$\mathrm{d}\sigma_{\mathrm{iso}}/\mathrm{d}\xi$ 和 $\boldsymbol{\alpha}$ 均假设为温度的函数；β 的选取满足一致性条件。对于以上模型，选取了各向同性和动态硬化屈服函数，其中动态硬化由背应力 σ^{b}（塑性应变的线性函数）描述。

为了评估 β 的表达式，需要计算屈服函数的时间导数。对于屈服函数的假设形式，可以证明：

$$\dot{f}=\frac{3}{2}\frac{1}{\left|\sqrt{\frac{3}{2}\Delta\boldsymbol{S}:\Delta\boldsymbol{S}}\right|}\Delta\boldsymbol{S}:\Delta\dot{\boldsymbol{S}}-\frac{\mathrm{d}\sigma_{\mathrm{iso}}}{\mathrm{d}\xi}\dot{\xi}-\left[\frac{\mathrm{d}\sigma_{\mathrm{y0}}}{\mathrm{d}\theta}+\frac{\mathrm{d}}{\mathrm{d}\theta}\left(\frac{\mathrm{d}\sigma_{\mathrm{iso}}}{\mathrm{d}\xi}\right)\xi\right]\dot{\theta} \tag{6.148}$$

使用关系式 $\Delta\boldsymbol{S}:\Delta\dot{\boldsymbol{S}}=\Delta\boldsymbol{S}:\Delta\dot{\boldsymbol{\sigma}}$，则式(6.148)可以变形为

$$
\dot{f}=\frac{3}{2}\frac{1}{\left|\sqrt{\frac{3}{2}\Delta\boldsymbol{S}:\Delta\boldsymbol{S}}\right|}\Delta\boldsymbol{S}:\left(\boldsymbol{E}:\dot{\boldsymbol{\varepsilon}}^{\mathrm{e}}+\frac{\mathrm{d}\boldsymbol{E}}{\mathrm{d}\theta}:\boldsymbol{\varepsilon}^{\mathrm{e}}\dot{\theta}-\boldsymbol{E}^{\mathrm{b}}:\dot{\boldsymbol{\varepsilon}}^{\mathrm{p}}-\frac{\mathrm{d}\boldsymbol{E}^{\mathrm{b}}}{\mathrm{d}\theta}:\boldsymbol{\varepsilon}^{\mathrm{p}}\dot{\theta}\right)
-\frac{\mathrm{d}\sigma_{\mathrm{iso}}}{\mathrm{d}\xi}\dot{\xi}-\left[\frac{\mathrm{d}\sigma_{\mathrm{y0}}}{\mathrm{d}\theta}+\frac{\mathrm{d}}{\mathrm{d}\theta}\left(\frac{\mathrm{d}\sigma_{\mathrm{iso}}}{\mathrm{d}\xi}\right)\xi\right]\dot{\theta}
\tag{6.149}
$$

式(6.149)又可以变形为

$$
\dot{f}=\hat{f}-\left[\frac{3}{2}\frac{1}{\left|\sqrt{\frac{3}{2}\Delta\boldsymbol{S}:\Delta\boldsymbol{S}}\right|}\Delta\boldsymbol{S}:(\boldsymbol{E}+\boldsymbol{E}^{\mathrm{b}})+\frac{\mathrm{d}\sigma_{\mathrm{iso}}}{\mathrm{d}\xi}\Delta\boldsymbol{\sigma}\right]:\dot{\boldsymbol{\varepsilon}}^{\mathrm{p}}
\tag{6.150}
$$

由塑性流动过程中的一致性条件 $\dot{f}=0$ 可得：

$$
\beta=\frac{\sigma_{\mathrm{iso}}\hat{f}}{\frac{3}{2}\Delta\boldsymbol{S}:(\boldsymbol{E}+\boldsymbol{E}^{\mathrm{b}}):\Delta\boldsymbol{S}+\sigma_{\mathrm{iso}}\frac{\mathrm{d}\sigma_{\mathrm{iso}}}{\mathrm{d}\xi}\Delta\boldsymbol{S}:\Delta\boldsymbol{S}}
\tag{6.151}
$$

该模型是最复杂的温度依赖性热力学塑性模型之一，它考虑了各向同性和运动硬化，弹性模量、背应力模量、屈服强度和各向同性硬化曲线斜率均取决于温度，并可以通过确定 $\boldsymbol{E}$、$\boldsymbol{E}^{\mathrm{b}}$ 和 α 而得到各向同性和各向异性的材料响应。

6.3　功热转换系数

Taylor、Quinney 和 Farren 的相关工作是系统研究热力学耦合效应的基础。假设 Taylor-Quinney 功热转换系数为 β，作为施加的机械功与释放到周围环境的热量之间的比率。Taylor-Quinney 功热转换系数可以用能量转换的总转换率 β_{int} 与能量转换率 β_{diff} 来表示：

$$
\beta_{\mathrm{int}}=\frac{\rho C_{\rho}\Delta T}{\int \mathrm{d}W_{p}},\quad \beta_{\mathrm{diff}}=\frac{\rho C_{\rho}\dot{T}}{\dot{W}_{p}}
\tag{6.152}
$$

式中：C_{ρ} 和 ρ 分别是材料的热容和密度；ΔT 和 $\mathrm{d}W_{\mathrm{p}}$ 分别是温度和塑性功的增量；$\dot{T}$ 和 $\dot{W}_{\mathrm{p}}$ 分别代表温度和塑性功增量的时间导数。

通过描述塑性变形过程中转化为热量的塑性功比例，β 也间接定义了材料微观结构中存储的能量；在材料塑性变形过程中可以揭示更多关于潜在变形机制和微观结构演变基本原理的信息，因为这些机制在将塑性功转化为热量方面具有不同的效率水平。

而金属材料在发生高应变率动态塑性变形时会向周围环境释放大量热量，这就是所谓的热-力耦合效应的结果。通过这种效应，在材料塑性变形过程中产生的部分塑性功可以热量的形式耗散。另外，从热力学的角度来看，高应变率下金属材料的动态塑性变形所引起的塑性功是以热量形式耗散的能量和存储在材料中的能量(冷加工存储能)之和,其中只有一小部分存储在材料中,从而影响金属材料内部微观结构的演化机制(在纯金属中,存储能则是塑性功的一个极小部分)。而由于强冲击载荷作用的特征时间尺度极短(一般小于或接近微秒级),绝大部分塑性功来不及以热量的形式耗散,可近似看作未与外界发生相应的热量交换,则金属材料实际的变形温度为环境温度与绝热温升之和。因而在较小的时间和空间尺度,以及高应变率下金属材料的动态应力-应变过程不是等温过程,相反可近似看作为绝热过程(此为近似假定,任何的实际变形过程总伴随着不同程度的热交换),在此过程中金属材料的温度会显著升高,从而导致高温软化效应和应变时效等现象。相应地,其流变应力则是对由温度、位移、应变、应变率等热力学参数构成的热力学状态的响应。虽然热量的耗散可以在整个固体中均匀发生,但在某些特定情况下,如在绝热剪切带(adiabatic shear band),塑性变形从材料某些薄弱的滑移区开始,不可逆的塑性功所转化的热量导致局部变形区的温度迅速且显著地升高,剪切变形高度局域化,带宽为 $10\sim10^2\mu$m量级。对绝热剪切的显微观察研究表明,绝热剪切带有两种基本类型,即以应变高度集中、晶粒剧烈拉长和碎化为主要特征的形变带(deform band),以及以发生相变或重结晶为主要特征,带内晶粒呈细条状且略带方向性或呈等轴微晶结构的转变带(transformed band)。前者常常在非铁金属中观察到,而后者主要在钢和钛合金中观察到。特别是钢中的转变带通常以其侵蚀后发亮的外观和高硬度为特征,被称为白带(whiteband)。因此,绝热剪切实际上是一个包含形变带的孕育和发展、形变带向转变带的转化(混合带的发展)、转变带的发展,直到裂纹沿剪切带传播而导致破坏等一系列阶段的速率相关过程,并且在给定环境温度下,应变率和应变是影响这一过程的两个十分重要的因素。

Taylor 及其同事们研究了动态塑性变形固体中以热量的形式耗散或储存在材料中机械能的比例(即 Taylor-Quinney 功热转换系数)。Dillon 和 Bever 则继续发展完善了关于 Taylor-Quinney 功热转换系数与冷加工存储能等的知识框架体系。而自 Farren、Taylor 和 Quinney 对 Taylor-Quinney 功热转换系数的相关问题进行深入研究和大量报道后,人们开始对该问题有较清晰的认识。可以确定的是,使材料产生形变的部分塑性功是以热量的形式耗散的。Taylor 和 Quinney 对以热量形式耗散的能量占材料变形过程中的塑性功/非弹性功的比例(即热-力转换效率)进行了试验测量,研究发现:对于金属铜及其合金,Taylor-Quinney 功热转换系数 $\beta\approx0.9$。由于材料的力学性能与温度有关,因此温升估计对于确定材料的力学响应非常重要。热问题的性质决定了温升:如果产生的热量从材料流出,则在试验中材料的温升(等温条件)小到可以忽略;另一方面,如果时间与空间尺度较小,则试验条件可近似为绝热条件,材料温度会显著升高。温升的功热转换估算可应用于系统的导热方程研究。材料在冲击载荷的作用下产生塑性变形,根据能量守恒,这一过程中涉及的能量包括材料不可逆的塑性变形功、可逆的弹性变形功，以及系统与外界的热交换，最终这些能量将导致材料温度升高。据此，热-力耦合条件下的瞬时热方程（热生成率与温度的时空变化之间的关系）可表示为

$$\lambda \nabla^2 T - k \frac{E}{1-2\nu} T_0 \dot{\varepsilon}^{e}_{kk} + \beta \sigma_{ij} \dot{\varepsilon}^{p}_{ij} = \rho C \dot{T} \tag{6.153}$$

式中：λ 为导热系数；T 为温度；k 为材料热膨胀系数；E 为杨氏模量；ν 为泊松比；$\dot{\varepsilon}^{e}_{kk}$ 为弹性应变率张量的迹；σ_{ij} 为应力张量的分量；$\dot{\varepsilon}^{p}_{ij}$ 为塑性应变率张量的分量；ρ 为材料的密度；C 为材料的比热容；T_0 为环境温度；$\dot{T}$ 为温度变化率；β 为 Taylor-Quinney 功热转换系数。在高应变率变形条件下，变形时间短（一般不超过百微秒量级），因此高应变率变形条件可近似为绝热边界条件。忽略与外界的热交换、热弹性耦合部分的影响，并且假定材料密度和比热容为常数，将式(6.153)的左右两边同时对时间积分，转化为能量形式，则 Taylor-Quinney 功热转换系数的积分表达式 β_{int} 可表示为

$$\beta_{\mathrm{int}} \int \mathrm{d}W_{\mathrm{p}} = \rho C \Delta T \tag{6.154}$$

式中：$\int \mathrm{d}W_{\mathrm{p}}$ 是塑性功；ΔT 是温升。另外，$1-\beta_{\mathrm{int}}$ 项与存储在材料中的能量有关，从而间接影响材料位错和孪晶的微观结构演变。同时由式(6.154)可以看出，β_{int} 的大小由材料的塑性变形功、温升以及物性参数（密度、比热容）共同决定。由式(6.154)可知，确定 Taylor-Quinney 功热转换系数 β_{int} 的关键在于求解或测量外力塑性功以及试样的温升。外力塑性功一般可通过真实应力-应变曲线下的面积积分获得；而试样温度升高值的获取方法则较困难，一般可使用红外测温技术，如高速红外热成像（high speed infrared thermography，IRT），该技术是迄今为止最适合此处讨论的材料瞬态温度测量的技术。

与式(6.154)相比，Boley 和 Weiner 研究发现的微分耦合热方程涉及热耗散率与机械功的功率的比率，可表示为 β_{diff}，有

$$\beta_{\mathrm{diff}} \mathrm{d}\dot{W}_{\mathrm{p}} = \rho C \dot{T} \tag{6.155}$$

该表达式体现了温度变化率和塑性功率的比例关系，因而得到了广泛应用。值得注意的是，β_{diff} 与 β_{int} 有很大的不同，因为 β_{diff} 与机械功功率和热耗散率有关，而 β_{int} 与能量有关。β_{int} 的取值范围可能为 0～1，而 β_{diff} 值则可能大于 1。通常将积分形式的 Taylor-Quinney 功热转换系数 β_{int} 作为热-力学转换效率，故可将 β_{int} 简写为 β，有

$$\beta = \beta_{\mathrm{int}} = \frac{\rho C \Delta T}{\int \mathrm{d}W_{\mathrm{p}}} = \frac{\rho C \Delta T}{\int \sigma_{ij}\, \mathrm{d}\varepsilon^{p}_{ij}} = \frac{Q}{W_{\mathrm{p}}}$$

式中：Q 是以热量形式耗散的能量。

表 6-1 和表 6-2 分别是部分由试验测量得到的 Taylor-Quinney 功热系数的可

用参考值以及由绝热温升理论计算的相关结果。

表 6-1 金属材料的 Taylor-Quinney 系数参考值

材料	条件	试验	应变率/s	β	参考值来源
1018 钢	未指明	压缩	3000	$>0.8\beta_{int}$	(Kapoor and Nemat-Nasser,1998)
4340 钢	未指明	压缩	3000	$(0.4\sim0.9)\beta_{diff}$	(Mason et al.,1994)
Ti-6Al-4V	未指明	扭转	460	$(0.2\sim0.7)\beta_{diff}$	(Macdougall and Harding,1998)
Ti-6Al-4V	未指明	压缩	3000	$(0.5\sim1.0)\beta_{diff}$	(Mason et al.,1994)
Ti-6Al-4V	退火	剪切	3000	$0.4\beta_{int}$	(Rittel and Wang,2008)
工业纯钛	未指明	压缩	3000	$>0.60\beta_{int}$	(Kapoor and Nemat-Nasser,1998)
工业纯钛	未指明	压缩	3000	$(0.75\sim1.0)\beta_{diff}$	(Hodowany et al.,2000)
2024 铝合金	未指明	压缩	3000	$(0.3\sim1.0)\beta_{diff}$	(Hodowany et al.,2000)
2024 铝合金	未指明	拉伸	400	$(0.25\sim0.55)\beta_{diff}$	(Xia and Yao,1990)
Ta-2.5%W	未指明	压缩	3000	$(0.4\sim0.8)\beta_{int}$	(Kapoor and Nemat-Nasser,1998)
Ta	验收态	剪切	4200	$1.0\beta_{int}$	(Rittel et al.,2007)
Mg-ED/LD	ECAE	剪切	1800～6000	$(0.1\sim0.3)\beta_{int}$	(Ghosh et al.,2016)
AZ31B-ED	ECAE	剪切	1800～4000	$(0.6\sim0.8)\beta_{int}$	
AZ31B-LD	ECAE	剪切	2600～4000	$(0.2\sim0.6)\beta_{int}$	
AZ31B-TD	ECAE	剪切	2700～3700	$(0.5\sim0.7)\beta_{int}$	

注:1018 钢相当于我国的 20Mn 钢,4340 钢相当于我国的 40CrNiMoA;ED、TD、LD 分别表示加载时沿着材料的挤出向、横向、纵向;ECAE 表示等径角挤压。

表 6-2 基于功热转化理论的绝热温升计算结果

材料	动态试验方法	Taylor-Quinney 系数	剪切带宽度/μm	理论温升/K
4340 钢	扭转	1.0	20～60	1100
AISI 304L 不锈钢	帽形剪切	0.9	10	1200
Ti-6Al-4V	扭转	1.0		852
Ti-6Al-4V	双剪切	0.9	6.5	1460
Ti-6Al-4V	剪压	1.0		180
AM50 镁合金	剪压	1.0		35

续表

材料	动态试验方法	Taylor-Quinney 系数	剪切带宽度 /μm	理论温升 /K
AMX602 镁合金	压缩	0.9	66	1000
ZK60 镁合金	压缩	0.9	40～110	272～409
钨	压缩	0.9		100
超细晶纯钛	帽形剪切	0.9		650
超细晶纯铁	压缩	0.9		100
超细晶镁合金	压缩	0.9		67

由表 6-1 不难看出，β 具有一定的应变和应变率依赖性。另外，可用的 β 参考值十分有限，大多数试验只考虑对材料进行动态压缩，而忽略了对材料动态拉伸、动态剪切的 β 值的研究以及在压缩、拉伸、剪切试验中对 β 值做系统比较。从表 6-2 可以看出，Taylor-Quinney 功热转换系数的选取直接决定了温升的计算结果，由于材料的非均匀变形会使不同位置的温升存在差异，导致 β 值的计算更加复杂，因此表中列出的温升和计算得到的 Taylor-Quinney 功热转换系数均对应材料均匀变形阶段，并不涉及变形局部化以及绝热剪切带的形成。

科学界也对应变、应变率以及加载方式对不同材料中 β 的影响表现出浓厚的兴趣。Rittel 等人研究了单晶铜和多晶铜的 β 平均值。在他们的研究中，高应变率塑性变形下的多晶铜的 $\beta\approx0.4\sim0.65$，而单晶铜的 $\beta\approx0.6\sim0.9$。Smith 等人研究了在应变率 $\dot{\varepsilon}\approx1\sim7000\ s^{-1}$ 时 Ti-6Al-4V 合金的 β 值，并得到了相似的数据，其值可从较低应变（$\varepsilon<0.05$）下的 $\beta\approx0.4$ 逐渐增加到较高应变（$\varepsilon>0.15$）下的 $\beta\approx0.6$。Rittel 等人研究了钛、铝合金和钢在应变率 $\dot{\varepsilon}\approx2000\sim3000s^{-1}$ 时动态压缩情况下的 β 值。他们发现，随着应变的增加，Ti-6Al-4V 合金的 β 值从 0.5 下降到 0.4，而工业纯钛的 β 值则从 0.9 下降到 0.7。另外，随着应变的增加，5086 铝合金的 β 值从 0.4 下降到 0.2，2024 铝合金的 β 值则可看作常数（$\beta\approx0.3$），1020 钢（相当于国内的 20 钢）的 β 值也可看作常数（$\beta\approx0.85$）。Regal 和 Pierron 通过基于图像的超声波振动在材料的塑性变形过程中使用网格法测量应变，并通过红外成像技术对锡的温升进行测量，最终得到材料在低应变下的 β 值约为 0.9。随着应变的增加，该值下降到约为 0.6。Zhang 等人研究了 α 相钛合金和 β 相钛合金中的 β 值，他们得出结论：α 相钛合金的 β 值约为 0.6（与工业纯钛接近），β 相钛合金的 β 值相对 α 相钛合金较低，约为 0.35。Ghosh 等人通过试验和计算发现，动态加载条件下，AZ31 镁合金的 Taylor-Quinney 功热转换系数的变化范围为 0.20～0.80，而对于纯镁该系数则为 0.10～0.30，远远小于 1。如图 6-10 所示（其中 ED、TD、LD 分别表示加载时沿着材料的挤出向、横向和纵向),合金化、晶粒尺寸以及加载方式对镁基金属的 Taylor-Quinney 功热转换系数有明显的影响。Rittel 等人系统测定了不同加载模式(动态拉伸、压缩、剪切)下七种金属材料的表面温升变化历程,并求得了材料均匀变形过程中 Taylor-Quinney 功热转换系数的变化情况,如图 6-11 所示。可以看出,不同材料的 Taylor-Quinney 功热转换系数值在0～1区间内离散分布,没有呈现出集中在某个数值附近的规律,并且对于工业纯钛等材料,β 值的大小与加载方式密切相关,这种差异可能与孪晶调节的塑性变形机制有关。

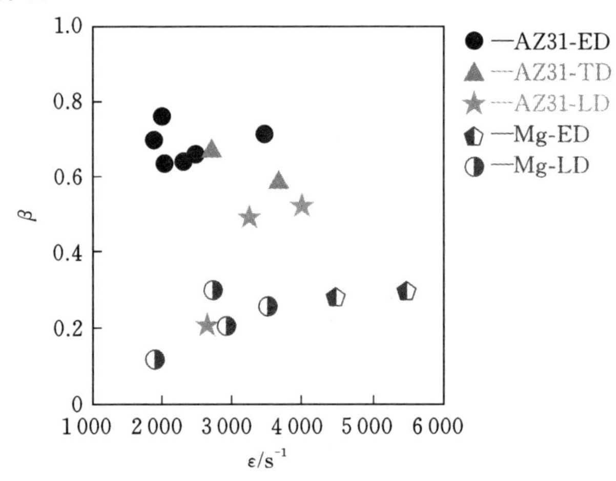

图 6-10 不同应变率、加载方式下镁基金属的功热转换系数

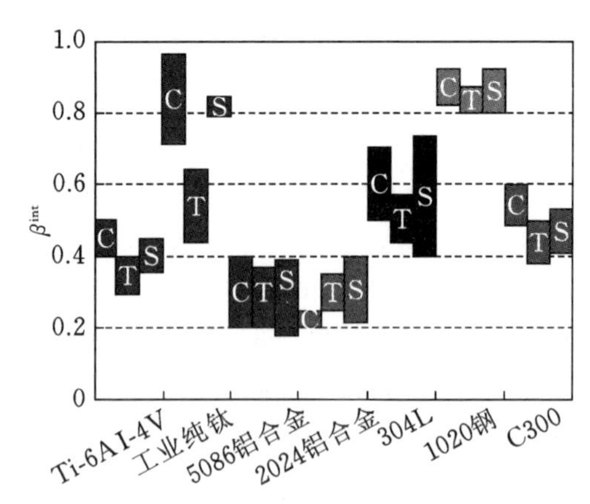

图 6-11 不同材料在不同加载方式下的功热转换系数范围

注:C、T 和 S 分别代表压缩、拉伸和剪切三种加载模式。

目前,对 Taylor-Quinney 功热转换系数 β 的测量方法可分为间接测量和直接测量。Nemat-Nasser 用间接比较的方式发现,在塑性功全部转化为热时的相应温度下,材料的二次加载应力-应变曲线更接近材料的真实情况,据此得出材料的 β 值近似为1。而Ghosh和Rittel等人用直接测量的方式测定了不同材料在不同加载方式下的表面温度变化,由此计算出的β值可能远小于1,且没有明显规律,呈离散分布,其大小与加载历程、应变率、加载方式等因素相关。采用间接法(冻结应变法)测定β值的优点在于可以与宏观试验曲线做比较,因而具有较高可信度;不足之处则是仅能获得某一个应变点处的功热转化系数,且不能考虑每段加载时的绝热效应,另外该方法对于应变硬化显著的材料也不适用,因为不能忽略应变硬化造成的材料微观结构的改变。采用直接法(直接测温法)则可以获得整个加载历程中β值的变化历史,从而对功热转化过程有更全面的描述。

尽管目前已经有学者对β进行了深入研究,但是科学界对β值变化的内在物理机制还没有达成共识,动态塑性变形材料的应力-应变特性与最终微观结构及其储能(耗散)能力之间没有唯一且明确的关系,因而我们需要开展更系统的工作来加强理解和建立足够详细的数据库,以评估不同变量(例如应变、应变率、应变硬化、塑性变形功、温升、材料物性参数以及加载方式)对β的影响,并建立β值与微观结构演化之间的确切关系。一般认为,金属材料在冷加工作用下产生塑性变形时:一部分塑性变形功转化成热并以温升的形式体现,根据前文功热转换系数的定义,该部分能量为总塑性功的β倍;另一部分能量则储存在材料内部,导致材料内部微观结构发生变化,称为冷加工储存能(stored energy of cold work,SECW),是总塑性功的$1-\beta$倍,可作为动态条件下微观结构软化的潜在触发机制。另外,冷加工储存能可以根据试样受载后的微观结构特征计算。众所周知,塑性变形材料中储存的能量与位错的演化密度成正比,在仅考虑短程位错-位错相互作用的情况下,材料中体积存储能量估算可以由下式估算:

$$E_{\text{stored}}=\frac{1}{4\pi k}\ln\left(\frac{1}{2b\sqrt{\rho_{\text{tot}}}}\right)Gb^2\rho_{\text{tot}} \tag{6.156}$$

式中:$k=1$或$1-\nu$,这取决于位错的类型(ν是泊松比);b是Burgers矢量的模;G是剪切模量;ρ_{tot}是总线位错密度。假定b的实际值为2.5 Å,当$k=1$时,位错密度的变化范围为$10^{10}\sim10^{15}\ \text{m}^{-2}$,$\frac{1}{4\pi k}\ln\left(\frac{1}{2b\sqrt{\rho_{\text{tot}}}}\right)$的变化范围为0.3~0.8。因此,式(6.156)可表示为

$$E_{\text{stored}}=\alpha b^2\rho_{\text{tot}} \tag{6.157}$$

式中:$\alpha=0.5$,可根据材料进行调整。Nieto-Fuentes等人对纯镍和纯铝两种面心立方(face center cubic,FCC)结构金属的动态力学行为、表面温度演化以及加载后的微观形貌进行了试验测量,同时建立了基于位错理论的本构关系,他们研究发现两种材料的动态力学行为特点以及加载后的微观形貌类似,但是不同应变率下($\dot{\varepsilon}\approx3000\sim5000\ \text{s}^{-1}$)表面温升的试验结果和计算结果却有较大差别,且两种材料的β值表现出明显的应变率效应。基于此,他们提出,决定材料功热转换系数的关键因素为微

观结构的演化过程，而非变形后微观结构的演化结果，即冷加工储存能。

不同于 Nieto-Fuentes 等人提出的基于位错的本构模型，Lieou 和 Bronkhorst 等人借鉴 Langer 等人提出的统计热力学位错理论来描述金属剪切局部化过程中的动态重结晶行为，并提出了一种计算变形多晶材料的 Taylor-Quinney 系数的简单方法。将能量密度 U 和熵密度 s 分为构形部分 U_{C}、s_{C} 和动力学部分 U_{K}、s_{K}，并定义等效温度为

$$\chi=\frac{\partial U_{\mathrm{C}}}{\partial s_{\mathrm{C}}}$$

首先根据热力学第二定律，得出

$$\sigma_{ij}\dot{\varepsilon}_{ij}^{\mathrm{pl}}-\left(\frac{\partial U_{\mathrm{C}}}{\partial\tilde{\rho}}\right)_{s_{\mathrm{C}},\tilde{\xi}}\dot{\tilde{\rho}}-\left(\frac{\partial U_{\mathrm{C}}}{\partial\tilde{\xi}}\right)_{s_{\mathrm{C}},\tilde{\rho}}\dot{\tilde{\xi}}+(\chi-\theta)\dot{s}_{\mathrm{K}}\geqslant 0$$

可得到热力学约束$(\chi-\theta)\dot{s}_{\mathrm{K}}\geqslant 0$，由它可以确定：

$$c_V\dot{\theta}=\theta\dot{s}_{\mathrm{K}}=-K\left(1-\frac{\chi}{\theta}\right)$$

式中：K 是非负热传导系数。若要计算 K，需要考虑有效温度 χ、位错密度 $\tilde{\rho}$ 和晶界密度 $\tilde{\xi}$ 已达到各自稳态值时的非平衡稳态，即

$$\chi_0\equiv e_{\mathrm{D}}\tilde{\chi}_0,\quad \dot{\chi}=0,\quad \dot{\tilde{\rho}}=\dot{\tilde{\xi}}=0$$

式中：e_{D} 为位错形成能。

由

$$\sigma_{ij}\dot{\varepsilon}_{ij}^{\mathrm{pl}}=\chi\dot{s}_{\mathrm{C}}+\left(\frac{\partial U_{\mathrm{C}}}{\partial\tilde{\rho}}\right)_{s_{\mathrm{C}},\tilde{\xi}}\dot{\tilde{\rho}}+\left(\frac{\partial U_{\mathrm{C}}}{\partial\tilde{\xi}}\right)_{s_{\mathrm{C}},\tilde{\rho}}\dot{\tilde{\xi}}+\theta\dot{s}_{\mathrm{K}}$$

可知：

$$K=\sigma_{ij}\dot{\varepsilon}_{ij}^{\mathrm{pl}}\frac{\theta}{\chi_0-\theta}\tag{6.158}$$

式(6.158)也适用于非平衡稳态之外的情况。因此有

$$c_V\dot{\theta}=\sigma_{ij}\dot{\varepsilon}_{ij}^{\mathrm{pl}}\frac{\chi-\theta}{\chi_0-\theta}\tag{6.159}$$

从而可得到 Taylor-Quinney 系数

$$\beta=\frac{\chi-\theta}{\chi_0-\theta}\tag{6.160}$$

因为 $\theta\ll e_{\mathrm{G}}\simeq e_{\mathrm{D}}\leqslant\chi\leqslant\chi_0$（$e_{\mathrm{G}}$ 为晶界形成能），故有

$$\beta\approx\frac{\chi}{\chi_0}=\frac{\tilde{\chi}}{\tilde{\chi}_0}\tag{6.161}$$

另外，通过仿真得到了加载后 AISI 316L 不锈钢帽形试样截面的 Taylor-Quinney 功热转换系数分布，如图 6-12 所示。可以直观地看出，试样截面的功热转换系数取值范围为 0.64～1.00，且越靠近剪切区，β 值越大。该结果说明，Taylor-Quinney 系数

不仅随加载时间变化，而且在试样上的不同区域也有差别，这种空间分布差异是试样的非均匀变形决定的。

近年来，随着研究方法和相关理论的发展，人们对功热转换系数的理解越来越深刻，这对绝热剪切温升的理论计算提供了很大帮助，但是在功热转换系数的计算和测量方法方面仍存在争议，相关领域的理论和技术仍有待进一步发展和完善。

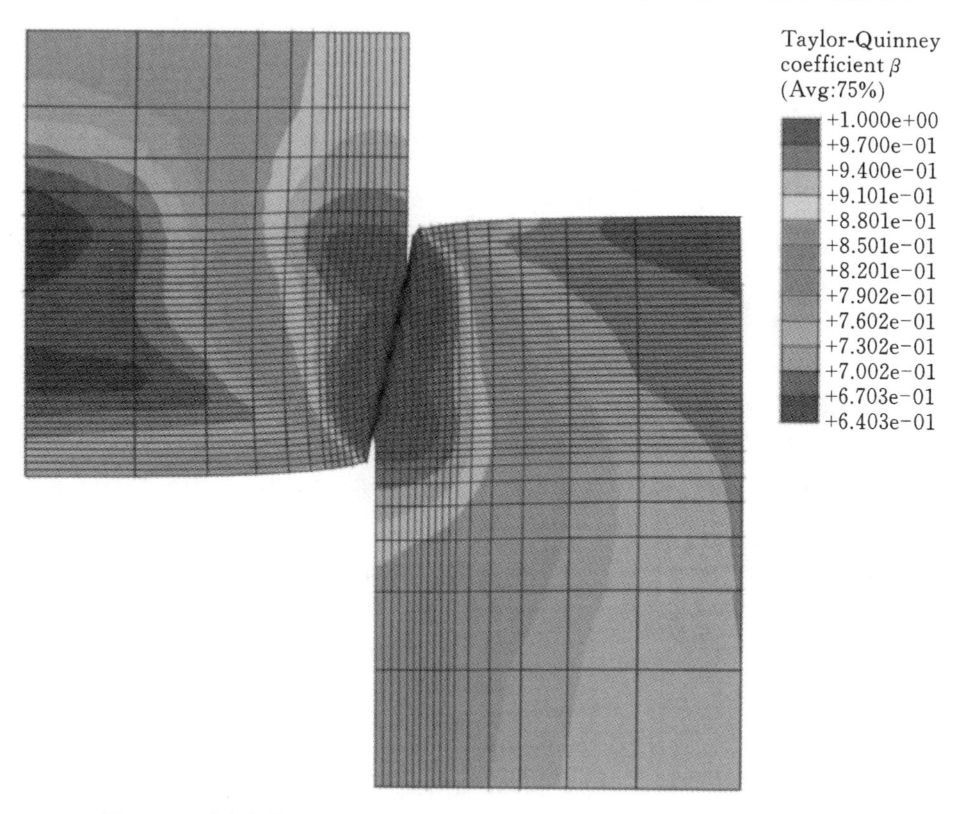

图 6-12　动态加载后 Taylor-Quinney 功热转换系数在帽形试样截面的分布

第 7 章　广义热弹耦合问题

7.1　考虑松弛时间的热弹耦合理论

7.1.1　热传导模型

热传导理论是热弹耦合理论的重要基础，傅里叶定律表达式为

$$\boldsymbol{q}(\boldsymbol{r},t)=-k\,\nabla T(\boldsymbol{r},t) \tag{7.1}$$

式中：k 为热传导系数；$\boldsymbol{q}$ 为热流；∇T 为温度梯度。傅里叶定律及其热弹耦合理论被广泛用于描述热力共同作用下材料/结构的热传导和变形行为。同时，傅里叶定律表明：热以无限大速度传导，即一点的温度变化能瞬间传导到无穷远处。解决这一悖论成为不断推动热传导方程深入发展的动力。同时，飞速发展的超短脉冲激光技术及集成电路等技术领域，具有作用载体和作用尺度极小、作用时间极短的特点，使得器件在极小空间、极短时间内产生大量热量。建立在宏观、近平衡态的经典热传导和热力耦合关系不再适用于此类以微纳尺度和超快热冲击为代表的极端非平衡态问题。

为了研究微纳尺度或极端环境下的能量传输问题，学者们在时间尺度上对傅里叶定律做了修正，提出了一些广义热传导模型。首先提出的是 CV(Cattaneo-Vernotte)热传导模型：

$$\boldsymbol{q}(\boldsymbol{r},t)+\tau\dot{\boldsymbol{q}}(\boldsymbol{r},t)=-k\,\nabla T(\boldsymbol{r},t) \tag{7.2}$$

式中：τ 为热松弛时间，即材料内部某一微小单元体从施加温度梯度到建立起稳定热流状态所需要的迟滞时间。对于许多普通的金属，松弛时间 τ 的值大约是 10^{-10} s 量级。

将式(7.2)与能量守恒方程 $\nabla\cdot q=-\rho c_E\dot{T}$ 相结合，可得到温度控制方程

$$\dot{T}+\tau\ddot{T}=\frac{k\,\nabla^2 T}{\rho c_E}$$

式中：ρ 为密度；c_E 为比热容；k 为热传导系数。

因此，热传导方程中的加速度项 $\tau\ddot{T}$ 只在短促的时间内存在，这样，在实际的问题中自然可以将它略去。该模型表明：当时间尺度与热松弛时间相近时，热流率的影响将不能忽略。

进一步引入温度梯度的松弛时间，得到双相滞后(DPL)模型：

$$\boldsymbol{q}(\boldsymbol{r},t+\tau_q)=-k\,\nabla T(\boldsymbol{r},t+\tau_T) \tag{7.3}$$

式中：τ_q、τ_T 分别为热流相、温度梯度相的松弛时间。若将式(7.3)左右两端分别按

一阶泰勒级数展开，则有

$$\boldsymbol{q}(\boldsymbol{r},t)+\tau_q\dot{\boldsymbol{q}}(\boldsymbol{r},t)=-k\left[\nabla T(\boldsymbol{r},t)+\tau_T\nabla\dot{T}(\boldsymbol{r},t)\right] \tag{7.4}$$

此外，修正的热传导模型还考虑了GN理论，有

$$\boldsymbol{q}(\boldsymbol{r},t)=-\left[k^*\nabla\chi(\boldsymbol{r},t)+k\nabla T(\boldsymbol{r},t)\right] \tag{7.5}$$

式中：k^*为导热比；χ为热位移，且有$\dot{\chi}=T$。当$k^*=0$时，式(7.5)退化为傅里叶定律表达式。对(7.5)求导，可得

$$\dot{\boldsymbol{q}}(\boldsymbol{r},t)=-\left[k^*\nabla T(\boldsymbol{r},t)+k\nabla\dot{T}(\boldsymbol{r},t)\right] \tag{7.6}$$

式(7.6)即为GN(Green-Naghdi)热传导方程。

通过量纲分析，引入关系式$k^*=k/\tau$，则GN热传导方程(式7.6)可进一步改写为

$$\tau\dot{\boldsymbol{q}}(\boldsymbol{r},t)=-\left[k\nabla T(\boldsymbol{r},t)+k\tau\nabla\dot{T}(\boldsymbol{r},t)\right] \tag{7.7}$$

在GN模型(式(7.5))中考虑热流率和松弛时间，可以得到MGT(Moore-Gibson-Thompson)热传导方程：

$$\boldsymbol{q}(\boldsymbol{r},t)+\tau\dot{\boldsymbol{q}}(\boldsymbol{r},t)=-\left[k^*\nabla\chi(\boldsymbol{r},t)+k\nabla T(\boldsymbol{r},t)\right] \tag{7.8}$$

同样地，考虑到关系式$k^*=k/\tau$，则有

$$\tau\dot{\boldsymbol{q}}(\boldsymbol{r},t)+\tau^2\ddot{\boldsymbol{q}}(\boldsymbol{r},t)=-\left[k\nabla T(\boldsymbol{r},t)+k\tau\nabla\dot{T}(\boldsymbol{r},t)\right] \tag{7.9}$$

基于相对论理论，计及声子的质量，建立的一维形式的热质热传导模型为

$$\tau_{\mathrm{TM}}\frac{\partial q}{\partial t}-l_{\mathrm{TM}}\rho c_E\frac{\partial T}{\partial t}+l_{\mathrm{TM}}\frac{\partial q}{\partial x}-bk\frac{\partial T}{\partial x}+k\frac{\partial T}{\partial x}+q=0$$

式中：τ_{TM}、l_{TM}和b分别为松弛时间、特征长度、声子气热马赫数的平方根；ρ和c_E分别为密度和比热容。虽然热质热传导模型可视为傅里叶定律表达式的一种推广，但两者又有本质的区别：热质传导模型是声子气的运动方程，而傅里叶定律表达式仅是一个经验公式。

其他修正模型还包括弹道扩散模型、抛物线型两步模型、双曲线型两步模型、拓展到电子温度的半经典双温度模型、考虑了电子漂移的双温度模型，以及电介质材料的纯声子场模型等。

上述理论模型在应用于微纳尺度材料受热冲击分析时，边界条件表达式通常选取与傅里叶定律表达式相同的形式，这就导致了一些悖论，譬如，CV热传导模型在固定温度边界条件(第一类边界条件)作用下，会在物体内部得到比边界更高的温度，并且物体内部温度存在不连续性。

为了进一步阐释各模型之间的内在关联，类比于黏弹性力学，本节提出热弹性单元和热黏性单元，并通过串并联方式，实现各广义热传导模型的重构。为此，在一维问题中，考虑GN模型中热位移χ的概念($\dot{\chi}=T$)，热位移梯度记为$\omega=\nabla\chi$，则傅里叶定律表达式可写作：

$$q=-k\dot{\omega} \tag{7.10}$$

GN模型中若忽略$k\nabla T$项，可得

$$q = -k^* \omega \tag{7.11}$$

式中：k^*、k 分别为热弹性单元和热黏性单元的传热系数，它们满足关系式 $k^* = k/\tau$。下面基于以上单元，通过串并联模型揭示广义热传导模型间的关联。基本模型如图7.1所示。

类比于力学中的弹性单元和黏性单元，式(7.11)所描述的为热弹性单元，式(7.10)所描述的为热黏性单元。

1. CV 模型

如图7-1(a)所示，热弹性单元和热黏性单元串联，所构成的模型的结构与黏弹性理论中的麦克斯韦模型一致。模型两端的热流相等，即

$$q = q_1 = q_2 \tag{7.12}$$

而模型的总热位移 χ 为各单元热位移之和，则

$$\omega = \omega_1 + \omega_2 \tag{7.13}$$

对式(7.13)求导：

$$\dot{\omega} = \dot{\omega}_1 + \dot{\omega}_2 \tag{7.14}$$

其中

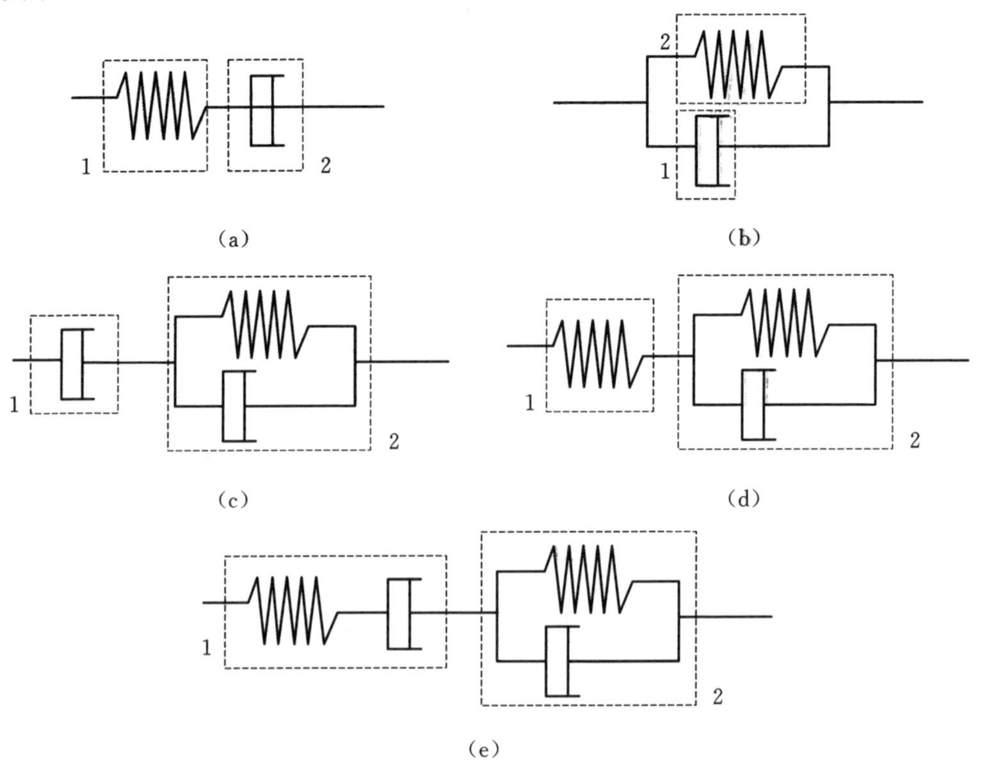

图7-1　热学黏弹性单元组合模型

$$\dot{\omega}_1=-\frac{\dot{q}}{k^*}\quad \dot{\omega}_2=-\frac{q}{k} \tag{7.15}$$

因此

$$\dot{\omega}=-\frac{q}{k}-\frac{\dot{q}}{k^*} \tag{7.16}$$

整理后可得 CV 热传导模型

$$q+\tau\dot{q}=-k\,\nabla T \tag{7.17}$$

2. GN 模型

如图 7-1(b)所示，热弹性单元和热黏性单元并联，所得结构与黏弹性理论中的 Kelvin 模型一致。模型的热位移与各单元的热位移相等，而总热流为各单元热流之和，即

$$\omega=\omega_1=\omega_2,\quad q=q_1+q_2 \tag{7.18}$$

可得到

$$\dot{q}=\dot{q}_1+\dot{q}_2=-k\ddot{\omega}_1-k^*\dot{\omega}_2 \tag{7.19}$$

整理后可得 GN 热传导模型：

$$\tau\dot{q}=-k\,\nabla T-k\tau\,\nabla\dot{T} \tag{7.20}$$

3. DPL 模型

如图 7-1(c)所示，两端总热流和各部分的热流相等，总热位移为各单元热位移之和：

$$q=q_1=q_2,\quad \omega=\omega_1+\omega_2 \tag{7.21}$$

对总热位移的第一部分有

$$q_1=-k_1\dot{\omega}_1 \tag{7.22}$$

对总热位移的第二部分有

$$\dot{q}_2=-k_2\ddot{\omega}_2-k_2^*\dot{\omega}_2 \tag{7.23}$$

联立式(7.21)至式(7.23)可得

$$\ddot{\omega}=-\frac{\dot{q}}{k_1}-\frac{\dot{q}}{k_2}-\frac{1}{\tau_2}\left(\dot{\omega}+\frac{q}{k_1}\right) \tag{7.24}$$

整理可得 DPL 模型：

$$q+\left(1+\frac{k_1}{k_2}\right)\tau_2\,\dot{q}=-k_1\dot{\omega}-k_1\tau_2\ddot{\omega} \tag{7.25}$$

进一步，若设定第一、二部分的单元参数一致，即 $k=k_1=k_2$，$\tau_2=\tau$，则方程(7.25)可变形为

$$q+2\tau\,\dot{q}=-k\,\nabla T-k\tau\,\nabla\dot{T} \tag{7.26}$$

值得指出的是，上面推导出的 DPL 模型是特殊形式的 DPL 模型，和一般形式的 DPL 模型(具有两个松弛时间，即热流相松弛时间 τ_q 和温度梯度相松弛时间 τ_T)存在差

异，这是因为在推导过程中已假定两个黏性单元参数保持一致。

4. MGT 模型

如图 7-1(d)所示，两端总热流和各部分的热流相等，总热位移为两部分之和：

$$q=q_1=q_2,\quad \omega=\omega_1+\omega_2 \tag{7.27}$$

对总热位移的第一部分有

$$q_1=-k_1^*\omega_1 \tag{7.28}$$

对总热位移的第二部分有

$$q_2=-k_2^*\omega_2-k_2\dot{\omega}_2 \tag{7.29}$$

联立式(7.27)至式(7.29)可得

$$\omega=\omega_1+\omega_2=-\frac{q}{k_1^*}-\frac{1}{k_2^*}(q+k_2\dot{\omega}_2) \tag{7.30}$$

式中

$$\dot{\omega}_2=\dot{\omega}-\dot{\omega}_1=\dot{\omega}+\frac{\dot{q}}{k_1^*} \tag{7.31}$$

联立式(7.30)和式(7.31)有

$$k_1^*\omega=-q-\frac{k_1^*}{k_2^*}q-k_1^*\tau_2\dot{\omega}-\tau_2\dot{q} \tag{7.32}$$

同样地，若 $k=k_1=k_2$，$\tau_2=\tau$，$k_1^*=k_2^*$，则整理式(7.32)后可得

$$2\tau\dot{q}+\tau^2\ddot{q}=-k\nabla T-k\tau\nabla\dot{T} \tag{7.33}$$

虽然式(7.33)和 MGT 方程的一般形式仍有差别，但这两式都是分别由 $\dot{q}$、$\ddot{q}$、∇T、$\nabla\dot{T}$ 等作为函数而构成的等式，仅仅是系数存在差异，而这一问题可以通过对常系数的赋值来加以解决。事实上，区分热传导模型也可以通过对比所含的函数这一方法来完成。

7.1.2　热弹耦合模型

7.1.1 节所述只是对微纳尺度或极端环境下热传导的相关研究，并未考虑传热与变形之间的耦合作用。事实上，在受限结构中，热传导引起温度变化时，必然会使结构中产生热应力，当热应力超过材料屈服应力时，材料会发生塑性变形甚至破坏。从这个角度来看，热环境中微纳结构的热弹耦合分析更加重要，是预测系统能否安全运行的不可或缺的手段。经典的热弹性理论于 1956 年建立，后来学者们将其推广至描述微纳尺度或极端环境下热弹响应的分析理论，相关理论通常被称为广义热弹性理论。运用广义热弹性理论模型，可以得到材料受热时的瞬态响应如温度、位移、应力等的分布情况。Lord 和 Shulman 通过在经典热弹性理论的傅里叶热传导方程中引入一个热松弛时间因子，并计及热流率对热传导的影响，建立了 LS 广义热弹性理论模型。显然，LS 广义热弹性理论是将 CV 广义热传导模型和经典弹性理论相结合而得到的理论。Green 和 Lindsay 通过在应力应变本构关系和熵本构关系中分别

引入一个热松弛时间因子,计及温度变化率对应力和熵的影响,建立了GL广义热弹性理论模型。除了这两个得到广泛应用的模型之外,还有一些类似的模型,包括:双相滞后模型,基于热质热传导理论的热弹性模型,基于抛物线型两步热传导模型的热弹性理论模型,基于双曲线型两步热传导模型的热弹性理论模型,等等。匡震邦基于其提出的惯性熵概念,从热力学角度出发推导出了一种热弹性波理论,该理论通常被称为惯性熵理论。

基于广义热传导模型,本节介绍统一的广义热弹耦合模型的建立。为了方便,考虑一维问题,运动平衡方程为

$$\frac{\partial \sigma}{\partial x}=\rho \ddot{u} \tag{7.34}$$

考虑热力耦合的应力本构方程为

$$\sigma=(\lambda+2\mu)\varepsilon-(3\lambda+2\mu)\alpha_\theta\theta \tag{7.35}$$

式中:λ 和 μ 是拉梅弹性常数;α_θ 是热膨胀系数;θ 是温度变化,$\theta=T-T_0$。相应的几何方程为

$$\varepsilon=\frac{\partial u}{\partial x} \tag{7.36}$$

能量守恒方程为

$$\frac{\partial q}{\partial x}=-\rho T_0\dot{\eta} \tag{7.37}$$

熵本构方程为

$$\rho T_0\eta=(3\lambda+2\mu)\alpha_\theta T_0\varepsilon+\rho c_E\theta \tag{7.38}$$

为简单起见,将各种广义热传导方程(见表7-1)统一表示为

$$Mq=-Nk\frac{\partial \theta}{\partial x} \tag{7.39}$$

式中:M 和 N 是微分算子。对于CV模型,有 $M=1+\tau\partial_t$,$N=1$;对于新建模型,有 $M=1+3\tau\partial_t+\tau^2\partial_{tt}$,$N=1+\tau\partial_t$。热传导方程经拉普拉斯变换后得到的变换方程如表7-1第三列所示。

表7-1　广义热传导模型的变换和统一化

模型名称	热传导方程	变换方程	$\overline{M}$	$\overline{N}$
CV	$q+\tau\dot{q}=-k\nabla T$	$q+\tau sq=-k\nabla T$	$1+\tau s$	1
GN	$\tau\dot{q}=-k\nabla T-k\tau\nabla\dot{T}$	$\tau sq=-k\nabla T-k\tau s\nabla T$	τS	$1+\tau s$
DPL	$q+2\tau\dot{q}=-k\nabla T-k\tau\nabla\dot{T}$	$q+2\tau sq=-k\nabla T-k\tau s\nabla T$	$1+2\tau s$	$1+\tau s$
MGT	$2\tau\dot{q}+\tau^2\ddot{q}=-k\nabla T-k\tau\nabla\dot{T}$	$2\tau sq+\tau^2s^2q=-k\nabla T-k\tau s\nabla T$	$2\tau s+\tau^2s^2$	$1+\tau s$

考虑一维半无限材料受边界热冲击和移动热源作用的情况，假设无穷远处不受扰动，且左侧边界无应力，因此，边界条件可表示为

$$\sigma(x,t)_{x=0}=0,\quad \theta(x,t)_{x=0}=T_0H(t)$$
$$u(x,t)_{x\to\infty}\to 0,\quad \theta(x,t)_{x\to\infty}\to 0$$

式中：θ 为温度变化值，$\theta=T-T_0$；T_0 为起始温度；$H(t)$为赫维塞德（Heaviside）单位阶跃函数。

联立式(7.34)至式(7.39)可得位移和温度的控制方程：

$$(\lambda+2\mu)\nabla^2 u-\gamma\nabla\theta=\rho\ddot{u} \tag{7.40}$$

$$kN\nabla^2\theta=M(T_0\gamma\nabla\dot{u}+\rho c_E\dot{\theta}) \tag{7.41}$$

式中：$\nabla=\dfrac{\partial}{\partial x}$；$\gamma=(3\lambda+2\mu)\alpha_\theta$。

为便于求解，定义以下无量纲变量：

$$(\tilde{x},\tilde{u})=n_1n_2(x,u),\quad (\tilde{t},\tilde{\tau})=n_1^2n_2(t,\tau),\quad \tilde{\sigma}=\frac{\sigma}{\mu},\quad \tilde{\theta}=\frac{\theta}{T_0}$$

式中：$n_1=\sqrt{\dfrac{\lambda+2\mu}{\rho}}$，$n_2=\dfrac{\rho c_E}{k}$。将式(7.35)、式(7.40)和(7.41)无量纲化后得（为了简洁，在表达式中省略了波浪线）

$$\sigma=\beta^2\nabla u-b\theta \tag{7.42}$$

$$\beta^2\nabla^2 u-b\nabla\theta=\beta^2\ddot{u} \tag{7.43}$$

$$N\nabla^2\theta=M(g\nabla\dot{u}+\dot{\theta}) \tag{7.44}$$

式中：

$$\beta^2=\frac{\lambda+2\mu}{\mu},\quad b=\frac{(3\lambda+2\mu)\alpha_\theta T_0}{\mu},\quad g=\frac{(3\lambda+2\mu)\alpha_\theta}{kn_2}$$

运用拉普拉斯变换方法求解这一问题，为此对式(7.42)至式(7.44)做拉普拉斯变换，可得

$$\bar{\sigma}=\beta^2\nabla\bar{u}-b\bar{\theta} \tag{7.45}$$

$$\beta^2\nabla^2\bar{u}-b\nabla\bar{\theta}=\beta^2s^2\bar{u} \tag{7.46}$$

$$\overline{N}\nabla^2\bar{\theta}=\overline{M}(gs\nabla\bar{u}+s\bar{\theta}) \tag{7.47}$$

式中：变换后的 M 和 N（即 $\overline{M}$ 和 $\overline{N}$）如表 7-1 中第四、五列所示。联立式(7.46)、式(7.47)可得

$$A\nabla^4\bar{u}-B\nabla^2\bar{u}+C\bar{u}=0 \tag{7.48}$$

式中：

$$A=\overline{N}\beta^2$$
$$B=\overline{N}\beta^2s^2+\overline{M}gbs+\overline{M}\beta^2s$$
$$C=\overline{M}\beta^2s^3$$

该方程的特征方程有4个根，考虑到在一维半无限问题中，无穷远处不受扰动，故舍去两个正根。位移、温度、应力解的表达式分别为

$$\left.\begin{aligned}\bar{u} &= \sum_{i=1}^{2}\bar{u}_i \mathrm{e}^{-k_i\bar{x}} \\ \bar{\theta} &= \sum_{i=1}^{2}\bar{\theta}_i \mathrm{e}^{-k_i\bar{x}} \\ \bar{\sigma} &= \sum_{i=1}^{2}\bar{\sigma}_i \mathrm{e}^{-k_i\bar{x}}\end{aligned}\right\} \tag{7.49}$$

其中：

$$k_i=\sqrt{\frac{B\pm\sqrt{B^2-4AC}}{2A}}\qquad (i=1,2)$$

将式(7.49)代入式(7.45)至式(7.47)，可解得

$$\bar{u}_i=\bar{u}_i^{\theta}\bar{\theta}_i,\quad \bar{u}_i^{\theta}=\frac{bk_i}{\beta^2 s^2-\beta^2 k_i^2} \tag{7.50}$$

$$\bar{\sigma}_i=\bar{\sigma}_i^{\theta}\bar{\theta}_i,\quad \bar{\sigma}_i^{\theta}=-(\beta^2 k_i\bar{u}_i^{\theta}+b) \tag{7.51}$$

边界条件表达式经拉普拉斯变换后为

$$\sum_{i=1}^{2}\bar{\sigma}_i=0,\quad \sum_{i=1}^{2}\bar{\theta}_i=\frac{1}{s} \tag{7.52}$$

联立式(7.50)至式(7.52)，可得方程组

$$\begin{cases}\bar{\sigma}_1+\bar{\sigma}_2=0\\ \bar{\theta}_1+\bar{\theta}_2=\dfrac{1}{s}\end{cases} \tag{7.53}$$

联立式(7.51)、式(7.53)，可解得温度表达式为

$$\bar{\theta}_1=\frac{\bar{\sigma}_2^{\theta}}{(\bar{\sigma}_2^{\theta}-\bar{\sigma}_1^{\theta})s},\quad \bar{\theta}_2=\frac{\bar{\sigma}_1^{\theta}}{(\bar{\sigma}_1^{\theta}-\bar{\sigma}_2^{\theta})s} \tag{7.54}$$

由式(7.50)可知，$\bar{u}_i^{\theta}$ 已知，可由式(7.51)进一步解得 $\bar{\sigma}_i^{\theta}$，又由式(7.54)可解得 $\bar{\theta}_i$，再将 $\bar{\theta}_i$ 的值代入式(7.50)和式(7.51)，分别解得 $\bar{u}_i$、$\bar{\sigma}_i$。至此，求得响应的拉普拉斯域解，进而可通过拉普拉斯逆变换获得时间域的热力响应。

通过对 M 和 N 的不同赋值可以实现不同模型的转化，由此可以获得无热源情况下各模型在 $t=0.06$ 时的空间响应，如图 7-2 所示。图 7-2(a)所示为无热源状态下各模型位移响应的空间分布。新模型表现出相对其他模型更为显著的变化，而GN 模型则更趋保守。具体表现为：新模型会发生更大的峰值位移，同时位移在空间上递减更快，至热波边界 $x=0.3$ 处为 0，变形区域更小。相反，GN 模型产生的峰值位移响应最小，位移递减曲线也最为平缓，变形区域最大。图 7-2(b)所示为无热源

情况下各模型应力响应的空间分布特征。各模型均大约在$x=0.06$处产生突变，CV、MGT模型和新模型大约在$x=0.3$，即热波边界处产生突变，$x=0.3$处以外的区域热波尚未到达，不产生应力响应。而GN和DPL模型并没有清晰的波前突变，反映出光滑连续的分布特点。新模型相对于CV和MGT模型在波前产生的应力更小。图7-2(c)所示为无热源状态下各模型温度的空间分布。与应力特征类似，CV、MGT模型和新模型在约$x=0.3$，即波前处的温度并不连续，热边界条件对$x=0.3$以外的区域不产生温度影响。新模型在波前的温度响应更小，而GN和DPL模型的温度响应分布光滑连续，逐步归于无响应。综合以上信息，对于新模型，在热波到达时，位移与应力响应峰值更大，但响应区域更小。新模型和CV、MGT模型均有明显的波前突变，在热波未达区不产生响应，但新模型的波前突变更小。GN和DPL模型则呈现光滑连续的变化，响应区域更大。

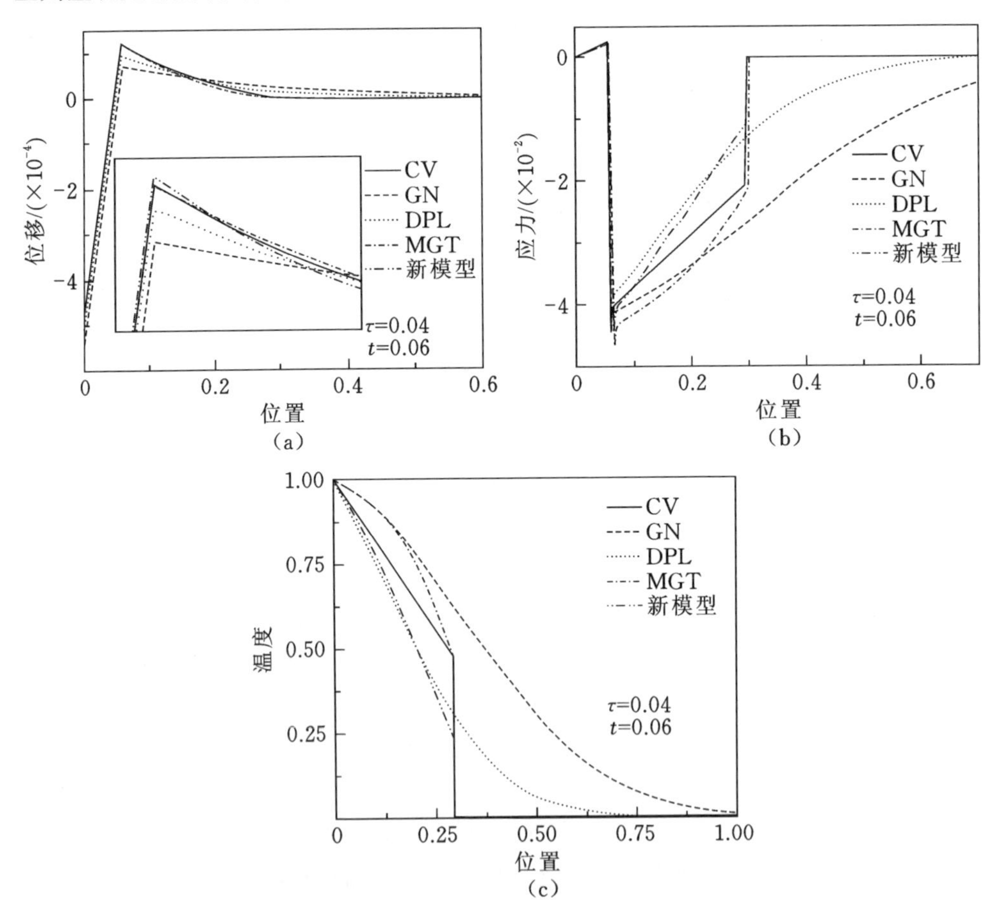

图7-2　无热源的情况下各模型位移、应力、温度响应

7.2 考虑尺度效应的热弹耦合理论

显然，上述研究工作基本是对傅里叶定律在时间尺度上的修正，而并未涉及空间尺度效应。事实上，微纳尺度的热传输过程是尺度相关的，需要引入材料特征尺度参数以对经典热传导理论进行空间尺度的修正，建立相应的考虑尺度效应的传热理论以描述其热传导行为。

考虑热传导尺度效应，GK(Guyer-Krumhansl)非傅里叶热传导模型为

$$q_i+\tau_R\dot{q}_i=-k\theta_{,i}+\lambda^2(q_{i,kk}+2q_{k,ki}) \tag{7.55}$$

式中：τ_R 为 resistive 声子散射的松弛时间，$\tau_R\dot{q}_i$ 即为 CV 模型的修正项；λ 表示声子的平均自由程，是材料特征尺度参数，故式(7.55)中等号右边最后一项用于表征热传导的尺度效应。GK 模型也被称为非局部热传导模型。对于各向同性材料，稳态情况下，GK 模型可退化为 $q-l^2q_{,xx}=-k\theta_{,x}$。可见，对于微纳结构的传热问题，当所研究结构的特征尺度比声子平均自由程小或者与其相当时，式(7.55)左端第二项的作用将会很显著，由经典的傅里叶定律无法得到准确的温度分布。假设一点的热流依赖于整体内的温度梯度，可提出积分型的热流表达式：

$$q_i(\boldsymbol{x})=\int_V j(\|\boldsymbol{x}-\boldsymbol{x}'\|)\,k\,\boldsymbol{\nabla}\theta(\boldsymbol{x}')\,\mathrm{d}V(\boldsymbol{x}') \tag{7.56}$$

式中：归一化的热流非局部函数 $j(\|\boldsymbol{x}-\boldsymbol{x}'\|)$ 是传热内在特征长度 l 的函数。一维情况下，式(7.56)的微分形式可表示为 $q=-k\theta_{,x}-kl^2\theta_{,xxx}-\cdots$，该式中右边的高阶导数项是考虑了热传导过程的尺度效应后对傅里叶定律进行修正后的结果。当系统的特征尺度与内在特征长度相当时，尺度效应显著，将不可忽略；当系统的特征尺度相对内在特征长度很大时，尺度效应可以忽略，从而修正后傅里叶定律表达式退化为经典傅里叶定律表达式。借鉴建立 CV 热传导模型的方法，建立形如

$$q(x+\lambda_q,t+\tau_q)=-k\theta_{,x}$$

的非傅里叶定律表达式，进行一阶泰勒(Taylor)展开可得

$$q+\lambda_q q_{,x}+\tau_q\dot{q}=-k\theta_{,x}$$

式中：$\tau_q\dot{q}$ 为 CV 模型中添加的修正项，而 $\lambda_q q_{,x}$ 则用于表征热传导的尺度效应。

对于弹性变形，在微纳尺度下，当结构外部特征尺度(时间)趋近于材料内部特征尺度(时间)时，尺度效应和表面效应作用显著，在宏观领域广泛适用的经典弹性理论将失效，此时应采用分子动力学方法或对经典弹性理论进行修正，得到可准确预测微纳结构响应的连续系统模型。为计及微尺度效应，学者们基于非经典的弹性理论提出了很多模型，包括引入微转动项(micro-rotations)及其共轭项(即偶应力，couple stress)建立的科瑟拉(Cosserat)模型、应变梯度模型、简化的偶应力模型、表面弹性模型、非局部弹性模型等。近年来，上述几种尺度效应的物理机理有互相综合、交汇的趋势。

积分型非局部弹性理论认为结构内一点的应力与整个域内所有点的应变相关，即

$$\sigma_{ij}(\boldsymbol{x})=\int_V K(\boldsymbol{x},\boldsymbol{x}',\chi)\sigma'_{ij}(\boldsymbol{x}')\,\mathrm{d}V(\boldsymbol{x}')$$

式中：σ_{ij} 和 σ'_{ij} 分别表示非局部和经典应力分量；归一化的核函数 $K(\boldsymbol{x},\boldsymbol{x}',\chi)$ 是材料参数 $\chi=e_0a/l$ 的函数，其中 a 是内部特征长度（如晶格常数、晶粒尺寸等），l 是外部特征长度（如裂纹长度、波长等），e_0 是材料常数。然而，这一模型由于控制方程为积分-微分型方程而难以求解。因此，Eringen 提出了微分型非局部弹性模型：

$$(1-\xi^2\nabla^2)\boldsymbol{\sigma}(\boldsymbol{x})=\boldsymbol{C}:\boldsymbol{\varepsilon}(\boldsymbol{x}) \tag{7.57}$$

式中：ξ 为弹性非局部参数，$\xi=e_0a$，其中 e_0 为材料常数，a 为内部特征尺度。在宏观尺度下，非局部参数 ξ 相对较小，可忽略不计，从而得到经典的本构方程。

上文介绍了热传导和弹性理论的尺度效应的研究进展。需要指出的是，非局部热传导模型（GK 模型）和微分型非局部弹性理论的重要性将日益凸显，原因如下：

(1) 微分型本构关系在微纳尺度梁板结构的弯曲、振动以及屈曲分析中得到了广泛应用，同时，非局部弹性理论在微纳尺度下的适用性已通过分子动力学模拟得到了验证；

(2) 近十年来，学者们已就非局部弹性理论发表了一系列重要论文，系统地构建了非局部模型的热力学基础，建立了变分原理，甚至利用变分原理研究了非局部理论和应变梯度理论之间的关系，这些工作充分提升了人们对非局部弹性理论的认识，为非局部热弹耦合理论的研究打下了坚实的基础，提供了新的方法；

(3) 非局部热传导模型已被广泛地用于微纳尺度热传导的预测；

(4) 考虑尺度效应的热传导和弹性变形的所有模型中，非局部热传导和非局部弹性理论存在内在的相似性。

7.2.1 梯度型热弹性耦合理论

考虑应力梯度和热流梯度效应的热弹耦合模型基本方程包括：

平衡方程

$$\nabla\cdot\boldsymbol{\sigma}+\boldsymbol{b}=\rho\ddot{\boldsymbol{u}},\quad \nabla\cdot\boldsymbol{q}-g=-\rho T_0\dot{\eta}$$

本构方程

$$(1-\xi^2\nabla^2)\boldsymbol{\sigma}=\boldsymbol{C}:\boldsymbol{\varepsilon}-\boldsymbol{\gamma}\theta$$

$$\rho\eta=\boldsymbol{\gamma}:\boldsymbol{\varepsilon}+\frac{\rho c_E}{T_0}\theta$$

相容方程（满足条件 tr$\boldsymbol{Q}=0$）

$$\boldsymbol{\varepsilon}=\nabla^s\boldsymbol{u},\quad (1-\zeta^2\nabla^2)\boldsymbol{q}=-k\nabla\theta \tag{7.58}$$

为了说明非局部效应在微纳传热中的重要作用，对热传导理论的两个“佯谬”做一介绍。

力学(物理)模型是对真实力学(物理)过程的近似描述,而这些理论模型自然将受到一些假设的理想化条件的约束。纵观力学的发展历史可知:新的理论之所以能建立并得到认可是其能解释理论提出之时人们对相关问题的认知,但其在某些方面不尽完善。理论模型的“佯缪”虽然是当前模型的缺陷,但恰恰是研究者对“佯谬”的反复审视极大地促进了人们对相关问题的认识。

佯谬一:热传导速度为无穷大。

由经典的热传导方程可得抛物线型的温度控制方程为(忽略内热源):

$$k\,\nabla^2\theta=\rho c_E\dot{\theta} \tag{7.59}$$

由式(7.59)可知经典热传导理论的“佯谬”,即热传播的速度为无穷大。为了消除这一“佯谬”,通过在傅里叶定律表达式中计及热流率的影响,得到双曲型温度控制方程:

$$k\nabla^2\theta=\rho c_E(\dot{\theta}+\tau\ddot{\theta}) \tag{7.60}$$

该方法消除了热在介质中以无限大速度传导的“佯谬”,并在微纳尺度热传导的分析中得到了广泛的应用。

佯谬二:热由低温区向高温区传导。

式(7.60)所示热波模型催生了另一个“佯谬”:物体内温度高于边界给定温度,如图7-3所示。

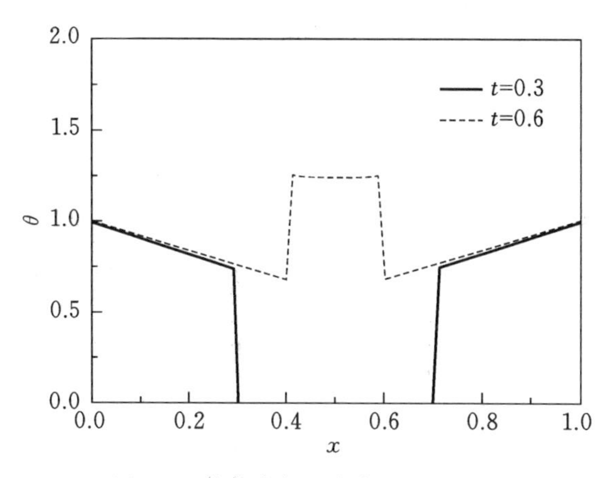

图7-3　物体内部温度高于边界温度

考虑微纳尺度热传导的非局部效应后,温度的分布如图7-4所示,易知:非局部效应消除了热由低温区向高温区传导的“佯谬”,彰显了热传导非局部效应的重要性。

7.2.2　双层结构的瞬态热弹响应

如图7-5所示,考虑一个微纳米尺度的双层结构,其由介质1和介质2组成。介质1厚度为h,其左端受热冲击载荷作用,应力自由。为了避免介质2右端的反射波,假设介质2厚度较大,在研究所关注的时间内各物理量传播距离有限,即在介质

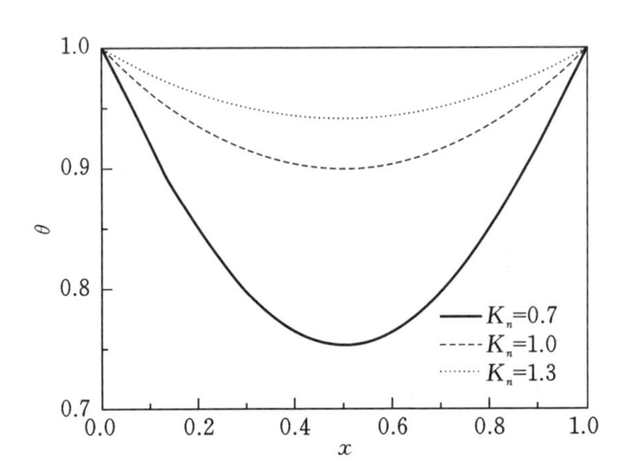

图 7-4　考虑非局部效应后物体内部温度不再高于边界给定温度

2 边界处取零边界条件。为了研究界面条件对热弹响应的影响，本节考虑界面热阻和弹性波阻抗条件。为了简化分析，将问题视为一维问题，此时介质 $I(I=1,2)$ 的基本方程为

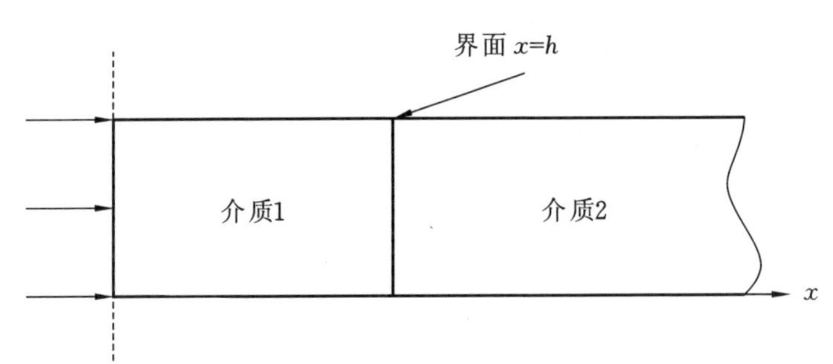

图 7-5　受热冲击载荷作用下考虑界面条件的双层结构

$$\frac{\partial \sigma_I}{\partial x}=\rho_I \frac{\partial^2 u_I}{\partial t^2} \tag{7.61}$$

$$\frac{\partial q_I}{\partial x}=-\rho_I T_0 \frac{\partial \theta_I}{\partial t}-(3\lambda_I+2\mu_I)\alpha_{\theta-I} T_0 \frac{\partial^2 u_I}{\partial x \partial t} \tag{7.62}$$

$$\left(1-\xi_I^2 \frac{\partial^2}{\partial x^2}\right)\sigma_I=(\lambda_I+2\mu_I)\frac{\partial u_I}{\partial x}-(3\lambda_I+2\mu_I)\alpha_{\theta-I}\theta_I \tag{7.63}$$

$$\left(1-\zeta_I^2 \frac{\partial^2}{\partial x^2}\right)q_I=-k_I \frac{\partial \theta_I}{\partial x} \tag{7.64}$$

式中：σ 为 x 方向应力；u 为 x 方向位移。根据问题的描述，边界条件为

$$\sigma_1=0,\quad \theta_1=T_0 f(t)\quad (x=0) \tag{7.65}$$

$$u_2=0,\quad \theta_2=0\quad (x\to\infty) \tag{7.66}$$

式中：$f(t)$为左端给定温度分布。

界面条件($x=h$)为

$$\left.\begin{aligned} &q_1=(\theta_1-\theta_2)/R_T \\ &q_1=q_2 \\ &u_1=u_2 \\ &\sigma_2/\sigma_1=2/(1+\beta_1/\beta_2) \end{aligned}\right\} \tag{7.67}$$

式中：R_T 为界面接触热阻；β_I 为介质 I 界面弹性波阻抗，其定义为

$$\beta_I=\rho_I c_I=\rho_I\sqrt{(\lambda_I+2\mu_I)/\rho_I}=\sqrt{\rho_I(\lambda_I+2\mu_I)} \tag{7.68}$$

定义如下无量纲量：

$$x^*(u_I^*,h^*,\zeta_I^*,\xi_I^*)=mnx(u_I,h,\zeta_I,\xi_I),\quad t^*=m^2nt$$

$$\sigma_I^*=\frac{\sigma_I}{\mu_1},\quad \theta_I^*=\frac{\theta_I}{T_0},\quad q_I^*=\frac{q_I}{k_1T_0mn}$$

式中：$m=\sqrt{(\lambda_1+2\mu_1)/\rho_1}$，$n=\rho_1c_{E-1}/k_1$。由式(7.61)和式(7.63)可得，无量纲位移的控制方程为(为简单计，式中省略了星号)：

$$R_{\lambda_I+2\mu_I}\beta^2\frac{\partial^2u_I}{\partial x^2}-R_{3\lambda_I+2\mu_I}R_{\alpha_{\theta-I}}b\frac{\partial\theta_I}{\partial x}=R_{\rho_I}\beta^2\left(1-\xi_I^2\frac{\partial^2}{\partial x^2}\right)\frac{\partial^2u_I}{\partial t^2} \tag{7.69}$$

同理，温度控制方程可通过式(7.62)和式(7.64)得到：

$$\left(1-\zeta_I^2\frac{\partial^2}{\partial x^2}\right)\left(\frac{R_{3\lambda_I+2\mu_I}R_{\alpha_{\theta-I}}}{R_{k_I}}g\frac{\partial^2u_I}{\partial x\partial t}+\frac{R_{\rho_I}R_{c_{E-I}}}{R_{k_I}}\frac{\partial\theta_I}{\partial t}\right)=\frac{\partial^2\theta_I}{\partial x^2} \tag{7.70}$$

式中：

$$\beta^2=\frac{\lambda_1+2\mu_1}{\mu_1},\quad b=\frac{(3\lambda_1+2\mu_1)\alpha_{\theta-1}T_0}{\mu_1},\quad g=\frac{(3\lambda_1+2\mu_1)\alpha_{\theta-1}}{\rho_1c_{E-1}}$$

并且

$$R_{(X_I)}=\text{Ratio}(X_I/X_1)=\begin{cases}1 & (I=1)\\ X_2/X_1 & (I=2)\end{cases}$$

非局部应力本构关系式(7.63)和非局部傅里叶定律表达式(7.64)的无量纲形式分别为

$$\left(1-\xi_I^2\frac{\partial^2}{\partial x^2}\right)\sigma_I=R_{\lambda_I+2\mu_I}\beta^2\frac{\partial u_I}{\partial x}-R_{3\lambda_I+2\mu_I}R_{\alpha_{\theta-I}}b\theta_I \tag{7.71}$$

$$\left(1-\zeta_I^2\frac{\partial^2}{\partial x^2}\right)q_I=-R_{k_I}\frac{\partial\theta_I}{\partial x} \tag{7.72}$$

无量纲化的边界和界面条件可分别表示为：

$$\theta_1=f(t)\quad(x=0) \tag{7.73}$$

$$R_\theta q_1=\theta_1-\theta_2\quad(x=h) \tag{7.74}$$

式中：R_θ 为无量纲的界面接触热阻，$R_\theta = mnk_1 R_T$。显然，若取 $R_\theta = 0$，则得到理想的界面传热条件 $\theta_1(x=h)=\theta_2(x=h)$，该条件是对实际界面条件的理想化假设。若 R_θ 取为无穷大，则得到绝热界面条件。类似地，若不考虑界面弹性波阻抗，则得到理想的力学界面条件，即 $\sigma_1(x=h)=\sigma_2(x=h)$。

为了求解结构的瞬态热弹响应，在这里采用拉普拉斯变换方法。通过对位移控制方程(7.69)和温度控制方程(7.70)做拉普拉斯变换，可得拉普拉斯域内的控制方程为

$$R_{\lambda_I+2\mu_I}\beta^2 \frac{\partial^2 u_I(s)}{\partial x^2} - R_{3\lambda_I+2\mu_I}R_{\alpha_{\theta-I}} b \frac{\partial \theta_I(s)}{\partial x} = R_{\rho_I}\beta^2 s^2\left(1-\xi_I^2 \frac{\partial^2}{\partial x^2}\right)u_I(s) \tag{7.75}$$

$$s\left(1-\zeta_I^2 \frac{\partial^2}{\partial x^2}\right)\left(\frac{R_{3\lambda_I+2\mu_I}R_{\alpha_{\theta-I}}}{R_{k_I}} g \frac{\partial u_I(s)}{\partial x} + \frac{R_{\rho_I}R_{c_{E-I}}}{R_{k_I}}\theta_I(s)\right) = \frac{\partial^2 \theta_I(s)}{\partial x^2} \tag{7.76}$$

边界条件在拉普拉斯域内的表达式为

$$\sigma_1(x=0,s)=0 \tag{7.77}$$

$$\theta_1(x=0,s)=F(s) \tag{7.78}$$

$$u_2(x\to\infty,s)=0 \tag{7.79}$$

$$\theta_2(x\to\infty,s)=0 \tag{7.80}$$

界面条件在拉普拉斯域内的表达式为

$$R_\theta q_1(x=h,s)=\theta_1(x=h,s)-\theta_2(x=h,s) \tag{7.81}$$

$$q_1(x=h,s)=q_2(x=h,s) \tag{7.82}$$

$$u_1(x=h,s)=u_2(x=h,s) \tag{7.83}$$

$$(1+\beta_1/\beta_2)\sigma_2(x=h,s)=2\sigma_1(x=h,s) \tag{7.84}$$

式中：$F(s)$是 $f(t)$做拉普拉斯变换的结果。在控制方程(7.75)、(7.76)中，消去温度项，可得位移的四阶微分方程：

$$A_I \frac{\partial^4 u_I(s)}{\partial x^4} - B_I \frac{\partial^2 u_I(s)}{\partial x^2} + C_I u_I(s) = 0 \tag{7.85}$$

式中：A_I、B_I 和 C_I 的计算式分别为

$$A_I = R_{(\lambda_I+2\mu_I)}\beta^2 + R_{(\rho_I)}\beta^2\xi_I^2 s^2 + R^2_{(3\lambda_I+2\mu_I)}R^2_{(\alpha_{\theta-I})}/R_{(k_I)}gbs\zeta_I^2 + R_{(\rho_I)}R_{(c_{E-I})}/R_{(k_I)}\beta^2\zeta_I^2(R_{(\lambda_I+2\mu_I)}+R_{(\rho_I)}\xi_I^2 s^2)s$$

$$B_I = R_{(\rho_I)}\beta^2 s^2 + R^2_{(3\lambda_I+2\mu_I)}R^2_{(\alpha_{\theta-I})}/R_{(k_I)}gbs + R_{(\rho_I)}R_{(c_{E-I})}/R_{(k_I)}\beta^2(R_{(\lambda_I+2\mu_I)} + R_{(\rho_I)}\xi_I^2 s^2)s + R^2_{(\rho_I)}R_{(c_{E-I})}/R_{(k_I)}\beta^2\zeta_I^2 s^3$$

$$C_I = R(\rho_I)^2 R(c_{E-I})/R(k_I)\beta^2 s^3$$

假设方程(7.85)的解为

$$u_I(x,s)=\sum_{i=1}^{4}u_{Ii}\exp(-p_{Ii}x) \tag{7.86}$$

式中：$p_{Ii}(i=1,2,3,4)$为特征方程 $A_I p_I^4-B_I p_I^2+C_I=0$ 的根，有

$$p_{I1}=\sqrt{\frac{B_I-\sqrt{B_I^2-4A_IC_I}}{2A_I}},\qquad p_{I2}=\sqrt{\frac{B_I+\sqrt{B_I^2-4A_IC_I}}{2A_I}}$$

$$p_{I3}=-\sqrt{\frac{B_I-\sqrt{B_I^2-4A_IC_I}}{2A_I}},\qquad p_{I4}=-\sqrt{\frac{B_I+\sqrt{B_I^2-4A_IC_I}}{2A_I}}$$

类似地，拉普拉斯域内温度、应力和热流的解可设为

$$\theta_I(x,s)=\sum_{i=1}^{4}\theta_{Ii}\exp(-p_{Ii}x) \tag{7.87}$$

$$\sigma_I(x,s)=\sum_{i=1}^{4}\sigma_{Ii}\exp(-p_{Ii}x) \tag{7.88}$$

$$q_I(x,s)=\sum_{i=1}^{4}q_{Ii}\exp(-p_{Ii}x) \tag{7.89}$$

u_{Ii}、θ_{Ii}、σ_{Ii}和q_{Ii}（$I=1,2;i=1,2,3,4$）是待确定的系数（共 32 个）。将位移和温度表达式（式(7.86)）和（式(7.87)）代入式(7.75)，可得：

$$u_{Ii}=D_{Ii}\theta_{Ii}\qquad (I=1,2;i=1,2,3,4) \tag{7.90}$$

式中 D_{Ii}的计算式为

$$D_{Ii}=R_{(3\lambda_I+2\mu_I)}R_{(\alpha_{\theta-I})}bp_{Ii}/[R_{(\rho_I)}\beta^2s^2(1-\xi_I^2p_{Ii}^2)-R_{(\lambda_I+2\mu_I)}\beta^2p_{Ii}^2]$$

如式(7.71)所示，应力、应变（位移梯度）与温度相关，结合式(7.90)，可得：

$$\sigma_{Ii}=E_{Ii}\theta_{Ii}\quad (I=1,2;i=1,2,3,4) \tag{7.91}$$

式中 E_{Ii}的计算式为

$$E_{Ii}=-[R_{(\lambda_I+2\mu_I)}\beta^2p_{Ii}D_{Ii}+R_{(3\lambda_I+2\mu_I)}R_{(\alpha_{\theta-I})}b]/(1-\xi_I^2p_{Ii}^2)$$

将式(7.87)和式(7.89)代入式(7.72)，得

$$q_{Ii}=F_{Ii}\theta_{Ii}\quad (I=1,2;i=1,2,3,4) \tag{7.92}$$

式中 F_{Ii}的计算式为

$$F_{Ii}=R(k_I)p_{Ii}/(1-\zeta_I^2p_{Ii}^2)$$

根据介质 2 边界处的零边界条件，可得

$$\theta_{23}=\theta_{24}=q_{23}=q_{24}=u_{23}=u_{24}=\sigma_{23}=\sigma_{24}=0$$

因此，共有 24 个待定系数需要根据左端边界条件和界面边界条件（见式(7.77)至式(7.84)）求解。据此可以得到：

$$\sum_{i=1}^{4}E_{1i}\theta_{1i}=0 \tag{7.93}$$

$$\sum_{i=1}^{4}\theta_{1i}=F(s) \tag{7.94}$$

$$R_{\theta}\left[\sum_{i=1}^{4}F_{1i}\theta_{1i}\exp(-p_{1i}h)\right]=\sum_{i=1}^{4}\theta_{1i}\exp(-p_{1i}h)-\sum_{i=1}^{2}\theta_{2i}\exp(-p_{2i}h) \tag{7.95}$$

$$\sum_{i=1}^{4}F_{1i}\theta_{1i}\exp(-p_{1i}h)=\sum_{i=1}^{2}F_{2i}\theta_{2i}\exp(-p_{2i}h) \tag{7.96}$$

$$\sum_{i=1}^{4}D_{1i}\theta_{1i}\exp(-p_{1i}h)=\sum_{i=1}^{2}D_{2i}\theta_{2i}\exp(-p_{2i}h) \tag{7.97}$$

$$\left(1+\frac{\beta_1}{\beta_2}\right)\sum_{i=1}^{2}E_{2i}\theta_{2i}\exp(-p_{2i}h)=2\sum_{i=1}^{4}E_{1i}\theta_{1i}\exp(-p_{1i}h) \tag{7.98}$$

由上述方程组可以解出 $\theta_{1i}(i=1,2,3,4)$ 和 $\theta_{2i}(i=1,2)$。考虑到式(7.90)至式(7.92),拉普拉斯域内位移、温度、应力的解答都可得到,而时间域内的解答可由拉普拉斯逆变换得到。

介质 1 选为铜材料,其材料参数如表 7-2 所示,初始温度 T_0 为 293K。为了研究弹性非局部参数和热非局部参数对响应的影响,将采用控制变量法,介质 2 也取为铜材料,但其非局部参数可选取与介质 1 材料不同的值。然而,在研究界面的弹性波阻抗的影响时,根据 $\beta_I=\sqrt{\rho_I(\lambda_I+2\mu_I)}$,弹性波阻抗与材料的密度和弹性常数相关,此时,弹性波阻抗通过选取不同的介质 2 密度或弹性常数来实现。计算中选取介质 1 无量纲化厚度为 0.5。

表 7-2　铜的材料参数

λ/Gpa	μ/Gpa	α_t/(m/K)	ρ/(kg/m^3)	c_E/(J/(kg·K))
77.6	38.6	1.78×10^{-5}	8945	381

首先验证求解过程及拉普拉斯逆变换程序的可靠性。如图 7-5 所示,物体施加固定温度边界条件,即 $f(t)=1,F(s)=1/s$。不考虑非局部效应,即 $\zeta_I=\xi_I=0$,此时非局部热弹性模型退化为经典热弹性模型。因选取的两层材料相同,故有 $\beta_1=\beta_2$。进一步假设理想的界面热阻条件,即 $R_\theta=0$。基于上面的分析,可得到温度和应力的界面连续条件:

$$\theta_1(x=0.5,t)=\theta_2(x=0.5,t) \tag{7.99}$$

$$\sigma_1(x=0.5,t)=\sigma_2(x=0.5,t) \tag{7.100}$$

分别用拉普拉斯变换方法和有限元方法求解上述问题,结果如图 7-6 所示。由图 7-6可以发现,这两种方法的计算结果基本一致,拐点处的差别是由有限元分析的数值误差造成,可见所采用的方法可靠。

现在假设一随时间变化的温度边界条件 $f(t)=25t^2$。为了让材料左端温度为 1,将计算时间选取为 $t=0.2$ 时刻,以下将给出该时刻各个响应如位移、应力以及温度的分布。

假设介质1和介质2热非局部参数相同,即 $\zeta_1=\zeta_2=\zeta$,参数 ζ 取不同值时所得的结果如图7-7所示。由图7-7可知:热非局部参数 ζ 越大,材料的温度越高,结构所受压应力将越大,而位移的分布越平缓,其最大值将减小。

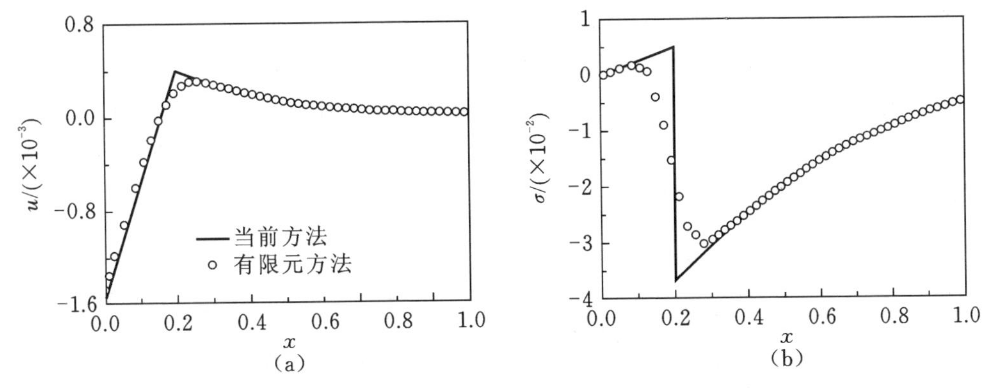

图7-6 基于拉普拉斯变换方法和有限元方法结果的对比

(a)位移随位置的分布;(b)应力随位置的分布

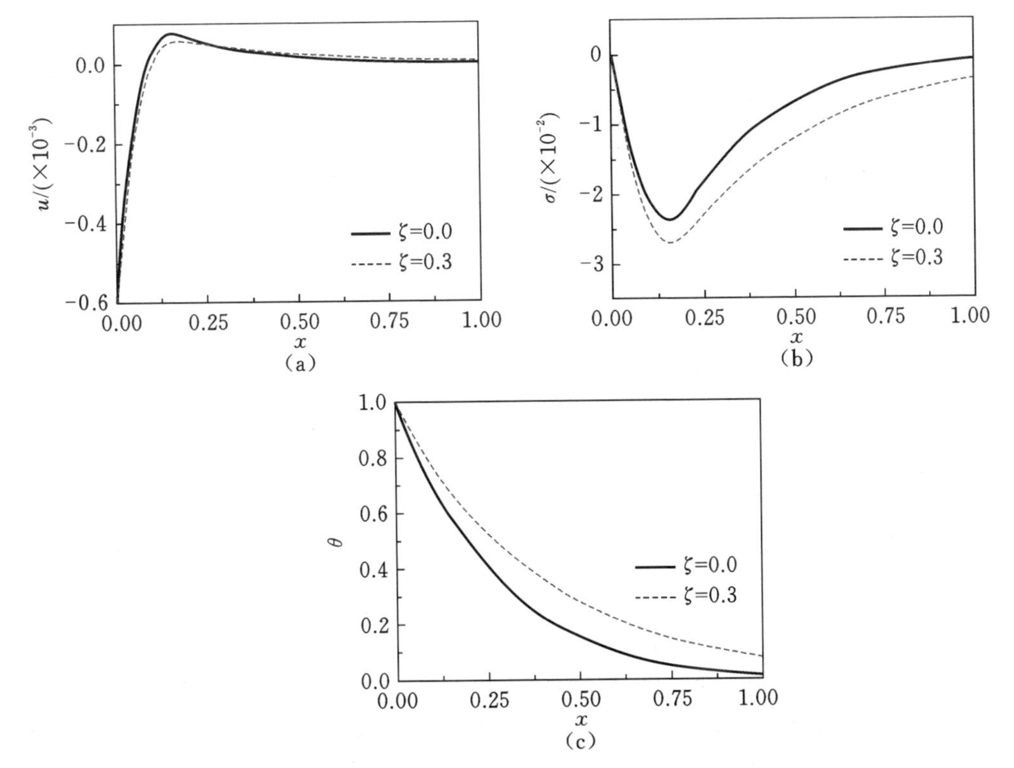

图7-7 不同热非局部参数($\zeta_1=\zeta_2=\zeta$)下热弹响应的分布

(a)位移随位置的变化;(b)应力随位置的变化;(c)温度随位置的变化

图 7-8 所示为不同热非局部参数 ζ_1 和 ζ_2 组合下结构的热弹响应，由图可知：介质 1 的热非局部参数增大，则介质 1 和介质 2 中温度都升高，结构所受压应力增大，介质 1 内位移变小而介质 2 的位移则变大；相反，若介质 2 的热非局部参数增大，则介质 1 的温度将降低，介质 2 的温度分布趋于平缓，这种温度分布在实际工程中非常有利：第一，介质 1 和 2 都处于较低的温度下，尤其是在界面处；第二，温度的分布趋于平缓，因此避免了高的温度梯度。众所周知，表面涂层常被用于隔热，然而，若该涂层尺度小至微纳米量级，其热传导的非局部效应非常显著，将提高材料的导热能力，这与表面涂层设置的初衷相违。然而，在实际应用中还可通过设计界面之间的界面热阻提高隔热能力。

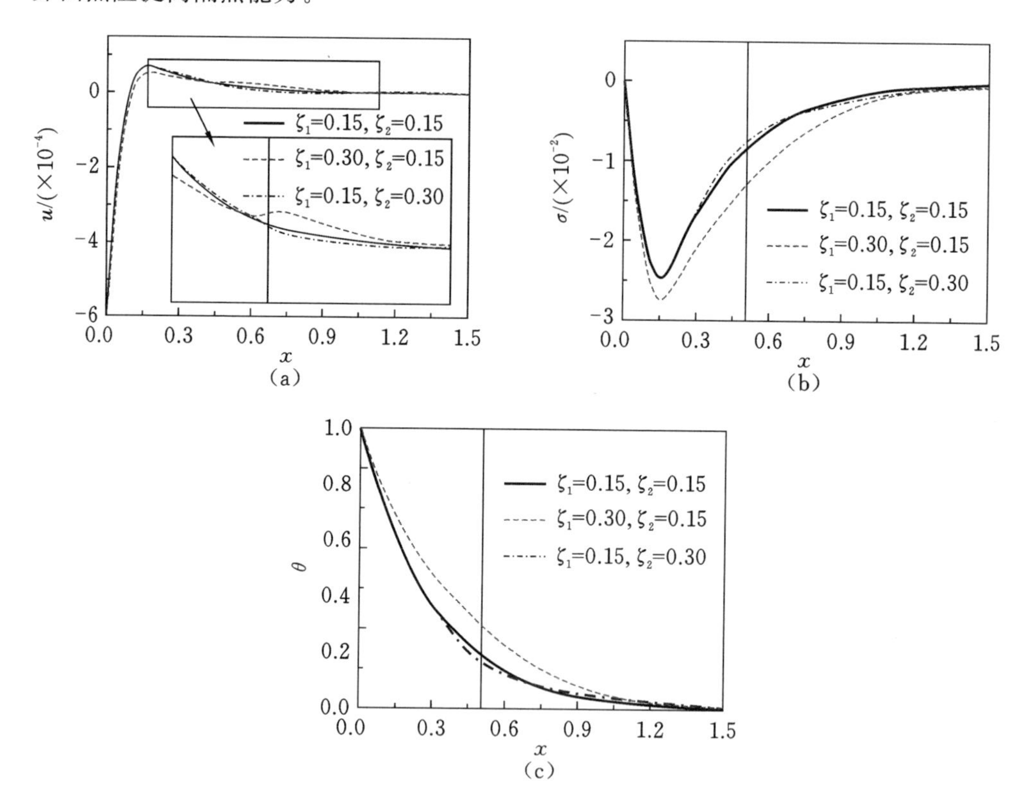

图 7-8　不同热非局部参数 ζ_1 和 ζ_2 组合下结构的热弹响应

(a)位移随位置的变化；(b)应力随位置的变化；(c)温度随位置的变化

图 7-9 用于说明弹性非局部参数($\xi_1=\xi_2=\xi$)对热弹响应的影响：考虑弹性变形的非局部效应后，结构由热膨胀引起的位移减小，并且结构内的应力降低，即位移与应力的分布曲线趋于平缓。图 7-9 中并未显示温度的分布，原因在于：虽然弹性非局部参数对位移和应力影响显著，但是位移的大小在10^{-3}量级，可引起同等量级的温

度变化，这种变化对于10^0量级的温度是可以忽略的，故认为弹性非局部参数对温度分布无影响。

基于不同ξ_1和ξ_2组合所得的热弹响应结果如图7-10所示，可以得到：介质1的弹性非局部参数对结构位移和应力的影响显著，而介质2的弹性非局部参数对结构位移和应力的影响则较弱。随着介质1弹性非局部参数的增大，结构的位移变小，应力降低。通过分析可知：因温度激励施加于介质1左端，故介质1的非局部效应对响应的影响显著，可通过提高介质1材料的弹性非局部参数得到结构内小的位移和低的应力状态。总之，微纳米尺度的涂层结构可以降低由热引入的结构位移和应力分布，对实际应用非常有利。

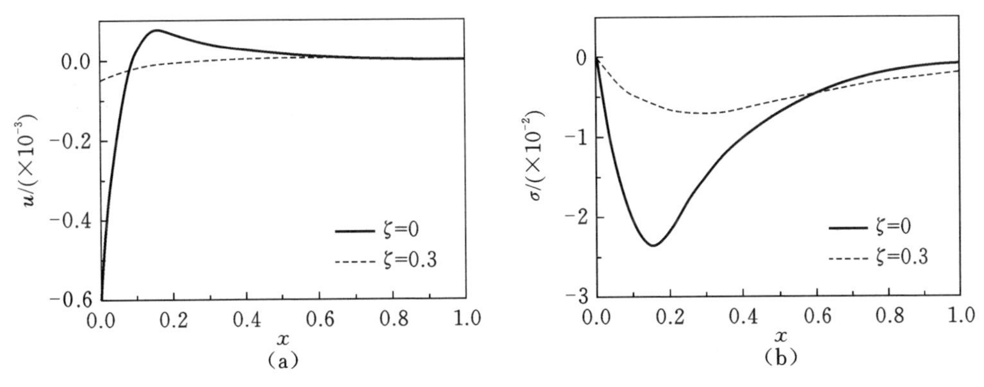

图7-9　不同弹性非局部参数($\xi_1=\xi_2=\xi$)下的热弹响应

(a)位移随位置的变化；(b)应力随位置的变化

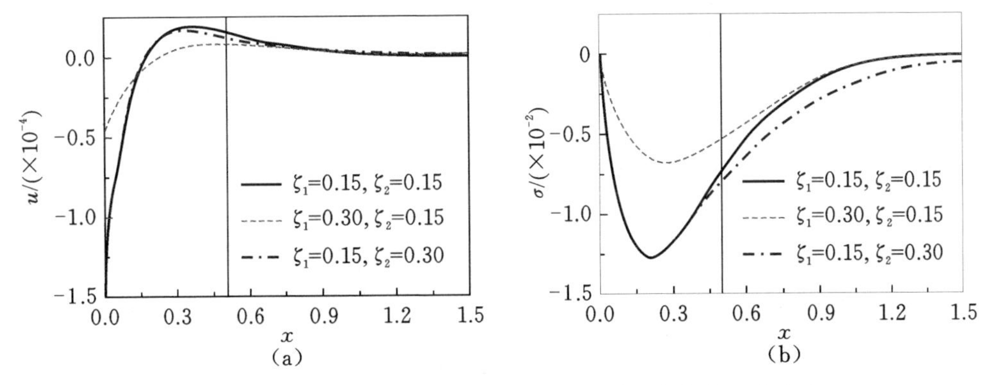

图7-10　不同弹性非局部参数(ξ_1和ξ_2)组合下结构的热弹响应

(a)位移随位置的变化；(b)应力随位置的变化

根据弹性波阻抗的定义式$\beta_I=\sqrt{\rho_I(\lambda_I+2\mu_I)}$，可知弹性波阻抗与介质的密度和弹性常数密切相关。图 7-11 所示为 β_2 由 β_1 变为 $0.9\beta_1$ 时结构热弹响应的对比，其中，β_2 的改变可由两种方式得到：第一，改变弹性常数比（情形一）；第二，改变密度比（情形二）。由图 7-11(a)可知，当 β_2 由 β_1 变为 $0.9\beta_1$ 时，两种情形下结构的位移都增大，但仍有不同，如：情形一下得到的介质 1 的位移大于情形二下得到的结果，而对于介质 2 结论则相反。由图 7-11(b)可以观察到应力分布在界面上有跳跃，这是非理想应力界面条件必然导致的结果，在两种情形下都是由低压应力状态跳跃至高压应力状态，并且，在情形二下所得压应力明显大于在情形一下的压应力。

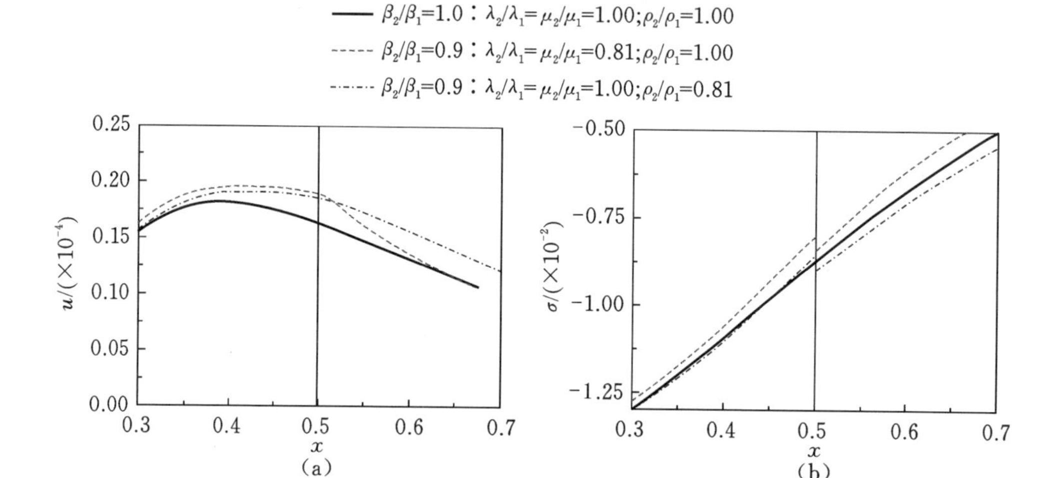

图 7-11　弹性波阻抗对热弹响应的影响

(a)位移随位置的变化；(b)应力随位置的变化

若界面热阻为 0，则对热传导来说界面条件退化为理想的连续条件，但实际中界面热阻或许很大，不可忽略。热阻对热弹响应的影响如图 7-12 所示。若热阻非零，则界面处温度存在跳跃，并且热阻越大温度跳跃值越大，在极限情况下，如热阻无限大，即满足绝热条件，则热量将局限于介质 1 内，无法通过界面到达介质 2。因介质 1 的温度升高，故界面处位移显著变大（见图 7-12(b)），同时，介质 1 内压应力增大，而介质 2 的压应力减小。

随着微纳制造技术的发展，结构日益小型化和轻量化，当结构的外部特征尺度小至与材料的内部特征尺度相当时，则尺度效应将变得显著。在这种情况下结构不再满足经典弹性、热传导和热弹耦合理论的适用条件，即这些经典理论不适用于微纳结构的力学、热传导及热弹耦合分析。然而，微纳尺度和极端环境的热传导、热弹耦合，以及结构强度、刚度分析对微纳系统中微小结构的安全可靠运行至关重要。

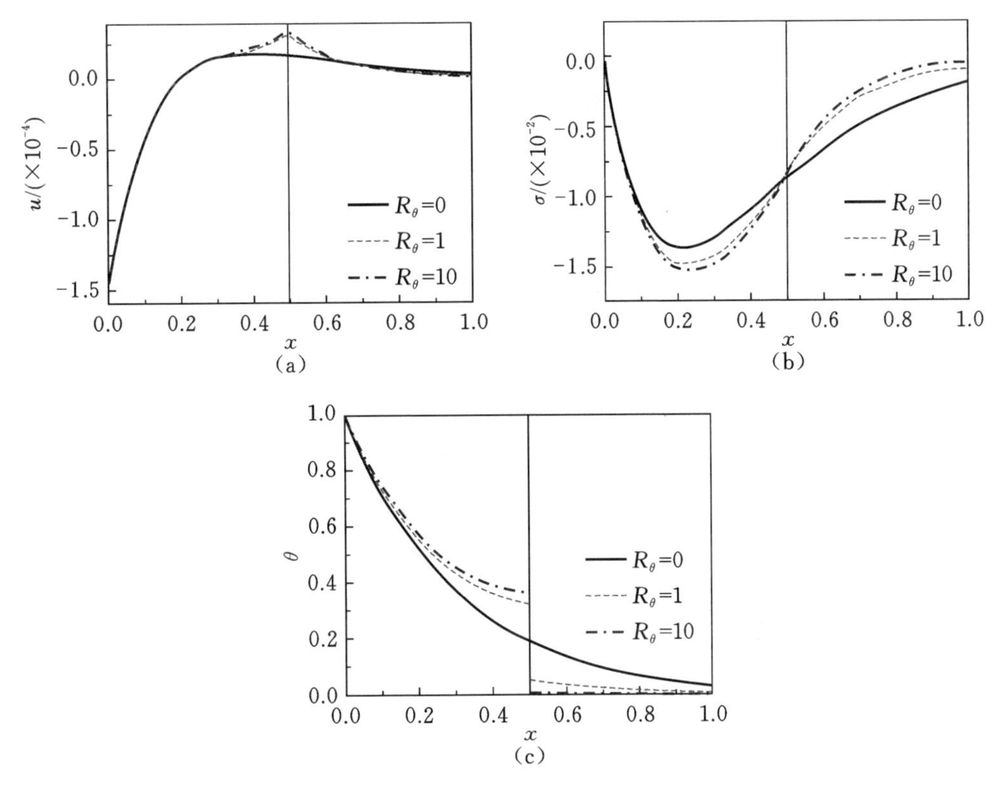

图 7-12 界面热阻对热弹响应的影响

(a)位移随位置的变化;(b)应力随位置的变化;(c)温度随位置的变化

附　录　A

附表 A-1　函数的拉普拉斯变换表

序号	$\bar{f}(s)$	$f(t)$
1	$\frac{1}{s}$	1
2	$\frac{1}{s^2}$	t
3	$\frac{1}{s^n}$　$(n=1,2,3\cdots)$	$\frac{t^{n-1}}{(n-1)!}$
4	$\frac{1}{\sqrt{s}}$	$\frac{1}{\sqrt{\pi t}}$
5	$s^{-3/2}$	$2\sqrt{t/\pi}$
6	$s^{-(n+1/2)}$　$(n=1,2,3\cdots)$	$\frac{2^n}{[1\cdot 3\cdot 5\cdots\cdots\cdot(2n-1)]\sqrt{\pi}}t^{n-1/2}$
7	$\frac{1}{s^n}$　$(n>0)$	$\frac{1}{\Gamma_{(n)}}t^{n-1}$
8	$\frac{1}{s+a}$	e^{-at}
9	$\frac{1}{(s+a)^n}$　$(n=1,2,3\cdots)$	$\frac{t^{n-1}e^{-at}}{(n-1)!}$
10	$\frac{\Gamma(k)}{(s+a)^k}$　$(k>0)$	$t^{k-1}e^{-at}$
11	$\frac{1}{(s+a)(s+b)}$　$(a\neq b)$	$\frac{e^{-at}-e^{-bt}}{b-a}$
12	$\frac{s}{(s+a)(s+b)}$　$(a\neq b)$	$\frac{ae^{-at}-be^{-bt}}{b-a}$
13	$\frac{1}{s^2+a^2}$	$\frac{1}{a}\sin at$
14	$\frac{s}{s^2+a^2}$	$\cos at$
15	$\frac{1}{s^2-a^2}$	$\frac{1}{a}\sinh at$
16	$\frac{s}{s^2-a^2}$	$\cosh at$

续表

序号	$\bar{f}(s)$	$f(t)$
17	$\frac{1}{s(s^2+a^2)}$	$\frac{1}{a^2}(1-\cos at)$
18	$\frac{1}{s^2(s^2+a^2)}$	$\frac{1}{a^3}(at-\sin at)$
19	$\frac{1}{(s^2+a^2)^2}$	$\frac{1}{2a^3}(\sin at-at\cos at)$
20	$\frac{s}{(s^2+a^2)^2}$	$\frac{t}{2a}\sin at$
21	$\frac{s^2}{(s^2+a^2)^2}$	$\frac{1}{2a}(\sin at+at\cos at)$
22	$\frac{s^2-a^2}{(s^2+a^2)^2}$	$t\cos at$
23	$\frac{1}{\sqrt{s}+a}$	$\frac{1}{\sqrt{\pi t}}-a\mathrm{e}^{a^2 t}\ \mathrm{erfc}\ a\sqrt{t}$
24	$\frac{\sqrt{s}}{s-a^2}$	$\frac{1}{\sqrt{\pi t}}+a\mathrm{e}^{a^2 t}\ \mathrm{erf}\ a\sqrt{t}$
25	$\frac{1}{\sqrt{s}(s-a^2)}$	$\frac{1}{a}\mathrm{e}^{a^2 t}\ \mathrm{erf}\ a\sqrt{t}$
26	$\frac{1}{\sqrt{s}(s+a^2)}$	$\frac{2}{a\sqrt{\pi}}\mathrm{e}^{-a^2 t}\int_0^{a\sqrt{t}}\mathrm{e}^{\lambda^2}\mathrm{d}\lambda$
27	$\frac{b^2-a^2}{(s-a^2)(b+\sqrt{s})}$	$\mathrm{e}^{a^2 t}(b-a\cdot\mathrm{erf}\ a\sqrt{t})-b\mathrm{e}^{b^2 t}\ \mathrm{erfc}\ b\sqrt{t}$
28	$\frac{1}{\sqrt{s}(\sqrt{s}+a)}$	$\mathrm{e}^{a^2 t}\ \mathrm{erfc}\ a\sqrt{t}$
29	$\frac{1}{(s+a)\sqrt{s+b}}$	$\frac{1}{\sqrt{b-a}}\mathrm{e}^{-at}\ \mathrm{erf}(\sqrt{b-a}\sqrt{t})$
30	$\frac{\sqrt{s+2a}}{\sqrt{s}}-1$	$a\mathrm{e}^{-at}[I_1(at)+I_0(at)]$
31	$\frac{1}{\sqrt{s+a}\sqrt{s+b}}$	$\mathrm{e}^{-(a+b)t/2}I_0\left(\frac{a-b}{2}t\right)$
32	$\frac{1}{\sqrt{s^2+a^2}}$	$J_0(at)$
33	$\frac{(\sqrt{s^2+a^2}-s)^v}{\sqrt{s^2+a^2}}\quad(v>-1)$	$a^v J_v(at)$
34	$\frac{(s-\sqrt{s^2-a^2})^v}{\sqrt{s^2-a^2}}\quad(v>-1)$	$a^v I_v(at)$

续表

序号	$\bar{f}(s)$	$f(t)$
35	$\frac{1}{s}e^{-ks}$	$u(t-k)$
36	$\frac{1}{s^2}e^{-ks}$	$(t-k)u(t-k)$
37	$\frac{1}{s}e^{-k/s}$	$J_0(2\sqrt{kt})$
38	$\frac{1}{s^\mu}e^{-k/s}\quad(\mu>0)$	$\left(\frac{t}{k}\right)^{(\mu-1)/2}J_{\mu-1}(2\sqrt{kt})$
39	$\frac{1}{s^\mu}e^{k/s}\quad(\mu>0)$	$\left(\frac{t}{k}\right)^{(\mu-1)/2}I_{\mu-1}(2\sqrt{kt})$
40	$e^{-k\sqrt{s}}\quad(k>0)$	$\frac{k}{2\sqrt{\pi t^3}}e^{-k^2/4t}$
41	$\frac{1}{s}e^{-k\sqrt{s}}\quad(k\geqslant 0)$	$\mathrm{erfc}\,\frac{k}{2\sqrt{t}}$
42	$\frac{1}{\sqrt{s}}e^{-k\sqrt{s}}\quad(k\geqslant 0)$	$\frac{1}{\sqrt{\pi t}}e^{-k^2/4t}$
43	$\frac{e^{-k\sqrt{s}}}{a+\sqrt{s}}\quad(k\geqslant 0)$	$\frac{1}{\sqrt{\pi t}}e^{-k^2/4t}-a\,e^{ak}\,e^{a^2t}\cdot\mathrm{erfc}\left(a\sqrt{t}+\frac{k}{2\sqrt{t}}\right)$
44	$\frac{e^{-k\sqrt{s}}}{\sqrt{s}(a+\sqrt{s})}\quad(k\geqslant 0)$	$e^{ak}\,e^{a^2t}\,\mathrm{erfc}\left(a\sqrt{t}+\frac{k}{2\sqrt{t}}\right)$
45	$\frac{e^{-k\sqrt{s(s+a)}}}{\sqrt{s(s+a)}}\quad(k\geqslant 0)$	$e^{-at/2}I_0\left(\frac{1}{2}a\sqrt{t^2-k^2}\right)u(t-k)$
46	$\frac{e^{-k\sqrt{s^2+a^2}}}{\sqrt{s^2+a^2}}\quad(k\geqslant 0)$	$J_0\left(a\sqrt{t^2-k^2}\right)u(t-k)$
47	$\frac{e^{-k\sqrt{s^2-a^2}}}{\sqrt{s^2-a^2}}\quad(k\geqslant 0)$	$I_0\left(a\sqrt{t^2-k^2}\right)u(t-k)$
48	$\ln\frac{s+a}{s+b}$	$\frac{1}{t}(e^{-bt}-e^{-at})$
49	$\ln\frac{s^2+a^2}{s^2}$	$\frac{2}{t}(1-\cos at)$
50	$\ln\frac{s^2-a^2}{s^2}$	$\frac{2}{t}(1-\cosh at)$

参 考 文 献

[1] 赵亚溥.理性力学教程[M].北京:科学出版社,2020.

[2] KRAUSZ A S,KRAUSZ K.Unified constitutive laws of plastic deformation [M].San Diego:Academic Press,1996.

[3] 王洪纲.热弹性力学概论[M].北京:清华大学出版社,1989.

[4] NEGAHBAN M.The mechanical and thermodynamical theory of plasticity[M]. New York:CRC Press,2012.

[5] RITTEL D,ZHANG L H,OSOVSKI S.The dependence of the Taylor-Quinney coefficient on the dynamic loading mode[J].Journal of the Mechanics and Physics of Solids,2017,107:96-114.

[6] LIEOU C K C,MOURAD H M,BRONKHORST C A.Strain localization and dynamic recrystallization in polycrystalline metals:thermodynamic theory and simulation framework[J].International Journal of Plasticity,2019,119:171-187.